Elementos de Defesa Agropecuária

Sistema Normativo, Invasões Biológicas,
Comunicação, História,
Risco e Segurança dos Alimentos,
Conformidade e Rastreabilidade

Elementos de Defesa Agropecuária

Sistema Normativo, Invasões Biológicas,
Comunicação, História,
Risco e Segurança dos Alimentos,
Conformidade e Rastreabilidade

Editores
Evaldo Ferreira Vilela
Geraldo M. Callegaro

FEALQ

Av. Centenário, 1080
13416-000 Piracicaba, SP, Brasil

Fone: 19-3417-6609
Fax: 19-3422-2755

livros@fealq.org.br
fealq.org.br

Dados Internacionais de Catalogação na Publicação
DIVISÃO DE BIBLIOTECA - ESALQ/USP

Elementos de defesa agropecuária: sistema normativo, invasões biológicas, comunicação, história, risco e segurança dos alimentos, conformidade e rastreabilidade / edição de Evaldo Ferreira Vilela e Geraldo M. Callegaro. - - Piracicaba: FEALQ, 2013.
272 p. : il.

Bibliografia.

1. Agropecuária I. Vilela, E. F. ed. II. Callegaro, G. M. ed. III. Título

CDD 630
V699e

ISBN 978-85-7133-075-7

Agradecimentos

Nossos agradecimentos às seguintes instituições e pessoas, que foram absolutamente fundamentais para a elaboração, revisão e publicação deste livro:

À Universidade Federal de Viçosa, pelo Projeto Inovação Tecnológica para a Defesa Agropecuária – InovaDefesa.

Ao CNPq e ao Fundo Setorial do Agronegócio-CTAgro/MCTI, pelo estímulo e apoio financeiro.

Ao prof. José Oswaldo Siqueira, diretor do CNPq no período 2007-2010, pelo estímulo na concepção e execução do Projeto InovaDefesa, que deu origem a este livro.

À dra. Regina Sugayama, pelas ideias e pelo apoio na implementação do plano que resultou neste livro.

Ao prof. Cláudio Moura.

Ao prof. Evaristo Marzabal Neves, presidente do Conselho Editorial da Fealq, pela excepcional colaboração.

À Fealq, pelo apoio editorial e financeiro para a publicação deste livro.

Aos autores, pela dedicação na preparação dos capítulos e pelo alto espírito de cooperação na edição do livro.

À srta. Joenilma Leite, pela gestão bem-feita dos recursos que viabilizaram a produção do conteúdo deste livro.

Aos que nos auxiliam no dia a dia:
Ana Amélia Reis, Nair Carneiro, Marcio Barbosa e Jonathan Solano.

Sumário

Apresentação

Este livro constitui uma iniciativa da Universidade Federal de Viçosa, com apoio do Fundo Setorial do Agronegócio – CTAgro/MCTI e CNPq ao Projeto Inovação Tecnológica para Defesa Agropecuária – InovaDefesa, e representa uma valiosa contribuição para a capacitação de estudantes e profissionais, porque difunde conhecimentos e promove o intercâmbio entre os interessados na área da defesa sanitária animal e vegetal.

O Projeto InovaDefesa atua em cooperação com o setor público e o privado. Promove estudos, discussões em reuniões, *workshops* nacionais e internacionais, cursos de curta duração, programas de pós-graduação específicos na área, em renomadas universidades brasileiras, com mobilização social, no contexto da Rede de Inovação Tecnológica para Defesa Agropecuária – RITDA, criada pelo projeto para esse fim.

Composto de onze capítulos, no livro são tratados temas prioritários sobre defesa agropecuária, elaborados por especialistas do Projeto InovaDefesa e do Ministério da Agricultura, Pecuária e Abastecimento – Mapa.

O Capítulo I, **Análise do sistema normativo de defesa agropecuária**, faz um diagnóstico e uma compilação da legislação básica sobre o tema, indicando as principais instituições do Sistema de Defesa Agropecuário nacional e internacional, bem como os desafios e as oportunidades para seu aperfeiçoamento.

O Capítulo II, **Invasões biológicas**, trata os possíveis prejuízos, nos âmbitos ambiental, econômico, social e cultural, associados à invasão biológica, ou seja, ao deslocamento inadvertido ou intencional de organismos vivos de uma região para outra.

O Capítulo III, **Comunicação na defesa agropecuária**, enfatiza a necessidade de uma comunicação de alta qualidade sobre as ações e os alcances no que se refere à defesa agropecuária, com o propósito de garantir produtos seguros e de qualidade para os consumidores e a indústria.

O Capítulo IV, **Evolução histórica da defesa agropecuária**, apresenta uma compilação da evolução histórica da institucionalização da defesa agropecuária no país, com indicação das principais ações levadas a cabo em diferentes períodos, desde o século XIX. Faz referência à aprovação dos principais instrumentos legais que, na maioria dos casos, continuam vigentes. Indica também as principais ações executadas para garantir a segurança e a qualidade dos alimentos consumidos no mercado doméstico ou exportados.

O Capítulo V, **Análise de risco e segurança dos alimentos**, foca a necessidade crescente de maior eficiência na produção de alimentos, por meio da utilização de boas práticas e manejo de risco.

O Capítulo VI, **Pragas de alerta máximo: conceito, prevenção e controle**, apresenta o conceito de praga de alerta máximo e discute, com atenção especial, o que são pragas quarentenárias A1, A2 e não quarentenárias regulamentadas.

O Capítulo VII, **Avaliação da conformidade no agronegócio**, aborda a relação do consumidor com as informações sobre os alimentos que ele recebe, às vezes de modo insuficiente, o que gera desconfianças, em função de os alimentos terem o potencial de provocar enfermidades severas.

O Capítulo VIII, **Pecuária de precisão e rastreabilidade**, destaca como as questões de saúde têm alterado as percepções de desenvolvimento econômico, bem como a convivência com o meio ambiente.

O Capítulo IX, **Segurança dos alimentos: uma visão sistêmica**, destaca que, embora os termos 'segurança alimentar', 'segurança dos alimentos' e 'qualidade dos alimentos' venham sendo frequentemente usados, a diferença entre esses conceitos não está consolidada na literatura. Tal discussão é fundamental para a definição de ações, por parte dos órgãos regulatórios do país, frente à necessidade de fiscalização dos produtos alimentares.

O Capítulo X, **Doenças exóticas e emergenciais**, discute os aspectos que asseguram que a produção agropecuária, em todas as suas etapas, até a distribuição e o consumo, seja conduzida com qualidade compatível com as normas nacionais e internacionais. Este é o colimar da defesa sanitária animal, no que tange aos aspectos de monitoria ativa da pecuária e das suas interfaces com a agricultura, a flora e a fauna silvestres e, ainda, com o meio ambiente, na busca constante da rastreabilidade e sustentabilidade. Para tanto, há que se adotar uma visão holística e inovadora, que garanta a segurança das atividades.

O Capítulo XI, **Considerações finais**, comenta aspectos tratados nas entrelinhas do livro, mas que têm sido objeto de pesquisa por parte de diferentes instituições públicas.

Este livro constitui-se, assim, em uma ferramenta fundamental para a capacitação em defesa agropecuária no Brasil, acessível ao público em geral e principalmente aos profissionais do Ministério da Agricultura, Pecuária e Abastecimento, bem como das secretarias estaduais de Agricultura e agências especializadas nos temas da defesa agropecuária animal e vegetal. Professores e estudantes de graduação e pós-graduação, em particular os alunos dos mestrados profissionais em Defesa Agropecuária, oferecidos em diversas universidades federais, terão neste livro uma valiosa referência nos assuntos relacionados à defesa agropecuária.

EVALDO FERREIRA VILELA
GERALDO M. CALLEGARO
Editores

Siglas

Anvisa — Agência Nacional de Vigilância Sanitária
Aphis — Animal and Plant Health Inspection Service
APPCC — Análise de Perigos e Pontos Críticos de Controle
BID — Banco Interamericano de Desenvolvimento
BPF — Boas Práticas de Fabricação
CAC — Codex Alimentarius Commission
Cals — Convenção Internacional para Controle e Gerenciamento de Água de Lastro de Navios e Sedimentos
CAPADR — Comissão de Agricultura, Pecuária, Abastecimento e Desenvolvimento Rural
CBR — Comitê Brasileiro de Regulamentação
CCAB — Comitê do Codex Alimentarius no Brasil
CDB — Convenção de Diversidade Biológica
CDC — Center for Disease Control
Cepea-USP — Centro de Estudos Avançados em Economia Aplicada da Universidade de São Paulo
CGOE — Coordenação-Geral de Organização para a Exportação
CIPV — Convenção Internacional de Plantas e Vegetais
Cisa — Comissão Interministerial de Saúde e Agricultura
CJD — Doença de Creutzfeldt-Jakob
CNA — Confederação Nacional da Agricultura
CNPq — Conselho Nacional de Desenvolvimento Científico e Tecnológico
Conama — Conselho Nacional de Meio Ambiente
Conmetro — Conselho Nacional de Metrologia, Normalização e Qualidade Industrial
Consea — Conselho Nacional de Segurança Alimentar
CTNBio — Comissão Técnica Nacional de Biossegurança
DPI — Departamento de Promoção Internacional do Agronegócio
EEB — Encefalite espongiforme bovina
EIE — Espécie invasora exótica
Embrapa — Empresa Brasileira de Pesquisa Agropecuária
ERS — Economic Research Service
FAO — Food and Agriculture Organization of the United Nations (Organização das Nações Unidas para Agricultura e Alimentação)
Garp — Genetic Algorithm for Rule-Set Production
GFSI — Global Food Safety Initiative
HACCP — Hazard Analysis and Critical Control Points
Ibama — Instituto Brasileiro do Meio Ambiente e dos Recursos Naturais Renováveis
IBGE — Instituto Brasileiro de Geografia e Estatística
Ilsi — International Life Science Institute

IMO _______ Organização Marítima Internacional
IN _________ Instrução Normativa
Inmetro _____ Instituto Nacional de Metrologia, Normalização e Qualidade Industrial
Ipea ________ Instituto de Pesquisa Econômica Aplicada
IPPC________ Convenção Internacional de Proteção de Plantas
IUCN _______ União Internacional para a Conservação da Natureza
LMR________ Limite máximo de resíduos
Mapa _______ Ministério da Agricultura, Pecuária e Abastecimento
MCT________ Ministério da Ciência e Tecnologia
MDA________ Ministério do Desenvolvimento Agrário
MDIC_______ Ministério do Desenvolvimento, Indústria e Comércio Exterior
MEPC ______ Comitê de Proteção ao Ambiente Marinho
MRE________ Ministério das Relações Exteriores
MS _________ Ministério da Saúde
NACMCF ___ National Advisory Committee on Microbiological Criteria for Foods
Nasa________ National Aeronautics and Space Administration
Nimf________ Norma Internacional para Medidas Fitossanitárias
OGM________ Organismos geneticamente modificados
OIE_________ Organização Mundial de Saúde Animal
OMC________ Organização Mundial do Comércio
OMS________ Organização Mundial de Saúde
ONG________ Organização Não Governamental
OVM________ Organismo vivo modificado
PCBs _______ Bifenilas policloradas
PCCs _______ Pontos críticos de controle
PIB _________ Produto interno bruto
PNCRC _____ Plano Nacional de Controle de Resíduos e Contaminantes
PNCVM_____ Programa Nacional de Controle da Vespa-da-Madeira
PPHO_______ Procedimentos Padrão de Higiene Operacional
Pro-Reg _____ Programa de Fortalecimento da Capacidade Institucional
SDA ________ Secretaria de Defesa Agropecuária
SIF _________ Serviço de Inspeção Federal
Sisbi ________ Sistema Brasileiro de Inspeção
Sislegis _____ Sistema de Consulta à Legislação
SPS_________ Sanitary and Phytosanitary Measures
SRI _________ Secretaria de Relações Internacionais
STJ _________ Superior Tribunal de Justiça
Suasa _______ Sistema Unificado de Atenção à Sanidade Agropecuária
SUS ________ Sistema Único de Saúde
SVS_________ Secretaria de Vigilância em Saúde
TCV ________ Taxa de classificação vegetal
TMC________ Teor máximo de contaminantes
TRF ________ Tribunal Regional Federal
UE _________ União Europeia
UFV ________ Universidade Federal de Viçosa
Unclos ______ Convenção das Nações Unidas sobre o Direito do Mar
WHO _______ World Health Organization

1

Análise do Sistema Normativo de Defesa Agropecuária[1]

Fabiana de Menezes Soares[2]
Letícia Camilo dos Santos[3]

1.1. INTRODUÇÃO

A pesquisa realizada no Projeto Inovação Tecnológica para Defesa Agropecuária (InovaDefesa) pretende apontar problemas de ordem normativa, considerando o subsistema de normas (leis, atos normativos exarados pelo Poder Executivo, normativas e recomendações internacionais) afetas à agropecuária brasileira. Objetivou-se a compreensão do sistema como um todo, na perspectiva de racionalidade do círculo normativo que tem início com o processo de elaboração das normas, a participação de técnicos qualificados que detêm informações qualificadas sobre o contexto de incidência das normas,

1. II Conferência Nacional sobre Defesa Agropecuária, 2010, Belo Horizonte. Painel Legislação em defesa agropecuária e desenvolvimento socioeconômico: tensões, tendências e boas práticas (28/05/2010), resultado do projeto de pesquisa "InovaDefesa", financiado pelo CNPq (www.inovadefesa.ning), coordenado pelo prof. Evaldo Ferreira Vilela (UFV).

2. Docente da Faculdade de Direito da UFMG. Coordenadora do Observatório para Qualidade da Lei, projeto vinculado ao Programa de Pós-Graduação em Direito. fabiana.demenezes@terra.com.br

3. Bolsista do CNPq. Modalidade: DTI. Pesquisadora vinculada ao Obervatório para Qualidade da Lei. lecamilo11@gmail.com

sua discussão com os interessados/afetados, até a efetiva implementação de políticas e a execução de atos que demandam inclusive sanções (fiscalização).

O setor agropecuário representa um terço do produto interno bruto do país. Graças a ele, o Brasil ocupa a terceira posição no *ranking* dos maiores exportadores agrícolas do mundo. Esses fatores evidenciam a importância de se pensar sobre o direito, pois a qualidade das normas está diretamente relacionada à confiança que os cidadãos e as empresas depositam nas instituições. No contexto da agropecuária, é significativo o papel de uma política sanitária direcionada à obtenção da segurança dos alimentos, tanto para os produtores e consumidores brasileiros como para os países importadores de alimentos produzidos no Brasil e, consequentemente, para alcançar o desenvolvimento econômico e social.

Tendo em vista a perspectiva exposta, esta pesquisa busca apresentar um diagnóstico do sistema jurídico afeto à defesa agropecuária brasileira, por meio de uma abordagem que tem como marco teórico e metodológico a Teoria da Legislação, Legisprudência ou Legística, em que se defende o aperfeiçoamento teórico e técnico dos instrumentos de ação daqueles a quem competem as decisões do Estado, considerando o critério de exequibilidade política das medidas e ações voltadas para a defesa agropecuária (Chevallier, 1992, p. 14).

Saliente-se que a promoção e a execução de políticas ligadas à defesa agropecuária encontram respaldo na Constituição da República, porque têm como fundamento os direitos sociais à saúde e à alimentação, este último introduzido no ordenamento jurídico por meio da Emenda Constitucional nº 63/2010. Por esse motivo, a questão sanitária na agropecuária não diz respeito somente à concorrência e ao desenvolvimento do agronegócio, mas emerge como o direito humano de ter alimentação adequada e saudável, concretizado por meio de normas efetivas e eficazes. De fato, é fundamental, para o Estado e para os cidadãos, pensar sobre a legislação, pois ela é uma das formas mais importantes de expressão da vontade estatal, principalmente quando se compreende que não só cria obrigações e direitos, como também define diretivas para a atuação do governo, dentro dos limites estabelecidos no texto constitucional.

Cumpre ressaltar que, nesta pesquisa, a palavra legislação, sob o ponto de vista da Legística (Soares, 2009), compreende não só os atos do Parlamento, mas todos os atos normativos editados pela Administração Pública, pelos organismos internacionais e por países que negociam com o Brasil e afetam, direta ou indiretamente, as ações concernentes à defesa agropecuária. Por fim, no contexto da pesquisa, a política sanitária é abordada como "aquela espécie de padrão de conduta (*standard*) que assinala uma meta a alcançar, geralmente uma melhoria" (Comparato, 1998, p. 42) na qualidade dos alimentos e insumos produzidos em território brasileiro, operacionalizado por meio de normas e leis editadas pelo Poder Legislativo federal, estadual e municipal, assim como pelos órgãos do Poder Executivo nos três âmbitos da federação, neste caso, especialmente a Secretaria de Defesa Agropecuária, vinculada ao Ministério da Agricultura, Pecuária e Abastecimento.

1.2. ABORDAGEM TEÓRICA

Para a realização do diagnóstico e da avaliação do sistema normativo de defesa agropecuária, usou-se como fundamento teórico e metodológico a Teoria da Legislação, Legisprudência ou Legística, adotando-se uma compreensão racional teórica e técnica do fazer legislativo, que busca o aprimoramento da qualidade da legislação tanto no que se refere ao seu conteúdo quanto à sua forma. Nesse contexto, a legislação é entendida em sentido mais amplo; inclui não só as normas produzidas pelos parlamentares, como também aquelas exaradas no âmbito da Administração Pública, as quais, na maior parte das vezes, produzem efeitos concretos e diretos na vida dos cidadãos.

A Legisprudência considera o processo de elaboração legislativa como um processo de aprendizado reiterado, pois, ainda que as leis tenham caráter geral e abstrato, elas não são entendidas como algo fixo no tempo, posto e imutável. Em um sistema de direito romano-germânico como o brasileiro, em que a lei escrita é a principal ferramenta de decisão do Estado e tem o condão de estabelecer diretrizes, ordenar, criar obrigações, permissões e proibições, o peso da atividade legiferante não pode ser subestimado. É nesse contexto que a Legisprudência considera necessária a discussão e a adoção de ferramentas que expressem a vontade estatal dentro de parâmetros racionais. Por esse viés, o legislador é tido como responsável por seus atos, no sentido de que deve apresentar justificação para legislar, pois a justificação é parte do processo de legitimação dos atos legislativos. Nesse cenário, a política não é excluída do direito, porque o legislador, a despeito da máxima discricionariedade com que pode atuar, é considerado um ator jurídico (Wintgens, 2006) que deve justificar a restrição de liberdade que seus atos impõem aos cidadãos, já que a liberdade é vista como ponto de partida e princípio fundante da organização do espaço político.

Essa concepção está intimamente ligada ao fato de o Brasil, assim como a maior parte dos Estados ocidentais contemporâneos, ser um Estado de Direito em que vigora o regime democrático de tomada de decisões. Por ser um Estado de Direito, prevalece aqui o princípio da legalidade ("art. 5º, II – ninguém será obrigado a fazer ou deixar de fazer alguma coisa senão em virtude de lei" – Constituição da República/88), do qual deriva a exigência de segurança jurídica e estabilidade das instituições. Por outro lado, o caráter democrático está fundado no exercício do poder político, de forma direta ou indireta (representativa), pelo povo, considerado soberano por ser o seu legítimo proprietário. O legislador e o administrador público devem, portanto, fazer suas escolhas de forma justificada, já que elas alcançam a legitimidade na vontade popular, que eles representam e devem concretizar, diante da multiplicidade de atores que atuam para elaborar a lei, conforme Soares (2004).

O direito, fixado dentro dos limites do texto constitucional, é o instrumento por meio do qual o Estado, através de seus agentes, manifesta suas decisões e executa suas ações em prol da estabilidade e do progresso da organização político-social. Nesse sentido, a atuação do Estado, por estar ancorada no referido princípio da legalidade, depende invariavelmente das escolhas legislativas e regulatórias, que podem ter variadas razões de ser. As razões para a criação legislativa, como expõe Caupers (2009), podem ser de quatro tipos: jurídicas, demandadas pelo princípio de coerência e pela necessidade de completude e densificação do ordenamento jurídico; políticas, para satisfazer os anseios de classes ou grupos que elegeram o representante, ou ainda para cumprir um plano de governo; substanciais, para resolver questões pontuais de natureza econômica, social ou organizacional; e, por fim, oportunísticas, que são conjeturais e derivam, muitas vezes, de clamor social intensificado pelos meios de comunicação.

Essa contextualização é importante para a verificação da legitimidade ou, em termos legisprudenciais, da racionalidade do ato normativo proposto. Segundo Caupers (2009) e Mader (2002), a racionalidade da lei deriva da sua capacidade de atender aos objetivos previamente estabelecidos e anunciados e pode ser apreendida por meio da avaliação legislativa. A avaliação de efeitos das leis considera os aspectos formais e materiais das normas e depende essencialmente de dois sub-ramos da Legisprudência, explicitados a seguir, conforme Mader (2002): 1) metodologia legislativa ou legística material: neste âmbito do estudo, lida-se com o conteúdo da legislação, por meio de uma proposta metodológica que pressupõe ferramentas práticas a serem usadas no contexto de elaboração das normas; 2) sociologia da legislação: lida com o processo político de implementação da legislação e seus efeitos.

É importante destacar o que se entende por avaliação legislativa no âmbito da Legisprudência, seus objetivos, métodos e instrumentos usados para compreender a realidade em que incide um ato normativo, já que a metodologia da pesquisa deriva dos conceitos e métodos estabelecidos pela avaliação dos efeitos das leis.

1.3. RACIONALIDADE DO PROCESSO LEGISLATIVO

Na concepção tradicional da ciência jurídica, a questão relativa à produção das leis foi deixada de lado em prol da interpretação e aplicação das normas, porque, em primeiro lugar, imperava uma concepção estática de vida política, em que a lei tinha caráter imutável. Na verdade, o que ocorreu foi a separação entre direito e política, porque os legisladores, representantes do povo, estariam legitimados a agir pelo simples fato de serem soberanamente escolhidos pelos cidadãos. Como afirma Comparato (1998): "A montagem constitucional do Estado moderno foi feita inteiramente com base nessa substituição da vontade individual dos governantes pela autoridade da norma geral, superior e permanente, isto é, da lei, no sentido solene que a palavra apresentava em suas origens" (p. 40).

No entanto, especialmente a partir da passagem do Estado liberal para o Estado social, a legitimidade do poder do Estado passou a ser associada à sua capacidade de realizar objetivos predeterminados, ante o reconhecimento de direitos sociais, econômicos e culturais, tais como saúde, educação, trabalho, porque "o Estado social é, pois, aquela espécie de Estado dirigente em que os poderes públicos não se contentam em produzir leis ou normas gerais, mas guiam efetivamente a coletividade para o alcance de metas predeterminadas" (Comparato, 1998, p. 43). Nesse contexto, surgiu a necessidade de redefinir o papel do Estado para atender às finalidades coletivas e atingir a igualdade material entre os governados.

É no Estado social que o Poder Executivo adquire proeminência, em detrimento do Poder Legislativo, pois o critério para avaliar a qualidade de atuação dos governantes passa a ser o da implementação de políticas públicas que assegurem aos cidadãos condições dignas de existência formuladas, como toda decisão estatal, por meio de leis. O Poder Executivo participa do processo de decisão na escolha do conteúdo das normas porque a ele é delegada a tarefa de densificação da legislação (Soares, 2007, p. 9), ou seja, a precisão do conteúdo normativo, com base na realidade em que a norma vai ser aplicada, o que lhe garante discricionariedade, ainda que em âmbito mais restrito do que o do legislador, para realizar suas escolhas.

Essa compreensão colocou o Estado em posição de super-regulador, com a proliferação legislativa, além da consolidação de Cortes constitucionais como quase legisladoras, na medida em que suprimiam lacunas e omissões normativas, ou ainda interpretavam as leis, criando normas de caráter geral e abstrato (súmulas e súmulas vinculantes) equivalentes às leis. Diante da inflação legislativa – de 1988 a 2008, o Brasil editou 3.776.364 atos normativos[4] – e dos gastos despendidos com legislação mal formulada, houve quem declarasse, inclusive, que deveríamos "colocar o Estado para fazer dieta" (Karpen, 2002, p. 20). Esse panorama, que não é privilégio ou infortúnio somente no Brasil, levou estudiosos a voltarem os seus olhares para o fazer legislativo, na busca de uma racionalidade capaz de justificar a legislação, reduzir o excesso de regulamentação e aprimorar a qualidade dos atos normativos. A realização de efeitos pretendidos pelas leis tornou-se "fundamento primordial da legitimidade de ação do Estado" (Mader, 1991, p. 40).

---

4. Instituto Brasileiro de Planejamento Tributário. Disponível em: <http://www.ibpt.com.br/home/publicacao.view. php?publicacao_id=13081&pagina=10> Acesso em: 25 de agosto de 2010.

Com essa mudança de paradigma, a avaliação legislativa tornou-se o instrumento capaz de apreender os efeitos das leis sobre a realidade, o que coloca o legislador na posição de responsável pela realidade social e pela adequação das normas a ela. Tomando como referência a obra de Mader (2002), pode-se dizer que a avaliação legislativa implica a análise e a avaliação dos efeitos da legislação e compreende três elementos:

- **Elemento 1:** a avaliação diz respeito à legislação, a qual compreende os atos normativos do Parlamento e as decisões da Administração Pública, ou seja, atos normativos como resoluções, portarias, instruções normativas, decretos etc.
- **Elemento 2:** a avaliação interessa-se pelos efeitos dos atos normativos, pelo exame da extensão e das consequências das mudanças e não mudanças de atitudes, comportamentos e situações provocadas pela legislação.
- **Elemento 3**: a avaliação é feita de forma metódica, objetivando-se sempre: 1) identificar as bases para julgamentos e afirmações sobre relações causais entre os atos normativos e a realidade social observável; 2) realizá-la da maneira mais sistemática possível, levando em conta os efeitos relevantes; 3) realizá-la da forma mais objetiva possível, sem considerar interesses privados.

Os resultados da avaliação, após publicados, podem ser utilizados tanto pelo legislador e pelos administradores públicos, como fonte de informação para justificar a feitura das leis ou o dever de correção, como pelos juízes, para ampliar a compreensão do contexto de incidência das normas em discussão. Cumpre ressaltar os parâmetros usados para a avaliação das leis, também identificados por Mader (2002):

- **Efetividade**, que implica a avaliação da correspondência entre as atitudes dos destinatários, inclusive dos agentes públicos que implementam as leis, e o modelo normativo proposto, ou seja, se o comportamento de obediência ou respeito às normas pelos indivíduos corresponde àquilo que foi proposto pela lei.
- **Eficácia**, que diz respeito ao alcance dos objetivos propostos pela lei, ou seja, se ela atinge esses objetivos e se a realização destes resulta, de fato, da lei.
- **Eficiência**, critério que implica a avaliação de custos e benefícios e envolve não somente fatores econômicos, mas também elementos imateriais, como dados psicológicos e sociais, efeitos negativos e inesperados, entre outros.

É importante compreender que esses conceitos implicam, necessariamente, uma avaliação da legitimidade das normas dentro do ordenamento, pois leis incoerentes produzem impactos no sistema como um todo e retiram dele, em especial da norma em questão, a validade necessária para a sua aplicação.

Consistência e coerência são dois conceitos que não se confundem. O primeiro diz respeito à ausência de contradições dentro de um sistema e implica uma exigência de lógica; já a coerência, um conceito de alcance mais amplo, demanda que o sistema como um todo faça sentido. Nesse caso, é preciso salientar que a consistência é uma condição de coerência, mas não a única condição, conforme Wintgens (2006).

Várias são as ferramentas que podem ser utilizadas para avaliar os efeitos das leis. No entanto, não se pode esquecer que estas têm caráter essencialmente político e, por isso, é possível dizer que uma abordagem científica ou quase científica é praticamente inviável, até mesmo porque os custos para tanto seriam muito altos e sobretudo porque, em determinado nível, a lei depende de uma escolha política que deriva de acordo de interesses e da discricionariedade do ator político, como salienta Soares (2009).

1.4. ATIVIDADES DESENVOLVIDAS DURANTE O PROJETO

A pesquisa realizada no Projeto InovaDefesa, baseando-se nos conceitos de avaliação legislativa, utilizou-se das seguintes ferramentas para realizar um diagnóstico do Sistema de Defesa Agropecuária: entrevistas com agentes públicos que atuam no Mapa e na Anvisa, com consultores legislativos do Congresso Nacional e com profissionais que atuam no setor, como fiscais agropecuários, veterinários, engenheiros agrônomos e membros do Ministério Público Federal. Quanto aos documentos, foram analisados os discursos presentes em audiências públicas organizadas pelo Congresso Nacional e no relatório da Comissão de Agricultura, Pecuária, Abastecimento e Desenvolvimento Rural da Câmara dos Deputados, a tipologia dos atos normativos afetos à defesa agropecuária, dos atos normativos do sistema de defesa, tais como: Decreto nº 24.114/34, Decreto nº 24.548/34, Lei nº 1.283/50, Lei nº 7.802/89, Lei nº 7.889/89, Lei nº 8.171/91, Lei nº 8.918/94, Lei nº 9.782/99, entre outros.

Na verdade, a pesquisa não buscou catalogar todas as leis, até porque tal ação é prescindível, já que se partiu do pressuposto – afirmado por servidores do Mapa – de que a base de dados contida no site http://www.agricultura.gov.br/, no sistema de consulta à legislação denominado Sislegis, contém dados sobre todos os atos normativos, assim como sobre revogações e alterações.

Apenas a título de exemplo, foram documentados alguns dados para se compreender a dimensão do sistema normativo afeto ao setor agropecuário brasileiro. Em uma consulta à base Sislegis, realizada entre os anos de 2000 e 2010, nos itens "portaria", "resolução" e "instrução normativa", foram encontrados 42.904 atos[5]. Já uma consulta feita considerando os indexadores "sanidade"

5. Fonte de informações: Sislegis – Mapa. In: http://extranet.agricultura. gov.br/sislegis/action/detalhaAto.do?method=abreLegislacaoFederal&chave=50674&tipoLegis=A>. A informação não

e "defesa agropecuária", somente sobre os itens "lei", "decreto", "decreto-lei", "lei complementar", apresentou 7 resultados para o primeiro indexador (sanidade) e 82 para o segundo (defesa agropecuária). É preciso esclarecer, no entanto, que o resultado não aponta somente as normas em vigor, apresenta inclusive normas que já foram revogadas, até mesmo porque continuam válidas para os atos que foram praticados durante o seu período de vigência (*tempus regit actum*).

O objetivo dessa pesquisa, portanto, foi diagnosticar as inconsistências normativas, identificadas com a elaboração de relatório contendo recomendações para a boa legislação/regulação, de forma a orientar e qualificar a produção jurídica da área de defesa agropecuária. Dois fatores devem ser mencionados. Na pesquisa, em muitos casos, os entrevistados foram renitentes em afirmar a existência de problemas normativos no sistema de defesa. Muitos, inclusive, não permitiram a sua identificação e vinculação com a fala, mesmo tendo sido declarado que a pesquisa científica é, por isso, objetiva. Uma das formas de incentivar os entrevistados a falar sobre problemas no sistema foi a criação do grupo "A Defesa Agropecuária nos Tribunais", na plataforma da Rede de Inovação Tecnológica, operada através da rede social Ning. A ação produziu mais resultados do que outros grupos e fóruns também criados para discutir a legislação, os quais, no entanto, não foram alimentados pelos participantes da rede. No caso específico do grupo sobre a jurisprudência, houve participação maior, mas ainda assim não relevante, considerando a dimensão da pesquisa realizada. Isso levou à consideração da jurisprudência, ao lado da participação de diversos atores (governo, setor produtivo, sociedade civil, legislativo, administração da justiça), documentada nos relatórios da CAPADR como fontes primordiais para a reconstrução do contexto dos efeitos dos gargalos legislativos para fins de diagnóstico e avaliação.

1.5. JURISPRUDÊNCIA DOS TRIBUNAIS REGIONAIS FEDERAIS E DO SUPERIOR TRIBUNAL DE JUSTIÇA[6]

Na teoria tradicional sobre fontes do direito veiculada pelo sistema de *civil law*, em que a lei escrita tem supremacia na produção do direito, a jurisprudência, ou seja, os julgados exarados pelos juízes e pelos tribunais, sempre foi considerada secundária, pois "a presença de leis de direito substanciais faz com que o juiz, ao decidir uma controvérsia, deva procurar e encontrar a solução

---

causa espanto quando comparada aos 3.776.364 atos normativos editados no Brasil entre 1988 e 2008; o dado deriva do relatório "Quantidade de normas editadas no Brasil: 20 anos da Constituição Federal de 1988", elaborado pelo Instituto Brasileiro de Planejamento Tributário, publicado em 03/10/2008 no site do IBPT. Disponível em: <http://www.ibpt.com.br/home/publicacao.view.php?publicacao_ id=13081&pagina=10>. Acesso em: 25 de agosto de 2010.

6. A pesquisa apresentada nesse item foi realizada pela bolsista Letícia Camilo dos Santos, de acordo com o que foi estabelecido no plano de trabalho vinculado ao projeto.

naquilo que as leis ordinárias estabelecem" (Bobbio, 2007, p. 205). De fato, a atividade do juiz deve limitar-se à lei, pois ela estabelece uma moldura legal da qual, em princípio, o magistrado não pode se afastar.

No entanto, a realidade mostra um panorama muito diferente da teoria. É significativo o papel que a interpretação do direito pelos tribunais vem exercendo na definição da norma a ser aplicada aos casos concretos, além de criar precedentes que, ao longo do tempo, são, muitas vezes, mais citados do que a própria lei. É evidente, por outro lado, que, sendo o Poder Judiciário aquele que estabelece, em último plano, o sentido da lei, sua capacidade interpretativa e criadora aumenta quando ela não é clara, ou é incoerente, ou apresenta uma lacuna.

O processo de interpretação, por esse viés, não pode ser desconsiderado. Entretanto, este aspecto merece uma ressalva: a legística defende o diálogo entre as fontes do direito e um processo comunicativo de participação na produção normativa que "cria um espaço de discussão privilegiado, porque propicia um fluxo de informações que tendem a minimizar a ausência de adesão às normas jurídicas" (Soares, 2004, p. 37). A racionalização do processo de produção da lei, no contexto da legística, depende fundamentalmente de três pilares: a justificativa para a decisão de legislar e, portanto, para interferir na esfera de liberdade dos indivíduos; a exigência de um processo comunicativo entre os envolvidos, inclusive com o diálogo entre as fontes do direito e, nesse sentido, entre Legislativo, Executivo e Judiciário; a avaliação legislativa, com a verificação dos efeitos das leis.

Como expõe a professora e juíza do trabalho Mônica Sette Lopes (1993), o juiz detém um poder discricionário e atua, nesse sentido, "como ajustador do ordenamento às situações da vida", considerando como pressuposto a existência de uma norma ditada pelo legislador que, considerada no contexto do ordenamento jurídico, delimita o campo de atuação judicial. Como segurança jurídica também é sinônimo de justiça para um Estado de Direito, a confiança em uma decisão mais justa depende também da margem de manobra deixada ao juiz pelo legislador para interpretar os fatos. Assim, embora esse espaço de adequação sempre deva existir, é importante que o legislador pense sobre a linguagem do direito e, principalmente, sobre a forma como estará estruturado o sistema, de modo a garantir coerência. É preciso, portanto, que ele pense sobre a lei e não atue somente com base em especulações e intuição.

Quando a lei é mal elaborada, em especial em casos como o de invalidade perante o sistema, em que a falta de coerência é patente, seja porque houve desrespeito ao sistema de hierarquias e competências, seja porque o seu conteúdo cria para o jurisdicionado obrigações abusivas, o Poder Judiciário pode ser chamado a resolver o conflito de interesses gerado por antinomias que impedem a efetivação do direito. Diante desse quadro, a jurisprudência é fonte de informação qualificada para todos os atores envolvidos na dinâmica do sistema, porque concentra informações sobre os efeitos das leis. A legística, nesse sentido, considera que "o papel do parlamento em matéria legislativa não termina quando a lei é adotada e entra em vigor" (Gusy, 1985, p. 291 ss., 294). O legislador deve, ao contrário, assegurar-se, ao longo da vigência da lei, de reunir informações e fatos pertinentes que lhe permitam avaliar os efeitos do texto sobre a realidade e ressaltar as eventuais diferenças com relação aos objetivos iniciais (Flückiger, 2009, p. 15).

Tal compreensão deriva do entendimento de que o legislador responsável tem o dever de observar o resultado, ou os efeitos das leis, por meio da interpretação realizada pelos tribunais. As cortes, portanto, fornecem ao legislador dados sobre os efeitos das leis que podem e devem ser usados no procedimento de avaliação legislativa e mesmo de elaboração de novas leis para justificar a decisão de legislar. Diante da consideração de que o legislador não tem poder ilimitado para atuar, é coerente que ele tenha a obrigação de corrigir as leis ao verificar problemas que podem ser tanto de ordem normativa, como uma inconstitucionalidade ou invalidade dentro do sistema, como uma mudança na situação de fato regida pela norma.

A pesquisa jurisprudencial realizada neste projeto considerou, nesse sentido, o contexto teórico apontado, já que as decisões judiciais foram uma das fontes de informação e diagnóstico do sistema normativo de defesa agropecuária. Para tanto, foram analisadas as decisões proferidas entre os anos de 2000 e 2010 nos Tribunais Regionais Federais, no Superior Tribunal de Justiça e no Supremo Tribunal Federal. Foram utilizados os seguintes indexadores para a pesquisa: "agrotóxico(s)", "defensivo(s) agrícola(s)", "Ministério da Agricultura", "defesa agropecuária", "sanidade/ saúde/sanitária e animal" e "sanidade/saúde/sanitária e vegetal" para os Tribunais Regionais Federais. Os julgados foram divididos por tribunal, por tipo e por Estado da federação. Para o Superior Tribunal de Justiça foram usados indexadores mais precisos e não houve limitação do tempo do julgamento, até porque a base de dados do sistema é reduzida. Para o Supremo Tribunal Federal, o tempo dos julgamentos foi predeterminado devido à grande quantidade de julgados anteriores à década de 1990.

Foram documentadas 1.086 decisões dos Tribunais Regionais Federais, 13 do Supremo Tribunal Federal e 117 do Superior Tribunal de Justiça. As conclusões da análise são apresentadas no próximo item e foram verificadas no contexto geral da pesquisa. Tecemos a seguir algumas considerações importantes sobre o resultado.

- Não foram encontradas súmulas específicas sobre o tema defesa agropecuária.
- Problemas normativos identificados: incompetência para edição de atos normativos, inovação da ordem jurídica por resolução de órgão do Executivo, conflito de competência entre União e estados, conflito de compe-

tência entre Anvisa e Mapa, Mapa e Receita, Mapa e Ibama, conflito de normas – Código Penal x Lei nº 7.802/89, conflito entre normas, abuso na fiscalização.

- Questionamento sobre a legalidade do laudo de infração, determinação de execução de ato ante inércia da Administração Pública, questionamento sobre a legalidade da cobrança de taxa.
- Matérias mais discutidas: direito administrativo, especialmente questões afetas a servidores públicos, como greve, gratificação, anistia, e direito tributário. A média entre todos os tribunais revelou que em torno de 80% dos processos encontrados pelo indexador "Ministério da Agricultura" tratavam de assuntos relacionados a direito administrativo e servidor público.
- A jurisprudência afeta a agrotóxicos foi a que mais apontou questões relativas a conflitos de competência entre União e estados-membros, exorbitância de competência de ato normativo editado pela Administração Pública, conflito de atuação entre Mapa, Anvisa e Ibama.
- A busca com o indexador "Ministério da Agricultura" foi a que mais apontou ilegalidade de atos normativos do Mapa, nulidade de auto de infração e ofensa ao devido processo administrativo.
- Um dos destaques da jurisprudência pesquisada no Superior Tribunal de Justiça foi o questionamento sobre o registro em conselho profissional, como no caso do registro de frigoríficos e indústrias de laticínios nos Conselhos de Química ou Veterinária. Como a Lei nº 6.893/80 não é suficientemente clara e deixa a critério do juiz a análise de fato da atividade preponderante exercida, há decisões conflitantes sobre o assunto, tanto no STJ como nos TRFs. No caso do STJ, a insegurança jurídica parece permanecer, pois há decisão que afirma ser pertinente o registro das referidas atividades em Conselho de Veterinária, outra que confirma a não necessidade de registro no referido conselho profissional. Esse tipo de situação, como já comentado, gera enorme insegurança jurídica para o jurisdicionado e, no âmbito específico de sua aplicação, enfraquece os conselhos profissionais e a própria atividade, o que cria, em tese, uma sobrecarga de responsabilidade para o Estado, que, muitas vezes, não consegue exercer na prática o controle sobre as atividades em questão.
- No âmbito dos Tribunais Regionais Federais, o Distrito Federal e Minas Gerais apareceram, respectivamente, como primeiro e segundo maiores litigantes no TRF 1ª Região. O TRF 2ª Região foi o que apresentou menor quantidade de processos, sendo o Rio de Janeiro o maior litigante. No TRF 3ª Região, São Paulo foi o Estado com maior número de processos. O Rio Grande do Sul apareceu como o Estado com maior número de processos no TRF 4ª Região. Neste tribunal, o número de processos foi mais equilibrado e, apesar de ser composto por apenas três estados, é

o segundo em número de processos, perdendo somente para o TRF 5ª Região, no qual a maior parte dos processos diz respeito a questões de direito administrativo. No TRF 5ª Região, o Estado de Pernambuco foi o mais litigante. Esses dados podem ser compatibilizados com dados do Censo Agropecuário de 1995-1996, realizado pelo Instituto Brasileiro de Geografia e Estatística (IBGE). A Região Sul fica em segundo lugar no que diz respeito ao número de estabelecimentos agropecuários – 1.010.335 –, atrás somente do Nordeste, com 2.469.070. No entanto, deve-se ressaltar que o Sul tem aproximadamente um terço do território físico do Nordeste. No Sudeste, Minas Gerais e São Paulo destacam-se pelo número de estabelecimentos agropecuários: 550.529 e 231.402, respectivamente. No Nordeste, os estados da Bahia, Ceará e Pernambuco estão em primeiro, segundo e terceiro lugar, com 765.498, 383.010 e 308.978, respectivamente. No entanto, a Bahia tem jurisdição no TRF 1ª Região e não apresentou número elevado de processos. Tal resultado pode estar associado ao fato de esse Estado, de acordo com o Censo Agropecuário de 1996, ter alta concentração de terras (os estabelecimentos com menos de 100 ha representavam, em 1995, cerca de 93% do total e ocupavam menos de 30% da sua área). É notório o fato de que as regiões Sul e Sudeste têm os maiores índices de desenvolvimento humano do país, juntamente com o Distrito Federal (primeira posição). Isso pode explicar o fato de as populações dos estados pertencentes a essas regiões possuírem nível de educação superior ao dos estados das outras regiões, em especial do Nordeste, que apresenta os mais baixos índices de desenvolvimento humano do Brasil. A informação e a educação são fatores importantes, que devem ser considerados no que diz respeito ao acesso à justiça.

- Os mandados de segurança foram utilizados basicamente para atacar atos administrativos abusivos relativos a servidores e atos normativos que exorbitavam o poder regulamentar, como portarias e instruções normativas.

Seguem os dados sobre os tribunais. No Apêndice I (página 67) são apresentados os dados dos Tribunais Regionais Federais.

Supremo Tribunal Federal

Na busca pelo termo "agrotóxicos", foram encontrados três documentos. Período das decisões: agosto de 2000 a maio de 2010.

TIPOLOGIA:

- Um *habeas corpus*: crime tipificado na Lei nº 7.802/89, inépcia da denúncia.
- Um recurso extraordinário: constitucionalidade da exigência de cadastramento de agrotóxico no Departamento de Meio Ambiente.

- Um agravo regimental no recurso extraordinário: exame sobre a Lei nº 7.747/82-RS para verificar se houve invasão de competência da União. Nesse julgamento, o Plenário definiu o conceito de normas gerais a cargo da União e retificou as normas dessa lei que superavam os limites da alçada estadual.

Na busca pelo termo “Ministério da Agricultura”, foram encontrados seis documentos. Período das decisões: dezembro de 2001 a março de 2010.

TIPOLOGIA:

- Um recurso ordinário em mandado de segurança: alegação de que a Lei nº 6.305/75 e seu regulamento (Decreto nº 82.110/78) não foram recepcionados pela Constituição Federal de 1988.
- Uma petição: demarcação de terras indígenas.
- Quatro mandados de segurança: desapropriação para fins de reforma agrária, direito administrativo – servidor público, cálculo de proventos, nomeação para cargo.

Na busca pelo termo “defesa agropecuária”, foram encontrados dois documentos. Período das decisões: agosto de 2004 a novembro de 2007.

TIPOLOGIA:

- Um agravo regimental no recurso extraordinário: direito tributário, taxa de classificação vegetal – legitimidade na utilização da quantidade do produto a ser classificado na definição da base de cálculo da taxa, já que, quanto maior essa grandeza, maior o custo da atividade prestada pelo Estado.
- Um agravo regimental no agravo de instrumento: questão infraconstitucional em que o STF alega impossibilidade de decisão por não ser a instância adequada.

Na busca pelos termos “sanidade/saúde/sanitário e animal”, foram encontrados dois documentos. Período das decisões: junho de 2005 a maio de 2006.

TIPOLOGIA:

- Duas ações diretas de inconstitucionalidade: 1) ação contra a lei estadual paranaense nº 14.162, de 27 de outubro de 2003, que estabelece vedação ao cultivo, à manipulação, à importação, à industrialização e à comercialização de organismos geneticamente modificados; alegada violação aos seguintes dispositivos constitucionais: art. 1º; art. 22, incisos I, VII, X e XI; art. 24, I e VI; art. 25 e art. 170, *caput*, inciso IV e parágrafo único; ofensa à competência privativa da União e das normas constitucionais relativas às matérias de competência legislativa concorrente; ação julgada procedente; 2) ação contra a lei estadual paranaense nº 14.162, de 27 de outubro de 2003, que estabelece vedação ao cultivo, à manipulação, à importação, à industrialização e à comercialização de organismos geneticamente modificados; alegada violação aos seguintes dispositivos constitucionais: art. 1º; art. 22, incisos I, VII, X e XI; art. 24, I e VI; art. 25 e art. 170, *caput*, inciso IV e parágrafo único; ofensa à competência privativa da União e das normas constitucionais relativas às matérias de competência legislativa concorrente; ação julgada procedente; ocorrência de substituição, e não suplementação das regras que cuidam das exigências, dos procedimentos e das penalidades relativos à rotulagem informativa de produtos transgênicos por norma estadual que dispõe sobre o tema de maneira igualmente abrangente; extrapolação, pelo legislador estadual, da autorização constitucional voltada para o preenchimento de lacunas verificadas na legislação federal.

Na busca pelos termos "sanidade/saúde/sanitário e vegetal", não foram encontrados documentos relativos ao período de 2000 a 2010.

Superior Tribunal de Justiça

Na busca pelo termo "agrotóxicos", foram encontrados 46 documentos. Período das decisões: agosto de 1990 a março de 2010.

TIPOLOGIA:

- Cinco *habeas corpus*: comercialização, transporte de resíduos e embalagens vazias sem cumprimento das exigências legais, contrabando.
- Dois recursos ordinários em HC: aplicação de agrotóxicos sem uso de medidas para proteção ao meio ambiente; depósito irregular de agrotóxico.
- Dois recursos ordinários em mandado de segurança: deferimento de licença ambiental para reciclagem de embalagens vazias; inovação da ordem jurídica por resolução do Conama; legislação concorrente de estados e União sobre uso, produção, consumo e comércio de agrotóxicos.
- 27 recursos especiais: ação civil pública para determinar à Anvisa a manutenção da proibição de uso de substância; ausência de competência para edição de ato normativo pela gerência regional do Ibama; importação irregular de agrotóxicos; competência concorrente da União e dos estados para medidas emergenciais contra contaminação; habilitação de técnico agrícola para prescrição de agrotóxico; ação de indenização por contaminação por agrotóxicos no trabalho (agente de vigilância do Mapa); conflito de competência entre União e estados; legalidade de lei estadual; direito tributário; ofensa à lei federal pela lei municipal (Resp. 29.299/RS).

- Cinco agravos regimentais: competência concorrente para registro (verificar se esse não é mais um entrave, já que o registro já é feito pelo Mapa); necessidade de prévia análise de impacto ambiental; possibilidade de prescrição de receituário para venda de agrotóxicos por técnico agrícola; restrição de comercialização de agrotóxicos por lei municipal.
- Um conflito de competência: apurar o juízo competente (federal ou estadual) para processar demanda sobre contrabando de agrotóxicos.
- Três embargos declaratórios e um embargo infringente.

Na busca pelos termos "Ministério da Agricultura" e "competência", foram encontrados 27 documentos. Período das decisões: outubro de 1990 a outubro de 2008.

TIPOLOGIA:

- Quatorze mandados de segurança: direito administrativo – empregado público, servidor, anistia; plantio de OGM – conflito Mapa x Estado do Paraná; desapropriação e reforma agrária. A maior parte dos mandados refere-se a questões envolvendo servidores públicos, empregados públicos e anistia.
- Sete recursos especiais: conflito aparente de normas relativas à competência para fiscalização; direito administrativo – gratificação de desempenho de atividade de fiscalização agropecuária; direito penal – falsidade ideológica; direito tributário – questionamento sobre a legalidade de portaria interministerial (Receita, Mapa, Casa Civil).
- Quatro conflitos de competência: conflito entre juízo estadual e federal para apurar crime (transgênico); conflito de competência penal.
- Um agravo regimental: receio de anulação de anistia pelo ministro do Mapa.
- Um embargo declaratório.

Na busca pelos termos "Ministério da Agricultura" e "fiscalização", foram encontrados quinze documentos. Período das decisões: setembro de 1993 a setembro de 2008.

TIPOLOGIA:

- Três mandados de segurança: direito administrativo – concurso público; gratificação – servidor público.
- Onze recursos especiais: legalidade de ato administrativo; ilegalidade da fiscalização; tributário – *status* jurídico diferenciado Mapa x Receita – registro e alíquota; greve de serviço público (mercadoria sujeita a perecimento); registro em conselho profissional de sociedade comerciante de produtos agrícolas.
- Um agravo regimental: direito tributário – registro no Mapa – alíquota.

Na busca pelo termo "defesa agropecuária", foram encontrados sete documentos. Período das decisões: março de 1993 a agosto de 2009.

TIPOLOGIA:

- Três agravos regimentais no recurso especial: direito administrativo – servidor público.
- Um recurso ordinário em *habeas corpus*: rito sobre crimes de responsabilidade de funcionário público.
- Um recurso ordinário em mandado de segurança: direito tributário.
- Dois recursos especiais: direito tributário – ICMS e acordo Gatt.

Na busca pelos termos "sanidade/saúde/sanitário e animal", foram encontrados dezessete documentos. Período das decisões: junho de 1993 a maio de 2010.

TIPOLOGIA:

- Nove recursos especiais: indenização sobre abate de animais (lei especial); responsabilidade civil do Estado por inobservância de regras sanitárias; registro em conselho profissional; direito tributário.
- Cinco mandados de segurança: direito administrativo – servidor público.
- Embargo declaratório em mandado de segurança: discussão sobre fixação de padrões por Instrução Normativa que extrapolaram a lei.
- Embargo declaratório em recurso especial: abatedouro clandestino, crime contra relação de consumo.
- Um *habeas corpus* – dilação probatória.

Na busca pelos termos "sanidade/saúde/sanitário e vegetal", foram encontrados seis documentos. Período das decisões: junho de 1994 a abril de 2010.

TIPOLOGIA:

- Um agravo regimental em suspensão da segurança: paralisação de serviço – risco à saúde.
- Dois mandados de segurança: omissão do Ministério da Agricultura (suspensão de comercialização da Coca-Cola).
- Três recursos especiais: suscitação de conflito de competência do Concex para edição de atos normativos; renovação de registro; legalidade de atos normativos.

Tribunal Regional Federal 1ª Região – Distrito Federal, Goiás, Minas Gerais, Bahia, Piauí, Tocantins, Maranhão, Mato Grosso, Pará, Amapá, Roraima, Rondônia, Amazonas, Acre.

Na busca pelo termo "agrotóxico(s)", foram encontrados dezenove documentos. Período das decisões: de 2000 a 2010.

TIPOLOGIA:

- Quatro apelações cíveis; dez apelações em mandado de segurança; duas remessas *ex officio* em mandado de segurança; um agravo de instrumento; duas remessas *ex officio*. Localização: DF – treze; PA – um; GO – um; MG – um; MT – três.

Na pesquisa, surgiram temas como: reavaliação de agrotóxicos; apostilamento; extrapolação de competência de ato normativo quando a matéria está afeta ao Legislativo; possibilidade de técnico agrícola prescrever agrotóxicos; questionamento sobre a legalidade de ato normativo; renovação de registro de agrotóxicos.

Na busca pelos termos "defensivo(s) e agrícola(s)", foram encontrados sete documentos. Período das decisões: de 2000 a 2010.

TIPOLOGIA:

- Três apelações cíveis; uma remessa *ex officio* em mandado de segurança; duas apelações em mandado de segurança; uma remessa *ex officio*. Localização: DF – dois; MT – um; RO – três; PA – um.

Na pesquisa surgiram temas como: registro de empresa que comercializa defensivos em conselho profissional de veterinária; registro de patente; desapropriação – pagamento de indenização; discussão sobre excesso de regulamentação por parte da Anvisa.

Na busca pelo termo "Ministério da Agricultura", foram encontrados 169 documentos. Período das decisões: de 2000 a 2010.

TIPOLOGIA:

- 78 apelações cíveis; 51 apelações em mandado de segurança; doze remessas *ex officio*; doze agravos de instrumento; cinco remessas *ex officio* em mandado de segurança; três apelações criminais; três embargos infringentes; uma ação rescisória; um *habeas corpus*; um inquérito; um recurso criminal; um agravo regimental em apelação cível. Localização: DF – 79; MG – 33; GO – treze; BA – doze; AM – sete; PA – seis; MT – seis; RO – quatro; MA – três; PI – dois; RR – dois; TO – dois.

Na pesquisa, surgiram temas como: direito administrativo – servidor público, convênio, gratificação, anistia, reintegração de posse, contratação temporária; processo civil, contratos – Conab e Incra; direito previdenciário; concurso público; direito tributário; direito penal – restituição de produto apreendido, comercialização em embalagens irregulares; greve de fiscais agropecuários; apostilamento de agrotóxicos; legalidade de multa cobrada em autuação; anulação de ato administrativo; interpretação de portaria do Mapa; auto de infração abusivo, sem motivação; reintegração de posse, terras indígenas; nulidade de ato administrativo; convênio Funarbe e Mapa, ilegalidade na prestação de contas;

avaliação de organismos geneticamente modificados; conflito de competência entre delegado do Mapa e Conselho Nacional de Comércio Exterior (classificação de produto de origem vegetal); sanção abusiva imposta por fiscalização; falta de competência do Mapa para aplicação de multa a estabelecimento varejista; direito do trabalho.

Na busca pelos termos "sanidade/saúde/sanitária e animal", foram encontrados doze documentos. Período das decisões: de 2000 a 2010.

TIPOLOGIA:

- Quatro apelações cíveis; dois agravos de instrumento; três apelações em mandado de segurança; uma remessa *ex officio*; um agravo regimental de suspensão da segurança; um agravo interno em agravo de instrumento. Localização: DF – cinco; MG – três; GO – dois; BA – um; MT – um.

Na pesquisa, surgiram temas como: controvérsia sobre a possibilidade de farmacêutico realizar exames laboratoriais e exercer responsabilidade por laboratório de análise clínica de animais; direito previdenciário; direito administrativo – concurso público, currículo do ensino universitário; impacto ambiental soja *roundup ready* (OGM), normas internacionais, resoluções do Conama; fiscalização sanitária animal, contratos temporários; direito tributário – inspeção industrial e sanitária de produtos de origem animal; fiscalização – questionamento sobre legalidade de auto de infração; fiscalização – ofensa ao devido processo administrativo; anulação de auto de infração por ilegalidade e abuso.

Na busca pelos termos "sanidade/saúde/sanitária e vegetal", foram encontrados dois documentos. Período das decisões: de 2000 a 2010.

TIPOLOGIA:

- Uma apelação criminal; uma apelação cível. Localização: DF – um; TO – um.

Na pesquisa, surgiram temas como: tráfico de entorpecentes; impacto ambiental de OGM (soja). Esse critério de pesquisa resultou em buscas pouco proveitosas nesse tribunal.

Na busca pelo termo "defesa agropecuária", foram encontrados 28 documentos. Período das decisões: de 2000 a 2010.

TIPOLOGIA:

- Onze apelações em mandado de segurança; quatorze apelações cíveis; um agravo regimental em apelação em mandado de segurança; um agravo regimental em agravo de instrumento; um agravo regimental em suspensão de segurança. Localização: DF – dezessete; BA – três; MG – três; MT – dois; PA – um; TO – um; GO – um.

Na pesquisa, surgiram temas como: direito administrativo (servidor); defesa do consumidor; legalidade de ato normativo.

Tribunal Regional Federal 2ª Região – Rio de Janeiro e Espírito Santo.

Na busca pelo termo "agrotóxico(s)", foram encontrados dois documentos. Período das decisões: de 2000 a 2010.

TIPOLOGIA:

- Um agravo interno, um agravo de instrumento. Localização: RJ – dois.

Na pesquisa, surgiram temas como: autorização para utilização de brometo de metila; patente e processo civil. Nesse tribunal, a pesquisa sobre o tema foi pouco proveitosa.

Na busca pelo termo "defensivo(s) agrícola(s)", foram encontrados três documentos. Período das decisões: de 2000 a 2010.

TIPOLOGIA:

- Um mandado de segurança, uma apelação cível, uma apelação em mandado de segurança. Localização: RJ – dois; ES – um.

Na pesquisa, surgiram temas como: registro para empresas varejistas que comercializam defensivos agrícolas; registro de patente no Inpi; direito processual civil. Nesse tribunal, a pesquisa sobre o tema foi pouco proveitosa.

Na busca pelo termo "Ministério da Agricultura", foram encontrados 47 documentos. Período das decisões: de 2002 a 2010.

TIPOLOGIA:

- Seis apelações em mandado de segurança; 27 apelações cíveis; dois *habeas corpus*; três agravos de instrumento; sete remessas *ex officio* em mandado de segurança; um mandado de segurança; uma remessa *ex officio*. Localização: RJ – 46; ES – um.

Na pesquisa, surgiram temas como: direito previdenciário; direito administrativo – recusa de laudo de classificador de produtos exportáveis registrado no Cacex; reintegração de posse (Jardim Botânico); contrato de plano de saúde pelo Mapa; direito penal – venda de bebidas adulteradas; reintegração de posse de imóvel situado em área de preservação ambiental; legalidade de IN do Mapa (caso mamão papaia); greve servidor público – continuidade da prestação de serviços; questionamento sobre a legalidade de auto de infração; violação de patente (defensivo agrícola); questionamento sobre erradicação de lavoura de mamão papaia – abuso de fiscalização; questionamento sobre a legalidade da Portaria nº 70 do Mapa (caso coco ralado); embarque de mercadoria fora do prazo por aguardar certificado do Mapa, portaria MDIC; mandado de segurança para impedir lavratura de auto de infração para suspender ordem de não comercialização de sementes de cebola roxa; não necessidade de licença de órgão ambiental para renovação de registro no Mapa; conflito temporal de aplicação entre lei e portaria (caso laranja Carrefour); aplicabilidade do instituto da renovação compulsória em contrato de locação firmado pela Conab; mandado de segurança para exercício do poder de polícia (vigilância) em tempo razoável; vício em processo licitatório realizado pelo Mapa; negativa do Mapa em autorizar inclusão de logomarca em rótulo, com o objetivo de proteção ao consumidor (caso xarope Saúde e Energia). Nesse caso, foram encontrados vários julgados sobre greve dos servidores e continuidade da prestação de serviços essenciais – desembaraço de mercadorias importadas.

Na busca pelos termos "saúde animal/sanitário(a)" ou "sanidade animal", foram encontrados onze documentos. Período das decisões: de 2000 a 2010.

TIPOLOGIA:

- Três apelações cíveis; quatro mandados de segurança; duas remessas *ex officio*; um *habeas corpus*; um agravo de instrumento. Localização: RJ – onze.

Na pesquisa, surgiram temas como: certificado de conferência de saúde animal; proibição de entrada no Brasil pela Receita Federal; direito tributário; não necessidade de registro de frigorífico em conselho profissional de veterinária; crime contra o meio ambiente.

Na busca pelos termos "sanidade/saúde/sanitária(o) e vegetal", foram encontrados 75 documentos. Período das decisões: de 2000 a 2010.

TIPOLOGIA:

- Cinquenta apelações cíveis; dez apelações em mandado de segurança; três remessas *ex officio*; um mandado de segurança; três embargos infringentes; duas apelações criminais; seis agravos de instrumento. Localização: RJ – 48; ES – 27.

Na pesquisa, surgiram temas como: propriedade industrial; licitação e responsabilidade civil do Estado; questionamento sobre a legalidade de ato administrativo (meio ambiente); concurso público, critério de classificação; desapropriação para instituição de servidão; aplicação de multa, crime e sanção administrativa (Código Florestal); transporte e consumo de carvão vegetal sem autorização do Ibama, multa; comercialização de produto vegetal sem licença; crime contra o meio ambiente e o consumidor; violação do princípio da reserva legal por Portaria do Ibama que estabeleceu a cobrança de multa; questionamento sobre a legalidade de Portaria do Mapa aplicável à plantação de mamão papaia; direito previdenciário; desapropriação para fins de reforma agrária; questionamento sobre legalidade de taxa de classificação vegetal estabelecida em portaria conjunta do Mapa e do Ministério da Fazenda; necessidade de inscrição de empresa no Crea; greve, liberação de mercadoria importada.

Na busca pelo termo "defesa agropecuária", foram encontrados dois documentos. Período das decisões: de 2000 a 2010.

TIPOLOGIA:

- Um agravo de instrumento; uma apelação cível. Localização: RJ – um; ES – um.

Na pesquisa, surgiram temas como: renovação de registro no Instituto de Defesa Agropecuária do Estado – RJ; desapropriação para fins de reforma agrária – aferição de produtividade da propriedade.

Tribunal Regional Federal 3ª Região – São Paulo e Mato Grosso do Sul.

Na busca pelo termo "agrotóxico(s)", foram encontrados onze documentos. Período das decisões: de 2000 a 2010.

TIPOLOGIA:

- Seis apelações cíveis; duas apelações criminais; dois *habeas corpus*; uma apelação em mandado de segurança. Localização: SP – dois; MS – nove.

Na pesquisa, surgiram temas como: transporte irregular de agrotóxico (descaminho); ausência de documentação regular de internação – conflito de normas CP e Lei nº 7.802/89; venda de agrotóxico sem receituário feito por agrônomo (execução fiscal).

Na busca pelo termo "defensivo(s) agrícola(s)", foram encontrados onze documentos. Período das decisões: de 2000 a 2010.

TIPOLOGIA:

- Uma remessa *ex officio* em mandado de segurança; quatro apelações cíveis; seis apelações em mandado de segurança. Localização: SP – dez; MS – um.

Na pesquisa, surgiram temas como: direito tributário – importação de enxofre para fabricação de defensivo; direito previdenciário; não necessidade de registro de empresa que comercializa defensivos em conselho profissional de veterinária; direito tributário – microempresas.

Na busca pelo termo "Ministério da Agricultura", foram encontrados 160 resultados. Período das decisões: de 2000 a 2010.

TIPOLOGIA:

- 77 apelações em mandado de segurança; 47 apelações cíveis; vinte remessas *ex officio* em mandado de segurança; quatro remessas *ex officio*; três agravos de instrumento; sete apelações criminais; dois recursos em sentido estrito. Localização: SP – 148; MS – doze.

Na pesquisa, surgiram temas como: desembaraço aduaneiro – inaplicabilidade da Portaria nº 70/98 ao coco por parecer técnico da Divisão de Trânsito e Quarentena (52 processos); venda de agrotóxicos sem receituário agronômico;

não necessidade de registro de frigorífico em Conselho de Química; processo civil – indeferimento da inicial; impossibilidade de inclusão da Anvisa no polo passivo de AMS; validade de auto de infração sobre análise de qualidade do vinho; registro cassado com ofensa ao devido processo legal administrativo (MS); direito administrativo – controle de febre aftosa; direito tributário (apuração do valor da terra nua – VTN para cálculo de ITR); questionamento sobre legalidade de auto de infração (laranja); registro de embarcações pesqueiras; contribuição sindical; execução fiscal; servidor público; transporte de agrotóxico sem regularização; greve de servidores – desembaraço de mercadorias importadas; direito tributário – contribuição ao Incra; responsabilidade civil do Estado na erradicação de cancro cítrico; questionamento sobre a legalidade de multa sobre soja transgênica; estelionato – desvio de verbas; direito penal – comercialização de produtos veterinários adulterados; irregularidade em auto de infração (amendoim); ilegalidade de tributo contido na Instrução Normativa nº 19/2003; execução fiscal – autuação bebidas – padrões legais desobedecidos; descumprimento do devido processo legal na análise de amostra de adubo; direito administrativo – concurso público; ilegalidade de ato administrativo no desembaraço de mercadoria – ato abusivo; discussão sobre exigibilidade de multa imposta por fiscalização aduaneira sem registro no Mapa; ilegalidade de auto de infração na liberação de mercadorias importadas; mandado de segurança preventivo – importação de mercadoria viva, problemas no sistema do Siscomex; conflito de normas – prevalência de ato normativo Anvisa e normas internacionais; responsabilidade civil do Estado por destruição de plantação de laranjais – abuso.

Na busca pelos termos "sanidade/saúde/sanitário(a) e animal", foram encontrados dezesseis documentos. Período das decisões: de 2000 a 2010.

TIPOLOGIA:

- Oito apelações cíveis; um agravo de instrumento; um *habeas corpus*; um inquérito; duas apelações em mandado de segurança; uma remessa *ex officio* em mandado de segurança; duas apelações criminais. Localização: SP – treze; MS – três.

Na pesquisa, surgiram temas como: certificado de conferência de saúde animal, proibição de entrada no Brasil pela Receita Federal; direito tributário; não necessidade de registro de frigorífico em conselho profissional de veterinária; crime contra o meio ambiente.

Na busca pelos termos "sanidade/saúde/sanitário(a) e vegetal", foram encontrados dezenove documentos. Período das decisões: de 2000 a 2010.

TIPOLOGIA:

- Quatro apelações cíveis; onze apelações em mandado de segurança; duas remessas *ex officio* em mandado de segurança; um agravo regimental na suspensão da segurança; uma remessa *ex officio*. Localização: SP – dezoito; MS – um.

Na pesquisa surgiram temas como: direito previdenciário; desembaraço aduaneiro – inaplicabilidade da Portaria nº 70/98 do Mapa devido ao parecer da divisão de controle de trânsito e quarentena vegetal – caso coco ralado; ilegalidade da exigência de certificado quando há greve no serviço público; indenização em caso de erradicação de lavoura; registro de empresa vendedora de laticínios em conselho profissional de veterinária.

Na busca pelo termo "defesa agropecuária", foi encontrado um documento. Período das decisões: de 2000 a 2010.

TIPOLOGIA:

- Uma remessa *ex officio* em mandado de segurança. Localização: SP – um.

Na pesquisa, surgiram temas como: questionamento sobre pena aplicada a irregularidade na importação de mercadoria.

Tribunal Regional Federal 4ª Região – Paraná, Santa Catarina, Rio Grande do Sul.

Na busca pelos termos "agrotóxico(s)" e "defensivo(s) e agrícola(s)", foram encontrados 44 documentos. Período das decisões: de 2000 a 2010.

TIPOLOGIA:

- Doze apelações criminais; treze apelações cíveis; três *habeas corpus*; três agravos de instrumento; quatro remessas *ex officio*; sete apelações em mandado de segurança; um embargo infringente; um recurso em sentido estrito. Localização: PR – quinze; SC – quatro; RS – 25.

Na pesquisa, surgiram temas como: danos ao meio ambiente (Ibama); direito previdenciário; improbidade administrativa; importação de agrotóxico (concentração diferente); conflito de competência Ibama x Mapa; registro de empresa em conselho profissional; legalidade de ato do Mapa; organismos geneticamente modificados (soja); ação civil pública; legitimidade da União para providência em estado-membro; direito administrativo, receituário agronômico por técnico agrícola. Nesse tribunal, foram encontradas decisões divergentes quanto à prescrição de agrotóxico pelo técnico agrícola.

Na busca pelo termo "Ministério da Agricultura", foram encontrados 130 documentos. Período das decisões: de 2000 a 2010.

TIPOLOGIA:

- 72 apelações cíveis; dezesseis apelações em mandado de segurança; nove agravos; treze apelações criminais; seis remessas *ex officio*; duas remessas *ex officio* em mandado de segurança; cinco apelações/remessa *ex officio*; três recursos em sentido estrito; um conflito de competência; dois embargos infringentes; um *habeas corpus*. Localização: PR – quarenta; SC – trinta; RS – sessenta.

Na pesquisa, surgiram temas como: direito tributário; conflito de competência entre Mapa e outros órgãos do Executivo (Ministério da Fazenda, Comex, Anvisa, Ibama); direito administrativo – servidor público; legalidade de ato normativo do Mapa; direito penal; necessidade de registro de empresa em conselho profissional; fiscalização pela União x atuação dos estados-membros.

Na busca pelos termos "saúde/sanitária(o)/sanidade e animal", foram encontrados 27 documentos. Período das decisões: de 2000 a 2010.

TIPOLOGIA:

- Seis agravos de instrumento; seis apelações em mandado de segurança; dez apelações cíveis; duas apelações/remessa *ex officio*; duas apelações criminais; um embargo infringente. Localização: PR – doze; SC – sete; RS – oito.

Na pesquisa, surgiram temas como: registro em conselho profissional de química e veterinários para indústria de laticínios; direito administrativo (contratação temporária); direito tributário.

Na busca pelos termos "saúde/sanidade/sanitário(a) e vegetal", foram encontrados 21 documentos. Período das decisões: de 2000 a 2010.

TIPOLOGIA:

- Cinco agravos; duas apelações criminais; quatro apelações cíveis; quatro recursos em sentido estrito; uma remessa *ex officio*; um embargo infringente; quatro apelações em mandado de segurança. Localização: PR – cinco; SC – três; RS – treze.

Na pesquisa, surgiram temas como: direito administrativo – servidor, demora na expedição de certificado fitossanitário; tráfico de entorpecentes; registro de atividade em conselho profissional; direito tributário; contribuição ao Incra; ilegalidade da Portaria 70/98 do Mapa (coco ralado); questionamento sobre legalidade de ato da Anvisa (erva-mate).

Na busca pelo termo "defesa agropecuária", foram encontrados doze documentos. Período das decisões: de 2000 a 2010.

TIPOLOGIA:

- Dois agravos de instrumento; uma apelação/remessa *ex officio*; seis apelações cíveis; duas apelações em mandado de segurança; uma remessa *ex officio*. Localização: RS – três; PR – cinco; SC – quatro.

Na pesquisa, surgiram temas como: direito administrativo – gratificação, servidor público, equiparação salarial; ilegalidade de portaria do Mapa (44/97);

questionamento sobre legalidade de ato normativo do Mapa; aviação agrícola – responsabilidade de engenheiro agrônomo na aplicação de produto agrotóxico; competência para cobrança de taxa de classificação pelo órgão de origem do produto; omissão do Departamento de Defesa e Inspeção Vegetal na expedição de licenciamento; entrada ilegal de carne bovina com risco de aftosa no Estado do Rio Grande do Sul.

Doze decisões trataram da ilegalidade da Portaria nº 52/94 emitida pela Secretaria de Defesa Agropecuária. O tribunal manifestou-se pela natureza discriminatória do ato normativo estabelecendo condutas diferentes para inspeção da mesma mercadoria. (Na busca realizada no site do Mapa, a portaria referida não foi encontrada.)

Tribunal Regional Federal 5ª Região – Alagoas, Ceará, Paraíba, Pernambuco, Rio Grande do Norte, Sergipe.

Na busca pelos termos "agrotóxico(s)" e "defensivo(s) e agrícola(s)", foram encontrados doze documentos. Período das decisões: de 2000 a 2010.

TIPOLOGIA:

- Um *habeas corpus*; quatro apelações cíveis; duas remessas *ex officio*; três apelações em mandado de segurança; duas apelações em reexame necessário. Localização: PE – seis; CE – três; PB – um; SE – dois.

Na pesquisa, surgiram temas como: direito previdenciário; emissão de receituário agronômico por técnico agrícola; direito penal – comercialização ilegal de agrotóxicos; registro de empresa que comercializa agrotóxicos em conselho profissional; direito econômico – desigualdade regional, redução de IPI de setor sucroalcooleiro.

Na busca pelo termo "Ministério da Agricultura", foram encontrados 222 documentos. Período das decisões: de 2000 a 2010.

TIPOLOGIA:

- 73 apelações cíveis; 62 remessas *ex officio* em mandado de segurança; 32 agravos (de instrumento e regimental); 33 apelações em mandado de segurança; doze remessas *ex officio*; dois *habeas corpus*; quatro apelações/remessa *ex officio*; quatro apelações criminais; uma ação rescisória; um mandado de segurança. Localização: PE – 76; CE – 101; AL – onze; RN – treze; SE – seis; PB – quinze.

Na pesquisa, surgiram temas como: ilegalidade de ato normativo do Mapa; questionamento sobre registro de marca, Inpi (Instituto Nacional da Propriedade Industrial); direito tributário, taxa de classificação vegetal; direito previdenciário; direito administrativo – servidor público, greve – retardação na liberação de mercadorias (maioria das Reoms – remessa *ex officio* em mandado de segurança); direito penal – uso irregular de verbas de convênio firmado com o Mapa, omissão na prestação de contas; desapropriação para fins de reforma agrária. Nessa busca, grande parte dos casos de Reoms cuidava de questões relativas à greve de servidores da inspeção e fiscalização sanitária.

Na busca pelos termos "sanidade/saúde sanitário(a) e animal", foram encontrados oito documentos. Período das decisões: de 2000 a 2010.

TIPOLOGIA:

- Duas apelações em mandado de segurança; duas apelações cíveis; três apelações/remessa *ex officio*; um agravo. Localização: CE – dois; PE – um; PB – dois; SE – três.

Na pesquisa, surgiram temas como: direito previdenciário; discussão sobre responsável técnico por direção técnica sanitária de estabelecimentos industriais onde haja animais em exposição (veterinário ou zootecnista); questionamento sobre fiscalização sanitária; direito administrativo – servidor público.

Na busca pelos termos "sanidade/saúde/sanitário(a) e vegetal", foram encontrados dois documentos. Período das decisões: de 2000 a 2010.

TIPOLOGIA:

- Uma apelação criminal; uma apelação cível. Localização: CE – um; PE – um.

Na busca pelo termo "defesa agropecuária", foram encontrados cinco documentos. Período das decisões: de 2000 a 2010.

TIPOLOGIA:

- Três apelações cíveis; dois agravos. Localização: PE – quatro; SE – um.

Na pesquisa, surgiram temas como: direito administrativo – servidor público, produtos comercializados sem rótulo, sem registro no Mapa; ação civil pública contra o Estado de Pernambuco para cumprimento das normas de fiscalização sanitária dos animais que participam do circuito da vaquejada; ilegalidade de termo de notificação e auto de infração feitos pela Secretaria de Defesa Agropecuária do Mapa.

1.6. RESULTADOS

O sistema normativo de defesa agropecuária brasileiro é bastante denso e complexo, não só pela quantidade de normas, mas principalmente porque elas são produzidas por diversas autoridades competentes, em níveis hierárquicos distintos. Para compreendê-lo, é preciso considerar, em princípio, que o Brasil é uma federação na qual as competências legislativas e administrativas são exercidas por três esferas de poder: no âmbito federal, pela União; no âmbito estadual, pelos 26 estados brasileiros e pelo Distrito Federal; no âmbito municipal, pelos municípios.

A repartição de competências entre os entes da federação encontra-se na Constituição da República, que, como lei máxima do ordenamento jurídico, estabelece nos artigos 23 e 24 as competências comuns e concorrentes da União, dos estados e dos municípios brasileiros, entre elas: fomentar a produção agropecuária e organizar o abastecimento alimentar (inc. VIII, art. 23); produção e consumo (inc. V, art. 24). Como se viu pelo diagnóstico da jurisprudência, o conflito de competência entre União e Estado foi identificado especialmente no que tange à extrapolação pelo estado-membro da sua competência em relação às normas gerais editadas pela União.

A competência concorrente refere-se à possibilidade de todos os entes da federação legislarem sobre a matéria, mas a competência da União está adstrita à edição de normas gerais, cabendo ao Estado a sua complementação, de acordo com a realidade regional. Já a competência comum ocorre somente em nível administrativo e não há hierarquia entre as normas editadas pela União, pelos estados e municípios. Dessa forma, além da legislação propriamente dita elaborada pelo Congresso Nacional, pelas Assembleias Legislativas dos estados e pelas Câmaras Municipais, a União e cada unidade da federação contam com órgãos do Poder Executivo diretamente ligados à questão agropecuária, entre eles, o Ministério da Agricultura, Pecuária e Abastecimento, as Superintendências Federais e Unidades Técnicas Regionais a elas vinculadas sediadas nos estados, as Secretarias de Estado de Agricultura e autarquias a elas vinculadas, as secretarias municipais voltadas para questões que envolvem agricultura, abastecimento e segurança alimentar e regulam matérias afetas à defesa agropecuária, todos eles produtores de normas.

O diagnóstico feito com base na jurisprudência dos tribunais revelou a existência de casos em que há conflito de competência entre a União e os estados, como mostra o exemplo a seguir, extraído do Supremo Tribunal Federal.

> **ADI 3645 / PR - PARANÁ**
> **AÇÃO DIRETA DE INCONSTITUCIONALIDADE Relator(a): Min. ELLEN GRACIE**
> **Julgamento: 31/05/2006 Órgão julgador: Tribunal Pleno**
> **Publicação**
> **DJ 01-09-2006 PP-00016**
> **Parte(s)**
> **REQTE.(S): PARTIDO DA FRENTE LIBERAL - PFL ADV.(A/S): ADMAR GONZAGA REQDO.(A/S): GOVERNADOR DO ESTADO DO PARANÁ REQDO.(A/S): ASSEMBLEIA LEGISLATIVA DO ESTADO DO PARANÁ**
>
> **Ementa**
> AÇÃO DIRETA DE INCONSTITUCIONALIDADE. LEI 14.861/05, DO ESTADO DO PARANÁ. INFORMAÇÃO QUANTO À PRESENÇA DE ORGANISMOS GENETICAMENTE MODIFICADOS EM ALIMENTOS E INGREDIENTES ALIMENTARES DESTINADOS AO CONSUMO HUMANO E ANIMAL. LEI FEDERAL 11.105/05 E DECRETOS 4.680/03 E 5.591/05. COMPETÊNCIA LEGISLATIVA CONCORRENTE PARA DISPOR SOBRE PRODUÇÃO, CONSUMO E PROTEÇÃO E DEFESA DA

> SAÚDE. ART. 24, V E XII, DA CONSTITUIÇÃO FEDERAL. ESTABELECIMENTO DE NORMAS GERAIS PELA UNIÃO E COMPETÊNCIA SUPLEMENTAR DOS ESTADOS. 1. Preliminar de ofensa reflexa afastada, uma vez que a despeito da constatação, pelo Tribunal, da existência de normas federais tratando da mesma temática, está o exame na ação adstrito à eventual e direta ofensa, pela lei atacada, das regras constitucionais de repartição da competência legislativa. Precedente: ADI 2.535-MC, rel. Min. Sepúlveda Pertence, DJ 21.11.03. 2. Seja dispondo sobre consumo (CF, art. 24, V), seja sobre proteção e defesa da saúde (CF, art. 24, XII), busca o Diploma estadual impugnado inaugurar regulamentação paralela e explicitamente contraposta à legislação federal vigente. 3. Ocorrência de substituição – e não suplementação – das regras que cuidam das exigências, procedimentos e penalidades relativos à rotulagem informativa de produtos transgênicos por norma estadual que dispôs sobre o tema de maneira igualmente abrangente. **Extrapolação, pelo legislador estadual, da autorização constitucional voltada para o preenchimento de lacunas acaso verificadas na legislação federal.** Precedente: ADI 3.035, rel. Min. Gilmar Mendes, DJ 14.10.05. 4. Declaração de inconstitucionalidade consequencial ou por arrastamento de decreto regulamentar superveniente em razão da relação de dependência entre sua validade e a legitimidade constitucional da lei objeto da ação. Precedentes: ADI 437-QO, rel. Min. Celso de Mello, DJ 19.02.93 e ADI 173-MC, rel. Min. Moreira Alves, DJ 27.04.90. 5. Ação direta cujo pedido formulado se julga procedente. (STF, disponível em http://redir.stf.jus.br/paginador/paginador. jsp?docTP=AC&doc ID=363395> acesso em 17/11/2010, grifo nosso)

A complexidade do sistema não deriva somente do fato de existirem órgãos executivos voltados para a implementação de políticas no setor agropecuário, no âmbito dos três entes federados, mas também porque, além da legislação e regulação produzida por órgãos e agentes diretamente ligados à agropecuária, há ainda as normas que derivam dos Códigos Civil, de Defesa do Consumidor, Penal, Tributário, da legislação ambiental, das agências reguladoras, dos ministérios e secretarias a eles vinculadas e secretarias e órgãos ligados à Presidência da República.

Ainda, de forma intensa e mais específica, impactam o sistema de defesa agropecuária as normas da Agência Nacional de Vigilância Sanitária (Anvisa), do Ministério do Meio Ambiente e do Instituto Brasileiro do Meio Ambiente e dos Recursos Naturais Renováveis (Ibama), dos Ministérios das Relações Exteriores (MRE), do Desenvolvimento Agrário (MDA) e do Desenvolvimento, Indústria e Comércio Exterior (MDIC).

O Mapa, como principal responsável pela regulação e implementação de políticas de setores ligados à sanidade dos alimentos, conta, em sua estrutura organizacional, com a Secretaria de Defesa Agropecuária e seus seis departamentos, no âmbito da União, para estabelecer diretrizes internas e normas referentes à defesa sanitária animal e vegetal, fiscalização e inspeção de produtos (vide Portaria nº 45/2007), as quais devem ser executadas pelos estados-membros.

É daí que podemos compreender o que o adjetivo denso significa ao se falar em legislação no setor de defesa agropecuária. Explica-se: a legística ou legisprudência utiliza o conceito densificação (Soares, 2007, p. 9) para definir a atuação do Poder Executivo de precisar a produção normativa, ou seja, a Administração Pública tem competência para a elaboração de atos normativos a fim de concretizar o texto legal, de acordo com circunstâncias que demandam uma avaliação de oportunidade e conveniência, o que no direito denomina-se poder discricionário.

Para além da atuação de acordo com a estrita legalidade (somente fazer aquilo que a lei permite), que serve como limite à arbitrariedade dos agentes públicos, os atos normativos expedidos pela Administração Pública consistem em "comandos complementares" à lei e não podem inovar a ordem jurídica (Bandeira de Mello, 2006, p. 97).

A concretização ou precisão da lei através de atos normativos, ou densificação, ocorre por meio de portarias, resoluções, instruções normativas, ofícios circulares, entre outros. É preciso elucidar, ainda, que tanto o Ministério da Saúde, por meio da Anvisa, quanto o Ministério do Meio Ambiente, através do Ibama, editam normas que afetam diretamente as ações do Mapa, seja porque a lei define competências compartilhadas para a atuação desses ministérios, como é o caso do Sistema Nacional de Vigilância Sanitária, ou da Lei nº 7.802/98, ou porque a exigência de respeito às normas ambientais deve definir os rumos de toda política de desenvolvimento no setor agropecuário, assim como em qualquer atuação pública ou privada[7].

A Anvisa, na verdade, é o órgão público que, no âmbito da defesa agropecuária, exerce maior influência nas ações implementadas pelo Ministério da Agricultura e pelos órgãos de defesa agropecuária, pois as competências para o exercício da vigilância sanitária são compartilhadas no que diz respeito à saúde humana. A defesa agropecuária, que tem como legislação básica, entre outras, a Lei Complementar nº 8.171/91 e a Lei nº 9.712/98, deve trabalhar de forma articulada com o Sistema Único de Saúde (SUS). Sua atuação na cadeia produtiva concentra-se no processo, desde o insumo até o produto final. Por tal motivo, seu foco é o padrão de identidade e qualidade e aspectos tecnológicos da produção, com a realização do monitoramento dos limites máximos de resíduos e contaminantes. A Lei nº 8.080/90 e a Lei nº 9.782/99 estabelecem a competência da vigilância sanitária por meio da Anvisa. Suas ações são desenvolvidas sobre o produto destinado ao consumidor e seu enfoque volta-se para a composição nutricional e toxicológica, com a fixação dos limites máximos de resíduos e contaminantes (Mapa). De acordo com a Lei nº 9.712/98, as ações de vigilância e defesa sanitária dos animais e dos vegetais serão organizadas, sob a coordenação do Poder Público, nas várias instâncias federativas e no âmbito de sua

7. A reformulação do Código Florestal colocou na agenda do dia a discussão sobre o desenvolvimento sustentável e foi alvo de posicionamentos acirrados e paradoxais por parte de produtores, ruralistas, ambientalistas e da comunidade científica. Pública e notória é a missão do Mapa: "Promover o desenvolvimento sustentável e a competitividade do agronegócio em benefício da sociedade brasileira".

competência, em um Sistema Unificado de Atenção à Sanidade Agropecuária, articulado com o SUS.

Na teoria, esse sistema pretende ser coerente, claro e eficaz no que diz respeito às ações e políticas a serem desenvolvidas pelos órgãos mencionados, de modo a garantir a saúde humana e a segurança alimentar. Inclusive, a lei determina que a atuação seja realizada de forma coordenada, o que visa assegurar a coerência e a consistência das ações dos órgãos. No entanto, é comum a ocorrência de conflitos de competência e, especialmente, embates políticos e ideológicos, materializados em atos normativos sobre as escolhas concernentes a cada instituição, o que só aumenta a insegurança jurídica e aponta a irracionalidade da Administração Pública ao executar as leis (sentido estrito). Os conflitos entre Anvisa e Mapa e entre Mapa e Ibama apareceram várias vezes na pesquisa jurisprudencial realizada. Seguem-se dois exemplos.

> EMBARGOS INFRINGENTES. AVIAÇÃO AGRÍCOLA, Ibama. Falece competência à gerência executiva do Ibama no Estado do Paraná para emitir instrução normativa inibitória de atividade comercial, considerando que seu poder de polícia está adstrito a atos como a fiscalização, expedição de licenças, autorizações e permissões, sendo de se ressaltar, ainda, que a atividade comercial de empresas ligadas ao Sindicato Nacional de Empresas de Aviação Agrícola é regulamentada e fiscalizada pelo Ministério da Agricultura.
>
> **AGRAVO DE INSTRUMENTO Nº 2008.04.00.011635-9/RS RELATOR: Juiz MÁRCIO ANTÔNIO ROCHA**
> **AGRAVANTE: AGÊNCIA NACIONAL DE VIGILÂNCIA SANITÁRIA - ANVISA**
> **AGRAVADO: ATC DO BRASIL PRODUTOS PARA COURO LTDA.**
> **INTERESSADO: UNIÃO FEDERAL (FAZENDA NACIONAL) INTERESSADO: INSTITUTO NACIONAL DE COLONIZAÇÃO E REFORMA AGRÁRIA - INCRA**
>
> **DECISÃO**
> Trata-se de agravo de instrumento interposto contra decisão que deferiu parcialmente a medida liminar em mandado de segurança, a fim de assegurar, em favor da impetrante, a fiscalização, pela Anvisa, dos fungicidas Biocides CB, S, T, ECB e FME importados e dos que vier a importar (fls. 29/34).
>
> Relata a agravante que a empresa agravada impetrou mandado de segurança contra as autoridades da Anvisa, do Ministério da Agricultura (Mapa) e da Receita Federal pretendendo sejam fiscalizadas pelo Mapa ou pela Anvisa as cargas que vierem a ser importadas contendo os fungicidas "Biocides CB, S, T, ECB e FME" a fim de que ocorra o desembaraço aduaneiro.
>
> Sustenta a Anvisa a sua ilegitimidade passiva, uma vez que não tem competência para fiscalizar os fungicidas utilizados em processo industrial. Aduz que os fungicidas usados pela indústria de couro e importados pela empresa impetrante independem da anuência da Anvisa para adentrarem em território nacional. Argumenta que a própria impetrante refere que os entraves na liberação aduaneira decorrem de exigência do Mapa. Afirma que a Resolução RDC/Anvisa nº 350/05, que se constitui no regulamento sanitário aplicável à importação de mercadorias, prevê a lista de substâncias e produtos que estão sujeitos à fiscalização sanitária. Assevera que apenas os fungicidas apresentados em formas ou embalagens exclusivamente para uso domissanitário direto estão sujeitos à fiscalização da Anvisa. Assim, os fungicidas destinados ao uso

industrial, no processo fabril do couro, como é o caso dos autos, não são objeto de fiscalização pela Anvisa. Alega que a analogia utilizada na fundamentação da decisão liminar não é adequada e que partir da premissa de que um produto fungicida – a ser aplicado em processo de industrialização específico – pode causar risco à saúde é levar a extremo a ideia de controle sanitário. Requer seja deferido efeito suspensivo. É o breve relatório. Passo a decidir.

A controvérsia posta nos autos cinge-se ao direito da impetrante em obter o desembaraço aduaneiro de suas mercadorias importadas, que vem sendo obstaculizada pela exigência de apresentação da licença oriunda do Ministério da Agricultura, atualmente exigida pelo Siscomex. O Ministério da Agricultura, por sua vez, refere que a licença deve ser concedida pela Anvisa que, por seu turno, afirma que fungicidas industriais não demandam licença oriunda deste órgão. A Delegacia da Receita Federal limita-se a atestar a impossibilidade de liberar mercadorias sem a autorização em comento.

Acerca da ilegitimidade passiva alegada, tenho que examinou com acerto a questão o MM. Juiz Federal Daniel Machado da Rocha, posto que, tendo as autoridades concorrido para obstar o desembaraço aduaneiro, a ilegalidade da conduta diz respeito ao mérito da causa, a ser apreciado na prolação da sentença.

Por outro lado, o conflito evidenciado nos autos entre a Anvisa e a Superintendência Federal de Agricultura do Rio Grande do Sul, vinculada ao Mapa, quanto à atribuição da fiscalização dos fungicidas em comento, destinados à conservação de couros, não pode culminar na determinação de desembaraço das mercadorias importadas sem a fiscalização e apresentação da licença exigida pelo Sistema Integrado de Comércio Exterior – Siscomex.

Assim, com razão o juízo *a quo* ao deferir parcialmente a medida liminar.

No que concerne à competência para a fiscalização dos fungicidas industriais conhecidos como Biocides CB, S, T, ECB e FME, classificados pela Nomenclatura Comum do Mercosul – NMC, adotada no Brasil como "3808.9299", destinados à preservação de couro, verifica-se que o Siscomex exigiu licença do Ministério da Agricultura, que, por sua vez, orientou a empresa a buscar a licença junto à Anvisa.

Examinando os autos, tenho que a decisão agravada deve ser mantida por seus próprios fundamentos. Ainda que a RDC Anvisa n° 350, de 2005, se refira apenas aos fungicidas de uso domissanitário, a analogia empregada pelo juízo *a quo* mostra-se pertinente, na medida em que a licença está sendo exigida pela Receita Federal, indicando a necessidade da fiscalização dos produtos para ingresso no território nacional, sob pena de causar riscos à saúde pública. Assim, não podem os órgãos públicos omitir-se na fiscalização.

Nesse sentido, transcrevo trecho da r. decisão agravada que adoto como razão de decidir.

O Ministério da Agricultura, Pecuária e Abastecimento tem como objetivo estimular o aumento da produção agropecuária e o desenvolvimento do agronegócio, com o objetivo de atender o consumo interno e formar excedentes para exportação. Para cumprir sua missão, formula e executa políticas para o desenvolvimento do agronegócio, integrando aspectos mercadológicos, tecnológicos, científicos, organizacionais e ambientais, para atendimento dos consumidores brasileiros e do mercado internacional (nesse sentido consultar www.agricultura.gov.br).

A infraestrutura básica do Mapa é formada, dentre outras áreas, pela defesa sanitária (animal e vegetal); fiscalização dos insumos agropecuários e classificação e inspeção de produtos de origem animal e vegetal, atuando mediante as superintendências regionais, tais como a impetrada nos autos. A Agência Nacional de Vigilância Sanitária, por seu turno, tal qual referido ao analisar-se sua legitimidade passiva, tem por finalidade institucional a promoção da saúde da população, por intermédio do controle sanitário da produção e da comercialização de produtos e serviços submetidos à vigilância sanitária, conforme a Lei n° 9.782/99, artigo 6º. Compete a esta a fiscalização de produtos que envolvam risco à saúde pública. Nesse sentido é o art. 8° da referida lei: [...]

Resolução RDC n° 350, de 28 de dezembro de 2005, por sua vez, dispõe sobre o regulamento de vigilância sanitária em mercadorias importadas. Apenas no caso de deferimento do Licenciamento de Importação pela Anvisa, em virtude de fiscalização das mercadorias que culmine no reconhecimento do atendimento das exigências sanitárias, será promovido o desembaraço aduaneiro dos produtos.

O referido procedimento é realizado em mercadorias integrantes no Anexo XLIV da Resolução mencionada, que, de fato, não constam os produtos conhecidos como Biocide CB, S, T, ECB e FME, fungicidas classificados pela Nomenclatura Comum do Mercosul – NMC; no entanto, em que pese a inexistência de tais fungicidas na tabela de produtos de fiscalização obrigatória, a existência de outros similares, tais como diversos produtos domissanitários (desinfetantes, inseticidas, dentre outros), não pode a Anvisa abster-se de fiscalizar os produtos importados pelo requerente, devido à aparente vinculação a eventuais danos à saúde humana.

Por outro lado, não vislumbro, aparentemente, a obrigatoriedade de fiscalização pelo Ministério da Agricultura, já que, no presente caso, visualizo a identidade com o objeto de fiscalização pela Anvisa. Diante do exposto, indefiro o pedido efeito suspensivo.

Comunique-se ao Juízo de origem. Intime-se a agravada na forma do art. 527, V, do CPC. Após, voltem conclusos.

Porto Alegre, 08 de maio de 2008. Juiz Márcio Antônio Rocha – Relator (TRF 4ª Região, Embargos Infringentes nº 2003.70.00.084480-1/PR, Órgão julgador: 2ª Seção, data da decisão 14/02/2008, data da publicação: 12/03/2008. Disponível em: <http://www.trf4.jus.br/trf4/jurisjud/resultado_pesquisa. php>. Acesso em: 24/03/2010)

A regulamentação de agrotóxicos parece constituir a área mais problemática para atuação conjunta do Mapa, da Anvisa e do Ibama, questão que foi exposta em pôster apresentado no 9º Congresso da Associação Internacional de Legislação, em Lisboa, Portugal, no mês de junho de 2010, e encontra-se no Apêndice II (página 72) deste relatório. Embora a Lei nº 7.802/89 tenha previsto um corpo técnico para gerir questões afetas ao setor de agrotóxicos e tomar decisões concertadas, as instituições referidas, em especial o Ministério da Agricultura, que analisa aspectos de eficiência econômica, e a Agência Nacional de Vigilância Sanitária, que realiza a avaliação de toxicidade, atuam de forma divergente.

Por outro lado, a ocorrência de *lobby* do setor regulado, prática não regulamentada no Brasil[8], assim como de querelas políticas entre as instituições, impacta negativamente a construção do consenso, o que acaba levando a questão para o Judiciário, que muitas vezes desconhece a regulamentação e não tem condições de decidir de forma coerente e contextualizada.

---

8. SOARES, F. M.; SANTOS, L. C. Learning to divide the law's contents: the lobby as a strategy for clearer Brazilian legislation. In: 7th CONGRESS OF THE EUROPEAN ASSOCIATION OF LEGISLATION, 2006. *Proceedings of the 7th Congress of the European Association of Legislation (EAL)*, coletânea organizada por Luzius Mader e Chris Moll, Nomos Verlagsgesellschaft, Baden-Baden, Germany, 2009.

A deficiência da comunicação legislativa e regulatória, que se mostra na existência de atos legislativos e normativos derivados de diferentes órgãos da Administração Pública sobre o tema e desconsidera o contexto normativo preexistente, provoca, ao final, a redução de eficácia da legislação[9]. Isso demonstra que se por um lado a realização conjunta de ações governamentais afetas à vigilância sanitária e também ao meio ambiente implica a consideração de que decisões colegiadas têm maior potencial de adequação, por outro revela embates provocados por fatores como heterogeneidade de conceitos e políticas e de estruturas institucionais, o que acaba por desgastar a imagem dos órgãos públicos e, em um cenário ainda menos promissor mas bastante real, como já afirmado, as normas não produzem os efeitos desejados. Além disso, deve ser ressaltado que a sistematização de um direito sanitário como defende a Anvisa também deve ser compreendida à luz do contexto de um direito fundamental à alimentação, por força da Emenda Constitucional nº 64. Por sua vez, o contexto normativo que informa a compreensão do sentido do direito à alimentação exige que seja levada em consideração a legislação da defesa agropecuária, que também disciplina a sanidade vegetal, a saúde animal, a segurança alimentar.

Todos esses órgãos governamentais, além de outros já mencionados, detêm poder regulamentar e editam atos normativos que, por falta de planejamento regulatório e legislativo, impactam negativamente o sistema de defesa agropecuária, já que criam zonas de inconsistência normativa que implicam a incoerência do sistema como um todo. Isso porque, vale repetir, há uma multiplicidade de leis e atos normativos produzidos por autoridades de órgãos diversos, nos três níveis da federação, com bases conceituais diferentes, sem hierarquia definida, que geram ações díspares em um contexto que exige consenso e eficiência na definição de políticas.

O cipoal de normas revela, por outro lado, que a ausência de planejamento legislativo e regulatório que inclua a avaliação de impacto dos atos normativos, coerente com princípios de *accountability* (responsabilidade do governo e prestação de contas), transparência e eficiência, prejudica a imagem do Brasil no mundo e descredibiliza o país como local seguro para investimentos externos e de produtores nacionais. Isso é reforçado pelas palavras de Moucheira (2004), ao dizer que "importará ainda não esquecer que a incerteza na aplicação do Direito, pondo em causa a confiança dos cidadãos e empresas em relação à regulação do funcionamento da sociedade e do mercado, constitui um óbice ao investimento e, consequentemente, ao crescimento econômico do país" (p. 26).

Além disso, um panorama em que impera a segurança jurídica é muito mais propício para atuações arbitrárias e incompatíveis com a legalidade. Esse caos

9. SOARES, F. M. Comunicação de atos normativos: algumas tendências e reflexões no quadro da circulação de informações jurídicas. In: *Legislação Cadernos Ciência de Legislação – Legislação no século XXI*, número comemorativo, INA, Oeiras, n. 50, out.-dez. 2009.

normativo, que não é demérito apenas da legislação de defesa agropecuária, deixa perplexos os operadores do direito, tais como magistrados, membros do Ministério Público, advogados e até mesmo os legisladores, mas principalmente os leigos, grupo em que podem ser incluídos os profissionais de Ciências Agrárias e Veterinárias, empresários, produtores, acadêmicos, entre outros. A situação foi bem definida por Marcelo Leonardo, durante a realização, pela Assembleia Legislativa do Estado de Minas Gerais, de um fórum técnico intitulado "A consolidação das leis e o aperfeiçoamento da democracia", nos seguintes termos: "As dificuldades decorrentes desse gigantesco quadro de atos normativos legislativos que compõem o ordenamento jurídico brasileiro contribuem, também, para a profusão de demandas levadas ao Poder Judiciário e para as divergências de decisões e de jurisprudência na aplicação e interpretação das leis. Esse mesmo quadro é responsável pela proposta de edição de súmula vinculante de jurisprudência dos tribunais superiores da União, como forma de suprir as deficiências de uma legislação que, muitas vezes, não se consegue entender satisfatoriamente" (Leonardo, 2003, p. 106).

Diante de tal contexto, é extremamente difícil identificar o direito vigente e, mais ainda, compreender a linguagem jurídica usada nos textos normativos, principalmente pelo fato de a redação conter obscuridades, lacunas e fragmentações ou remissões, fatores que só aumentam a insegurança jurídica. A angústia do Poder Judiciário diante do caos legislativo, sua dificuldade de compreensão desse sistema e o descrédito em relação à produção de normas são muito bem representados na decisão citada:

> **PROC.: 2000.61.00.010798-1 AMS 245507**
> **ORIG.: 24 Vara São Paulo/SP**
> **APTE.: Agência Nacional de Vigilância Sanitária - Anvisa**
> **APDO.: NIKKEY DESCUPINIZAÇÃO DEDETIZAÇÃO COM. DE PRODUTOS QUÍMICOS LTDA. RELATOR: JUIZ FED. CONV. ALEXANDRE SORMANI / TERCEIRA TURMA EMENTA**
> **MANDADO DE SEGURANÇA. BROMETO DE METILA. FUMIGAÇÃO DE EMBALAGENS DE MADEIRA. PROIBIÇÃO DE USO DA SUBSTÂNCIA PELA RESOLUÇÃO Nº 19/00 DA ANVISA. PREVALÊNCIA EM RAZÃO DA PROTEÇÃO À SAÚDE, À VIDA E AO MEIO AMBIENTE. NOVOS REGRAMENTOS SOBRE A MATÉRIA EM RAZÃO DE ATOS INTERNACIONAIS. SEGURANÇA DENEGADA.**
>
> A questão de fundo se refere a possível incongruência entre a Portaria Interministerial 499/99 e a Resolução RDC 19/00. Para a análise do aparente conflito entre as mesmas, a r. sentença ponderou pela delimitação de aplicabilidade da mencionada resolução a casos outros alheios a barreiras fitossanitárias, tal como estipulado pelo Ministério da Agricultura com base na citada portaria.
>
> Trata-se o brometo de metila de gás liquefeito, inflamável, altamente tóxico, incolor à temperatura e pressão ambiente e, em razão de sua alta persistência na atmosfera, a substância também é prejudicial à camada de ozônio. Destarte, o Brasil é signatário da Convenção de Viena para a Proteção da Camada de Ozônio (1985) e do Protocolo de Montreal (1987) – promulgado e publicado no Brasil pelo Decreto n. 99.280, de 6

de junho de 1990 – comprometendo-se internacionalmente a reduzir e proibir substâncias – entre as quais o brometo de metila – degradadoras da camada de ozônio.

Muito embora não haja hierarquia formal estrita entre os diversos atos administrativos exarados acerca da matéria, que imponha, a princípio, o afastamento de um ou de outro, o conflito deve se resolver favoravelmente ao ato emanado pela autoridade competente, qual seja, a da Anvisa, carecendo os demais órgãos de legitimidade para tratar do assunto.

Outrossim, a resolução deve preponderar pela precaução e preservação do meio ambiente (proteção à camada de ozônio) e à saúde (toxicidade do produto), na linha do compromisso assumido pelo Brasil nos atos internacionais.

O uso da proporcionalidade e da razoabilidade dos atos administrativos deve premiar o avanço das medidas de erradicação de uma substância tóxica e extremamente poluente à camada de ozônio, prevalecendo as novas diretrizes e não o retrocesso com autorizações pretéritas já despidas de credibilidade junto à comunidade internacional. Nesta linha de entendimento, vejam-se, a propósito e por exemplo, as regras estipuladas pela Instrução Normativa/SDA nº 45, de 24 de julho de 2002 do Ministério da Agricultura e a Instrução Normativa Conjunta n. 1, de 10 de setembro de 2002, com a participação da Anvisa.

Remessa oficial e apelo providos. Segurança denegada. [...]

Quando se trabalha com a técnica de interpretação sistemática do Direito, estabelece-se como premissa que o Direito não pode ser interpretado com atenção a uma regra isolada, mas sim a compreendendo como parte integrante de um grande sistema, possuindo com as demais regras jurídicas uma harmonia lógica.

No entanto, como compreender esta ideia, se as regras jurídicas são editadas por agentes públicos, que na prática culminam por desconsiderar a unidade do sistema jurídico, mas valendo-se da bagagem cultural, das ideologias, dos interesses e dos pretextos destes agentes legisladores?

Por outro lado, como exigir tal cuidado por parte do agente público que desconhece mecanismos de avaliação de impacto que não estão previstos nos seus procedimento de trabalho no contexto de um setor de uma legislação gigantesca, pouco sistematizada, que cria ilhas de conhecimento normativo acessíveis só aos iniciados?

As regras jurídicas não são editadas pelo legislador com o propósito de unidade, mas ao aderirem ao ordenamento jurídico, embora desvinculadas dos propósitos iniciais de sua origem, formam um todo único com o ordenamento.

[...] A ciência jurídica, mediante o uso das proposições jurídicas, reconstrói o ordenamento jurídico de maneira lógica, convertendo o produto legislado em uma descrição coerente e harmônica do Direito. [...] (Brasil, Tribunal Regional Federal 3ª Região. Remessa oficial/Apelação. Processo nº 2000.61.00.010798-1. Relator: Juiz convocado Alexandre Sormani. Data da decisão: 31/07/2010, data da publicação: 14/02/2010, disponível em http://www.trf3.jus.br/acordao/verrtf2.php?rtfa=63306638394484, acesso em 24/04/2010)

De fato, quando há problemas no plano da compreensão, seja com relação à vigência, seja com relação à interpretação do texto, os tribunais são os últimos redutos reveladores do conteúdo do direito, o que leva, muitas vezes, ao ativismo judicial. É preciso salientar, no entanto, que, no âmbito do Ministério da Agricultura, a Portaria nº 215/2001 dispõe sobre a elaboração de atos normativos e ordinatórios expedidos, sua distinção, suas finalidades, seus requisitos formais e as autoridades que os expedem, e tem o intuito de garantir racionalidade e coerência aos atos normativos editados pelo órgão. Não obstante, esta pesquisa verificou que tal ato não era de conhecimento de todos os servidores do Mapa.

Para melhorar esse panorama, é imprescindível que ocorra a efetiva aplicação da Lei Complementar nº 95/98 e do Decreto nº 4.176/02, tornando efetivos institutos jurídicos como a consolidação legislativa e a codificação.

A consolidação está prevista na Lei Complementar nº 95/98 e implica a reunião, em um único diploma legal, de todas as leis pertinentes a determinada matéria, revogando-se formalmente as leis incorporadas à consolidação, sem modificação do alcance, pois não há alteração substancial do texto, nem suspensão de sua força normativa. É uma tarefa do Poder Executivo, porque não implica inovação do direito. Especificamente sobre a legislação afeta ao Ministério da Agricultura, consta no site da Câmara dos Deputados o Projeto de Lei nº 4.944/2001, apresentado em 25 de julho de 2001, vinculado ao Grupo de Trabalho para Consolidação das Leis, que declara revogados doze atos normativos. Houve o parecer "pela constitucionalidade, juridicidade e técnica legislativa" da Comissão de Constituição e Justiça e Cidadania; no entanto, o último andamento dado ao projeto, conforme consta no site, ocorreu em 27 de agosto de 2002.

Já a codificação consiste na elaboração de um código "que percorra inteiramente determinada matéria e que produza os efeitos de: a) reunir todo o tratamento normativo do assunto, conferindo unidade regulamentar; b) atuar como referência única para os futuros tratamentos legislativos que se pretenda impor ao tema codificado" (Dezen Júnior, 2003, p. 47).

A codificação provocaria uma transformação mais profunda de toda a matéria, pois implicaria a adoção de um novo marco regulatório contextualizado com a realidade atual, diferentemente de legislações antigas que, para se adaptarem ao tempo, vão sendo transformadas, ou reinterpretadas, tornando-se, ao final, uma colcha de retalhos complexa e de difícil compreensão. Sobre esse tema, digno de menção é o inciso XI do § 4º do artigo 28-A da Lei nº 8.171/91, que diz:

> Art. 28-A. Visando à promoção da saúde, as ações de vigilância e defesa sanitária dos animais e dos vegetais serão organizadas, sob a coordenação do Poder Público, nas várias instâncias federativas e no âmbito de sua competência, em um Sistema Unificado de Atenção à Sanidade Agropecuária, articulado, no que for atinente à saúde pública, com o Sistema Único de Saúde de que trata a Lei nº 8.080, de 19 de setembro de 1990, do qual participarão: (Incluído pela Lei nº 9.712, de 20.11.1998) (Regulamento)
>
> [...]
>
> § 4º À instância central e superior do Sistema Unificado de Atenção à Sanidade Agropecuária compete: [...]
>
> XI – a manutenção do Código de Defesa Agropecuária.

A despeito do que se encontra previsto no texto legal, não há um Código de Defesa Agropecuária nacional, o que revela a total ineficácia da norma e a incapacidade dos poderes do Estado de efetivar a norma estabelecida em uma lei promulgada há quase doze anos (Lei nº 9.712/98). O que existe são códigos estaduais, como o Código de Defesa Sanitária Animal do Rio Grande do Sul, o Código Sanitário do Estado de São Paulo e o Código Sanitário da cidade de São Paulo, dentre outros.

Certo é que, para o sistema de defesa agropecuária, tanto a consolidação quanto a codificação são processos necessários, na medida em que sistematizam, em diplomas legais únicos, um conteúdo que se encontra esparso, desatualizado e com inconsistências técnicas e materiais, e apresentam soluções para a racionalização da legislação de defesa agropecuária. Inclusive, podemos fazer aqui uma analogia e dizer que a sanidade do ordenamento jurídico depende de ações voltadas para a sistematização e a atualização da legislação que, nesse último caso, não acompanha o desenvolvimento do agronegócio.

Essa constatação foi feita durante a realização do Projeto Inovação Tecnológica para Defesa Agropecuária, quando da utilização da técnica Delphi para verificar a visão de futuro que representantes de órgãos regulatórios, academia e setor privado têm do sistema. Na pesquisa Delphi, partiu-se do conhecimento prévio, levantado em etapas iniciais do projeto, para elaborar questões que levariam à proposição de políticas e estratégias para o aprimoramento do sistema de defesa agropecuária. Como um dos gargalos identificados foi a legislação, na resposta à pergunta sobre ações prioritárias que deveriam ser tomadas para harmonizar a legislação, a resposta "atualização, consolidação e codificação da legislação de defesa agropecuária" ficou em segundo lugar, escolhida por 26% dos respondentes, enquanto a que ficou em primeiro lugar, "atuação da União junto aos estados por meio de mecanismos capazes de fazer com que a legislação estadual seja elaborada de acordo com a legislação federal, bem como com as normas e acordos internacionais", foi a opção de 27% dos respondentes.

Não é possível ignorar, igualmente, que a falta ou insuficiência de capacitação está entre os fatores de incompreensão do sistema normativo de defesa agropecuária e se apresenta em particular em duas frentes. Há aqueles que não possuem capacitação jurídica, mas atuam como técnicos na elaboração de atos normativos. Nesse caso, o conflito ocorre porque, muitas vezes, os setores técnico e jurídico não atuam em conjunto, mas em momentos distintos, o que impede uma articulação mais coordenada. Por outro lado, a falta de capacitação sobre o contexto legislativo de profissionais como veterinários, engenheiros agrônomos, fiscais agropecuários e acadêmicos foi identificada como um gargalo no sistema de defesa agropecuária[10]. Portanto, ações destinadas à capacitação e compreensão das normas implicam maior consciência no momento da execução de atos ou na intervenção que objetiva o aperfeiçoamento do sistema, pois todos atuam como intérpretes e aplicadores do direito e podem ser considerados agentes multiplicadores e formadores de opinião.

10. Dado obtido pelo Projeto Inovação Tecnológica para Defesa Agropecuária.

Nesse sentido, não se pode esquecer que, entre as necessidades mais urgentes detectadas na análise do sistema de defesa agropecuária, aquelas relativas à capacitação dos agentes, a revisão na legislação atual e a unificação de procedimentos parecem demandar soluções imediatas, embora problemas como endividamento do setor rural e incentivos à agricultura familiar, bem como adequação da legislação correspondente, também estejam na pauta do dia. Conforme mencionado, o Projeto Inovação Tecnológica para Defesa Agropecuária elaborou um relatório com base na técnica Delphi (prospecção de futuro) em que a legislação em defesa agropecuária foi apontada como um entrave ao desenvolvimento do setor. As respostas ao questionário que gerou o relatório confirmaram a existência de diversos problemas no âmbito da fiscalização e inspeção de alimentos, em especial no que tange à harmonização das normas aplicadas. Entre as respostas, incluem-se:

- "Ausência de padrão nas ações de defesa agropecuária consiste em outro gargalo do sistema."
- "Os estados têm que ter os mesmos fundamentos e práticas de defesa sanitária na agricultura. Do contrário deverão ser estabelecidas harmonizações entre estados e direitos de barreiras fitossanitárias que onerariam e impossibilitariam o objetivo do sistema"[11].

As informações dadas pelos respondentes também foram diagnosticadas durante a análise da jurisprudência dos Tribunais Federais, conforme dados apresentados, nos casos em que o Judiciário foi chamado a decidir sobre conflito de competência entre União e estados, pois a discrepância normativa entre estados-membros, União e municípios acarreta a atuação desarmônica dos órgãos e gera insegurança jurídica para os administrados. Não é por outro motivo que, no curso da pesquisa desenvolvida sobre legislação em defesa agropecuária, a análise do relatório da Comissão de Agricultura, Pecuária, Abastecimento e Desenvolvimento Rural (CAPADR) apontou como uma das causas para a suspensão de atos normativos pelo Poder Legislativo a fiscalização e a exorbitância de competência[12]. É importante mencionar, em relação ao assunto ora tratado, o diagnóstico realizado pelo Grupo de Trabalho Interministerial da Inspeção e Fiscalização Sanitária de Alimentos, composto por membros da Casa Civil, do Mapa, do Ministério do Desenvolvimento Agrário, do Ministério da Saúde e do Ministério do Planejamento, Orçamento e Gestão, que gerou um relatório publicado pela Casa Civil em agosto de 2005.

O relatório aponta a complexidade das ações que, até então, envolviam o sistema de inspeção e fiscalização de alimentos no Brasil, bem como suas difi-

---

11. Relatório final – Construção compartilhada de uma visão de futuro para a defesa agropecuária brasileira em 2020. Coordenação da Pesquisa Construção Compartilhada de uma Visão de Futuro para a Defesa Agropecuária Brasileira em 2020.

12. Relatório da Comissão de Agricultura, Pecuária, Abastecimento e Desenvolvimento Rural (CAPADR) – 53ª Legislatura – 3ª Sessão Legislativa.

culdades, visto que não existe um sistema unificado de fiscalização para harmonização das ações nos três âmbitos da federação, o que provocava a sobreposição de ações, com consequente ineficácia na execução, especialmente pela dificuldade de compreensão da legislação, pouco clara, que gerava interpretações distintas.

Segundo o relatório, a precariedade da articulação entre os diversos órgãos e instâncias de governo impõe entraves de grande proporção ao registro e à inspeção de produtos e empreendimentos, assim como ao trânsito e à comercialização de produtos e subprodutos, além de exigências estruturais por vezes conflitantes ou inapropriadas (Casa Civil, 2005). Na tentativa de solucionar ou minimizar os problemas identificados, inclusive para atender às recomendações contidas no relatório, o governo regulamentou os artigos 27-A, 28-A e 29-A da Lei nº 8.171/91, alterada pela Lei nº 9.712/98, para organizar o Sistema Unificado de Atenção à Sanidade Agropecuária (Suasa) por meio do Decreto nº 5.741/06.

O Suasa, um sistema de adesão voluntária coordenado pelo Mapa, tem por objetivo harmonizar os procedimentos, unificando as ações de inspeção sanitária antes compartilhadas entre os três entes da federação, com respeito às especificidades locais. Ainda em fase de implementação, com a adesão dos estados-membros e dos municípios, a maior dificuldade na operacionalização do Suasa é a existência de zonas de competências compartilhadas com o Ministério da Saúde e a Anvisa. Como a linha que separa a atuação dos órgãos governamentais é, muitas vezes, bastante tênue, corre- se o risco de tensões e embates sobre a forma de execução e implementação de ações.

Por fim, ainda em relação aos problemas enfrentados no âmbito da fiscalização, cabe mencionar a carência de normas específicas discriminando condutas criminosas contra a defesa agropecuária, como o bioterrorismo, que, além de ser uma questão sanitária, envolve a própria segurança nacional. De fato, a inexistência de uma legislação adequada – ainda que já haja leis em excesso – retira da fiscalização a sua efetividade, pois, em muitos casos, por não haver previsão de sanções, a mera autuação não gera resultados, o que demonstra a ineficácia da lei.

Aliada à falta de capacitação e de compreensão do contexto legislativo e normativo, a invalidade de autos de infração ou o abuso por parte da fiscalização são problemas corriqueiros, que geram o descrédito dos agentes do Estado e, pior, a perda de recursos. Esse tipo de problema foi diagnosticado na jurisprudência dos Tribunais Federais do país, como se vê na decisão citada:

> **EMENTA**
> **ADMINISTRATIVO. FISCALIZAÇÃO SANITÁRIA. PRODUTOS DE ORIGEM ANIMAL. AUTUAÇÃO. LEI N. 7.889/89, ART. 2º. RESOLUÇÃO N. 06/2000-DIPOA. CORRELAÇÃO ENTRE A INFRAÇÃO E A PUNIÇÃO. CERCEAMENTO DE DEFESA. INOCORRÊNCIA.**
>
> 1. Não há que falar em cerceamento do direito de defesa pelo indeferimento de contraprova, se não foi esta requerida no momento oportuno. 2. Estabelecendo o art. 2º

> da Lei n. 7.889/89 a gradação das penalidades aplicáveis aos infratores da legislação referente aos produtos de origem animal, variando da advertência à interdição, total ou parcial, do estabelecimento, gradação que foi regulamentada pela Resolução SDA n. 6/2000-Dipoa, não podia o agente da fiscalização impor sanção sem observância dos critérios aí estabelecidos, sob pena de exorbitar de sua competência, resvalando para a ilegalidade.
>
> 3. Sentença concessiva da segurança, que se confirma. 4. Apelação e remessa oficial desprovidas. (TRF 1ª Região, AMS 2001.38.00.028924-4/MG; APELAÇÃO EM MANDADO DE SEGURANÇA, Relator Desembargador Daniel Paes Ribeiro. Data da decisão: 16/04/2004. Data da publicação: 24/05/2004. Disponível em: <http://arquivo.trf1.gov.br/default.php?p1= 200138000289244>. Acesso em: 17/01/2010)

Essa decisão demonstra a necessidade de uma legislação mais clara e precisa, que tipifique corretamente as infrações e estabeleça graus para a aplicação de penalidades, a fim de evitar interpretações arbitrárias, mais frequentes quanto mais genérica é a norma. É necessário, por fim, fazer menção à questão da harmonização da legislação brasileira com as normas expedidas por órgãos internacionais e por países que negociam com o Brasil, assim como aos documentos sobre boas práticas de regulamentação produzidos no país e no exterior que foram objeto da pesquisa.

1.7. CONTEXTO INTERNACIONAL – AÇÕES PARA MELHORAR A REGULAÇÃO

Não bastassem as milhares de normas editadas pelo Poder Público, no setor agropecuário as normas internacionais apontam diretivas que o país não pode ignorar, sob pena de ser excluído do comércio mundial. A harmonização das normas internacionais com as nacionais não ocorre somente porque o Brasil participa de organismos internacionais, mas principalmente porque, para vender seus produtos no mercado externo de forma competitiva, precisa se alinhar às políticas internacionais de segurança alimentar.

Os principais organismos internacionais que atuam diretamente sobre o setor de defesa agropecuária são: Organização das Nações Unidas para Agricultura e Alimentação (FAO), Organização Mundial de Saúde (OMS), Organização Mundial de Saúde Animal (OIE), Organização para Cooperação e Desenvolvimento Econômico (OCDE) e Organização Mundial do Comércio (OMC). Além dos documentos, diretivas, guias de boas práticas e *standards* produzidos por essas entidades, há também o *Codex Alimentarius*, as normas da Convenção Internacional de Plantas e Vegetais (CIPV), as normas mercossulinas, as negociações bilaterais e multilaterais, como o Acordo sobre Barreiras Técnicas (TBT Agreement) e o Acordo sobre a Aplicação de Medidas Sanitárias e Fitossanitárias (SPS Agreement).

O *Codex Alimentarius* ou Código Alimentar, adotado em 1995 pelo SPS Agreement da Organização Mundial do Comércio como fonte e referência mundial para consumidores, produtores, governos e para a comercialização internacional de alimentos, contém padrões mínimos, diretivas e boas práticas internacionalmente adotadas sobre segurança alimentar. O Codex também é a base para a harmonização das normas afetas à defesa sanitária, pois suas diretivas "refletem uma ciência segura, contemporânea, internacionalmente reconhecida e, cada vez mais, a aplicação de análise de risco" (FAO, WHO, 2006, tradução nossa), estabelecidas por meio de um processo consensual. O alinhamento das normas nacionais às internacionais ocorre especialmente para aumentar a capacidade dos produtos de competir, em preço e qualidade, com aqueles produzidos no exterior e, em consequência, facilitar as operações de comércio.

Para tanto, é preciso que a elaboração de normas, assim como a adoção de padrões internacionais, ocorra de forma racional e planejada, capaz de consolidar, de forma coerente e coordenada, uma política de conformidade que não signifique a submissão do Brasil a padrões alheios e incompatíveis com as especificidades da agropecuária nacional, como a sua extensa dimensão territorial e o clima tropical.

Dentro do escopo de verificar o discurso internacional sobre boas práticas regulatórias no setor agropecuário, a pesquisa identificou documentos importantes da OCDE, FAO, OIE, OMC e União Europeia que cuidam da qualidade da regulação, com foco na harmonização dos padrões fitossanitários. A qualidade da regulação está ancorada na produção de normas claras, que tenham fundamento científico, sejam periodicamente revistas – fator que implica avaliação de eficácia, em que participação e transparência determinam a sua legitimidade pelo respeito ao contraditório –, além de considerarem princípios como informação e educação essenciais para a mudança de comportamento que implique a adesão às normas.

Por não ser objeto desta pesquisa discriminar em detalhes o conteúdo dos documentos, apenas serão citados os mais importantes, que serviram de guia para o trabalho.

- **OCDE:** é fundamental reconhecer o interesse que a OCDE tem no Brasil, mesmo não sendo ainda um "OECD country". Em 2008, a organização publicou o "Relatório sobre a reforma regulatória: Brasil – fortalecendo a governança para o crescimento", que apresenta um panorama da estrutura regulatória brasileira, com foco nas agências reguladoras, e afirma que "aprimorar o sistema jurídico do país como um todo, e seus diversos instrumentos, é a chave para assegurar um crescimento econômico sustentável e fornecer uma estrutura transparente para os cidadãos e agentes do setor privado" (OECD, 2008, p. 8). Encabeçando a lista de documentos produzidos pela organização, já em 1994 foi publicado o relatório "Improving the quality of laws and regulations: economic, legal and managerial techniques" (Melhorando a qualidade das leis e da regulação: técnicas econômicas, legais e gerenciais – tradução nossa). Outros documentos da OCDE: "Regulatory impact analysis – Best practice in OECD countries" (1997); "Food safety and agricultural health standards: challenges and opportunities for developing country exports" (2005); "Designing independent and accountable regulatory authorities for high quality regulation" (2005); "Alternatives to traditional regulation" (2007); "Introductory handbook for undertaking regulatory impact analysis (RIA)" (2008); "Multi-level regulatory governance – policies, institutions and tools for regulatory quality and policy coherence" (2009).

- **FAO:** "Perspectives and guidelines on food legislation, with a new model food law" (2005); "Understanding *Codex Alimentarius*" (2006).
- **IICA:** "Manual de buenas prácticas de participación en reuniones del *Codex Alimentarius*" (2009).
- **OIE:** "Guidelines on veterinary legislation".
- **CIPV:** "Procedural manual" (2008).
- **União Europeia:** "Action plan 'Simplifying and improving the regulatory environment'" (2002); "Better regulation – simply explained" (2006); "Guidelines on the registration of national guides to good practice – in accordance with Article 8 of Regulation" (EC) nº 852/2004 (2008).

De fato, os documentos citados demonstram que países e organismos internacionais têm direcionado seus esforços para melhorar a qualidade da legislação e da regulação, guiados por princípios como efetividade, necessidade de regulação, eficiência (custo/ benefício), proporcionalidade, celeridade, transparência, responsabilidade, inteligibilidade, simplicidade, impacto mínimo, harmonização, cooperação, equivalência e justificativa técnica, princípios estes que informam a produção de normas e recomendações das instituições referidas[13].

Influenciado por esse contexto, o governo brasileiro institucionalizou boas práticas regulatórias através do Programa de Fortalecimento da Capacidade Institucional (Pro-Reg), com o apoio do Banco Interamericano de Desenvolvimento (BID). O programa objetiva "desenvolver ações com vistas a promover o fortalecimento dos mecanismos institucionais para gestão em regulação, propiciando condições para a melhoria da qualidade da regulação, a consolidação da autonomia decisória das agências reguladoras federais e o aperfeiçoamento dos instrumentos de supervisão e de controle social[14]" (Pro-Reg, 2009). Embora esteja mais direcionado às agências reguladoras, a maior parte dos ministérios também dele participam, o que, infelizmente, não ocorre com o Ministério da Agricultura.

---

13. Um excelente exemplo a ser citado aqui é o da OIE, que produziu o documento intitulado "Diretivas sobre legislação veterinária" ("Guidelines on veterinay legislation"), o qual contém os seguintes princípios para a produção de normas: respeito à hierarquia dos atos, fundamento legal, inventário da legislação sobre veterinária, comunicação, codificação, participação no processo de elaboração da legislação, consistência da legislação.

14. Disponível em: <http://www.regulacao.gov.br/>

Ainda sobre harmonização e boas práticas regulatórias, é importante ressaltar a existência de um *Guia de boas práticas de regulamentação*, publicado pelo Conselho Nacional de Metrologia, Normalização e Qualidade Industrial (Conmetro), elaborado pelo Comitê Brasileiro de Regulamentação (CBR) e veiculado pelo Instituto Nacional de Metrologia, Normalização e Qualidade Industrial, que funciona como secretaria executiva do Conmetro. O guia contém orientações para o processo de elaboração, adoção e implementação da regulamentação técnica e objetiva e pretende:

- facilitar a implementação dos acordos internacionais, multilaterais, regionais e bilaterais dos quais o Brasil é signatário, mediante o alinhamento, onde possível e conveniente, com as práticas regulatórias internacionais;
- contribuir para promover maior integração entre as autoridades regulamentadoras brasileiras;
- contribuir para a harmonização, consistência, coerência e uniformização, no que for possível e conveniente, das práticas regulatórias das autoridades brasileiras;
- contribuir para melhorar a articulação entre a regulamentação técnica e o uso de normas técnicas e incentivar a adoção destas;
- contribuir para o reconhecimento internacional das práticas de avaliação de conformidade adotadas no país;
- ser um efetivo instrumento para a política industrial e de comércio exterior brasileira, incentivando a inovação, o desenvolvimento tecnológico, econômico e social do país e facilitando a inserção internacional (Inmetro, 2009)[15].

Tal documento representa um importante avanço para o Brasil no estabelecimento de uma regulamentação eficiente e alinhada ao contexto internacional, pois define padrões de conformidade que implicam competência e responsabilidade da atuação governamental sobre o desenvolvimento econômico e social.

1.8. CONCLUSÕES

A legislação e a regulação são instrumentos legais que implicam uma escolha do Estado para realizar os seus objetivos em todas as suas esferas de atuação, seja na defesa agropecuária, seja no direito civil ou em questões ambientais. Elas são imprescindíveis ao exercício do poder e privilegiam, sem dúvida, o lado político, discricionário, em que a escolha pelo melhor meio ou instrumento depende muito do contexto e das circunstâncias. De todo modo, as normas produzidas implicam decisões governamentais que estabelecem, de forma direta ou indireta, comportamentos para os cidadãos e as empresas.

---

15. Disponível em: <http://www.inmetro.gov.br/qualidade/guia-portugues.pdf>

A Legística, como um ramo do conhecimento que propõe tanto questões teóricas quanto práticas, diante da necessidade de legislar e regular, preocupa-se com o uso do poder regulatório que concretize, mediante a participação, o fim de atender às necessidades coletivas e ao bem comum, uma vez que os estados perceberam, finalmente, que a qualidade da regulação exerce enorme impacto no seu desenvolvimento, bem como no grau de confiança nas instituições. Por tal motivo, as leis e a regulação têm de ser levadas a sério e não mais ser produzidas de forma mística, conduzidas por intuições sem respaldo técnico, jurídico e científico.

No trabalho desenvolvido no curso do Projeto Inovação Tecnológica para Defesa Agropecuária, percebeu-se a complexidade de um sistema jurídico com enorme quantidade de normas, impactado por outros subsistemas que dificultam sobremaneira a identificação do direito vigente e a compreensão do sistema como um todo. A ausência de uma codificação nacional no setor responde em parte pelo desconhecimento desse universo por parte dos operadores jurídicos. Os trabalhos jurídicos sobre o tema são escassos e o resultado dessa situação pôde ser verificado no discurso judical e no discurso legislativo evidenciado nos trabalhos da CAPADR.

A diversidade de autoridades que exercem poder regulamentar sobre o sistema sugere que, para alcançar a efetividade das normas, decisões colegiadas implicam atos que tendem a obter maior nível de adesão de seus destinatários. No entanto, a mera decisão conjunta não gera, como consequência lógica, uma solução, pois o que se vê é a disputa por poder, de acordo com a ideologia que se deseja fazer prevalecer, o que muitas vezes provoca uma perversão no ordenamento, porque mantém privilégios e abusos que não condizem com o regime democrático.

Tudo isso gera o descomprometimento com o interesse público e com a qualidade técnica da regulação, fatores que afetam de modo negativo a imagem do país diante da comunidade internacional. Não é possível, por meio deste trabalho, oferecer soluções políticas, porque nesse território não são apenas ideais que se somam, mas interesses divergentes que, mesmo menos adequados aos olhos de alguns, devem ser respeitados em uma democracia. No entanto, é viável a institucionalização de uma política de comunicação entre os diversos setores que considere os aspectos positivos e negativos das atuações e possa decidir de forma técnica, justificada e eficiente.

A apresentação do Painel da Legislação, durante a II Conferência de Defesa Agropecuária, contou com os seguintes painelistas: Marcelo Andrade Cattoni (UFMG), Fernando Goulart (Inmetro), Sandra Terezinha Furtado (UFU), José Silvino da Silva Rios (Conjur/Mapa). Os debates reforçaram a consistência dos resultados apresentados, bem como abriram outras perspectivas para a investigação e o desenvolvimento de soluções que minimizem o gargalo legislativo.

O Sistema Normativo da Defesa Agropecuária é denso, complexo, apresenta âmbitos de incidência normativa com déficits de coerência, em função das suas intercessões e interfaces com vários ministérios e agências reguladoras. A globalização incrementou a circulação de modelos jurídicos estrangeiros, concebidos em contextos em que a produção do direito acha-se articulada com políticas de boa legislação/regulação fundadas em princípios de necessidade, transparência, subsidiariedade, proporcionalidade, responsabilidade, efetividade, inteligibilidade, simplicidade, sustentabilidade, higidez de processos e sistemas.

O contexto brasileiro, além de não possuir a prática da avaliação de impacto na esfera ministerial, ressente-se dos problemas advindos das assimetrias entre as legislações estadual e nacional, de uma excessiva tipologia de atos normativos infralegais que causam dificuldades de compreensão para os seus destinatários e atingidos, o que expressa um gargalo ao desenvolvimento econômico-social. Esse quadro cria dificuldades para os responsáveis pela cadeia produtiva, mas também para os fiscais, situação que também impacta o Judiciário.

Na ausência de canais consolidados de consultas públicas em que afetados sejam chamados a se manifestar (transparência), de órgãos colegiados para a elaboração de normas, o legislativo mantém um canal aberto para a manifestação de grupos de interesse e grupos de pressão afetos ao setor.

A falta de uma disciplina legal em terrorismo biológico é assunto de segurança nacional que ameaça e causa danos à sanidade vegetal, à saúde animal e à segurança alimentar, pela propagação de doenças exóticas ou de organismos patogênicos. O estágio atual da democracia brasileira exige maior coordenação por parte das autoridades do Executivo com competência regulamentar e regulatória, notadamente Mapa, Anvisa, Ibama e Receita Federal, sob pena de aviltamento do direito à alimentação, agora expresso em sede constitucional pela Emenda Constitucional nº 64.

Ao lado disso, o Pro-Reg necessita ampliar o seu espaço de discussão e incluir o Mapa no seu conselho consultivo. As assimetrias presentes no plano factual, no contexto da legislação, poderiam ser preenchidas com o planejamento das condições de aplicação de um novo ato normativo, através dos instrumentos de avaliação do seu impacto. Nesse sentido, a prática de consultas/audiências públicas assume singular importância, dada a sua qualidade de antecipar variáveis de influência que poderiam reforçar ou obstaculizar os resultados pretendidos.

A ausência de maior sistematização normativa da legislação de defesa agropecuária concorre para seu maior desconhecimento, com graves reflexos tanto no Executivo quanto no Legislativo e no Judiciário, inclusive por parte dos próprios operadores do direito. Cursos de capacitação, inclusão de disciplinas na graduação, além da criação de especializações, mestrados e doutorados, poderiam, ao longo do tempo preparar importantes atores para atuar na defesa agropecuária. Esse direito fundamental apresenta-se sob três dimensões que reforçam o sentido da dignidade da pessoa humana e devem orientar políticas e impulsos para legislar/regulamentar: alimento acessível, barato e saudável.

As recomendações apontadas no painel foram: política para boa legislação; disciplina da avaliação de impacto; retomada da consolidação, codificação com uma carta de princípios que sistematize em um único diploma normativo normas gerais sobre sanidade vegetal, saúde animal e segurança alimentar; tipificação de crimes contra a defesa agropecuária, notadamente terrorismo biológico; criação de um comitê de combate ao terrorismo biológico, subordinado à SDA (atividade de inteligência e planejamento em caso de ataques); inclusão da defesa agropecuária em disciplinas de graduação e pós-graduação; capacitação nos cursos que atuam diretamente no setor, bem como no curso de Direito; inclusão de disciplinas afetas à elaboração legislativa; capacitação de jurilinguistas para atuar na defesa dos interesses nacionais nos órgãos normativos internacionais, tais como CIPV, FAO, OIE, OMC.

Os grandes problemas identificados e apontados podem ser resumidos da seguinte forma: dificuldade de compreensão do contexto legislativo; deficiência de capacitação sobre a legislação; carência de harmonização; atualização e simplificação das leis; dificuldade de integração das áreas; conflitos de competências; abusos na fiscalização; lacunas e generalização excessiva quanto às sanções. Esses problemas podem ser parcialmente solucionados – não é possível dizer totalmente, pois a legislação apresenta efeitos imprevisíveis, já que trata da vida – pela adoção de boas práticas regulatórias.

O planejamento legislativo e regulatório demanda uma gestão responsável dos sistemas regulatórios, em que a análise dos efeitos das normas seja requisito para a justificação de legislar, bem como para a avaliação constante de legitimidade da atuação do governo, incluindo o Legislativo e o Executivo. Nesse contexto, é imprescindível a participação dos interessados e de todos aqueles que sofrerão efeitos diretos ou indiretos – ferramentas como consultas e audiências públicas, bem como a possibilidade de rastrear as demandas, são essenciais.

Não se pode esquecer que o sistema normativo de defesa agropecuária requer a harmonização não só das normas nacionais e internacionais, ou das normas federais e estaduais, mas também dos termos usados, para evitar interpretações confusas que gerem a inefetividade das normas no momento da sua aplicação.

Instrumentos como consolidação e codificação representam, como foi apontado, a simplificação do direito, com o potencial aumento da capacidade de compreensão pelos destinatários. No caso específico do Poder Judiciário, o planejamento legislativo e regulatório, com a harmonização de conceitos e a efetiva aplicação, pelos legisladores e administradores públicos, de boas práticas, pode reduzir o ativismo judicial e, por outro lado, diminuir os conflitos judiciais que ocorrem por falhas na legislação.

Nesse contexto, a realização de avaliação legislativa, com a verificação do impacto das normas por meio de uma análise aprofundada dos fatos e clarificação dos objetivos pretendidos, identificando-se, por outro lado, as limitações jurídicas e fáticas que devem ser respeitadas para garantir a eficácia das normas, constitui ferramenta de grande valia para o legislador sobre como legislar e se deve legislar.

Por fim, é preciso considerar que a decodificação da informação jurídica é essencial para que todos os elos da cadeia produtiva se comprometam no esforço de aprimorar o sistema de defesa agropecuária brasileiro. Recomenda-se que temas legislativos e regulatórios sejam incluídos já nos cursos de graduação e que todos aqueles que atuam no sistema, como intérpretes e aplicadores das normas, sejam constantemente conscientizados da dimensão da defesa agropecuária e de que todas as ações dependem de atos jurídicos que podem alcançar, de forma negativa, o Poder Judiciário. Este é um custo que o Estado paga pela má qualidade de suas leis.

O setor agropecuário tem imensa força no Brasil, e as perspectivas são otimistas. No entanto, o desenvolvimento econômico e social deve ser buscado de forma racional, considerando a preservação do meio ambiente e, principalmente, o fato de que o direito a uma alimentação saudável deve ser considerado direito humano.

Por tal motivo, as três esferas de governo da federação devem unir seus esforços na busca pelo aprimoramento da defesa agropecuária. As ações do Estado, no entanto, não podem ser validadas apenas pela ideia de soberania daqueles que estão no poder, já que eles o exercem em nome de todos, mas devem ser justificadas com base em uma racionalidade legislativa em que se pretende considerar o contexto e todos aqueles que dele participam.

É importante que o Ministério da Agricultura, portanto, pense em boas práticas legislativas e regulatórias, planejamento e avaliação legislativa e sua inclusão no Pro-Reg, de modo a tornar concretos os conceitos de eficácia, efetividade e eficiência das normas e, em consequência, as ações implementadas por meio delas.

As decisões dos Tribunais Regionais Federais (TRF), assim como as do Superior Tribunal de Justiça (STJ), foram utilizadas para diagnosticar os problemas e conflitos decorrentes da multiplicidade de leis e instâncias de produção normativa que não foram resolvidos no âmbito administrativo, como indicado no Apêndice II.

REFERÊNCIAS BIBLIOGRÁFICAS

AGÊNCIA NACIONAL DE VIGILÂNCIA SANITÁRIA – ANVISA. Disponível em: <www.portal.anvisa.gov.br>. Acesso em: 1 set. 2009.

BANDEIRA DE MELLO, C. A. *Curso de direito administrativo*. 21. ed. São Paulo: Malheiros, 2006.

BOBBIO, N. *Teoria geral do direito*. Trad. Denise Agostinetti. São Paulo: Martins Fontes, 2007.

BRASIL. *Decreto nº 4.176, de 28 de março de 2002*. Disponível em: <http://www.planalto.gov.br/ccivil_03/decreto/2002/D4176.htm>. Acesso em: 1 ago. 2010.

——. *Decreto nº 5.741, de 30 de março de 2006*. Disponível em: <http://www.planalto.gov.br/ccivil_03/_Ato2004-2006/2006/Decreto/D5741.htm>. Acesso em: 1 fev. 2010.

——. *Lei Complementar nº 95, de 26 de fevereiro de 1998*. Disponível em: <http://www.planalto.gov.br/ccivil_03/ Leis/LCP/Lcp95.htm>. Acesso em: 1 ago. 2010.

——. *Lei nº 8.080, de 19 de setembro de 1990*. Disponível em: http://www.planalto.gov.br/ccivil_03/Leis/L8080. htm>. Acesso em: 1 fev. 2010.

——. *Lei nº 8.171, de 17 de janeiro de 1991*. Disponível em: <http://www.planalto.gov.br/ccivil_03/Leis/L8171. htm>. Acesso em: 1 fev. 2010.

——. *Lei nº 9.712, de 20 de novembro de 1998*. Disponível em: <http://www.planalto.gov.br/ccivil_03/Leis/L9712. htm>. Acesso em: 1 fev. 2010.

——. *Lei nº 9.782, de 26 de janeiro de 1999*. Disponível em: <http://www.planalto.gov.br/ccivil_03/Leis/L9782. htm>. Acesso em: 1 fev. 2010.

BRASIL. Câmara dos Deputados. *Projeto de Lei nº 4.944, de 25 de julho de 2001*. Disponível em: <http://www. camara.gov.br/sileg/Prop_Detalhe.asp?id=30701>. Acesso em: 1 jan. 2010.

BRASIL. Casa Civil da Presidência da República. *Relatório final do Grupo de Trabalho Interministerial da Inspeção e Fiscalização Sanitária dos Alimentos* (Portaria Interministerial nº 220, de 29 de março de 2005). Agosto de 2005. Disponível em: <https://www.planalto.gov.br/casacivil/arquivospdf/Relatorio_Final_GT_Inspecao_de_ Alimentos_ agosto_05.pdf>. Acesso em: 1 abr. 2010.

BRASIL. Comissão de Agricultura, Pecuária, Abastecimento e Desenvolvimento Rural. *Relatório anual de atividades da Comissão de Agricultura, Pecuária, Abastecimento e Desenvolvimento Rural* (CAPADR) – 53ª Legislatura – 3ª Sessão Legislativa, 2009.

BRASIL. Constituição (1988). *Constituição da República Federativa do Brasil*. Disponível em: <http://www.planalto. gov.br/ccivil_03/constituicao/constitui%C3%A7ao.htm>. Acesso em: 1 ago. 2010.

BRASIL. Ministério da Agricultura, Pecuária e Abastecimento. Disponível em: <http://www.agricultura.gov.br/>. Acesso em: 1 ago. 2009.

——. *Portaria nº 215, de 27 de abril de 2001*. Disponível em: <http://extranet.agricultura.gov.br/sislegis/ action/detalhaAto.do?method=consultarLegis lacaoFederal>. Acesso em: 1 mar. 2010.

BRASIL. Ministério da Agricultura, Pecuária e Abastecimento. Secretaria de Defesa Agropecuária. *Inter-relação da Defesa Agropecuária com a Vigilância Sanitária*. 2007. Disponível em: <http://www.anvisa.gov.br/ institucional/ conselho/defesa_agropecuaria.ppt.>. Acesso em: 1 abr. 2010.

BRASIL. Programa de Fortalecimento da Capacidade Institucional – Pro-Reg. Disponível em: <http://www. regulacao.gov.br/>. Acesso em: 1 ago. 2009.

BRASIL. Supremo Tribunal Federal. Ação direta de inconstitucionalidade nº 3.645/Paraná. Órgão julgador: Tribunal Pleno. Data do julgamento: 31 de maio de 2006. Diário Oficial [da] República Federativa do Brasil, Brasília. DF, 1 set. 2006. Disponível em: <http://redir.stf.jus.br/paginador/paginador.jsp?docTP=AC&docID=363395>. Acesso em: 17 nov. 2010.

BRASIL. Tribunal Regional Federal (1ª Região). Apelação em mandado de segurança. Processo nº 2001.38.00.028924-4/MG. Data da decisão: 16/04/2004. Data da publicação: 24/05/2004.

Disponível em: <http://arquivo.trf1.gov.br/default.php?p1=20013800028 9244>. Acesso em: 17 jan. 2010.

BRASIL. Tribunal Regional Federal. (3ª Região). Remessa oficial/Apelação. Processo nº 2000.61.00.010798-1. Data da decisão: 31/07/2010. Data da publicação: 14/02/2010. Disponível em: <http://www.trf3.jus.br/acordao/verrtf2. php?rtfa=63306638394484>. Acesso em: 24 abr. 2010.

BRASIL. Tribunal Regional Federal (4ª Região). Embargos infringentes. Processo nº 2003.70.00.084480-1/PR. Órgão julgador: 2ª Seção. Data da decisão: 14/02/2008. Data da publicação: 12/03/2008. Disponível em: <http://www.trf4. jus.br/trf4/jurisjud/resultado_pesquisa.php>. Acesso em: 24 mar. 2010.

CAUPERS, J. Dos porquês aos para quês das leis: existirá uma verdadeira racionalidade legislativa? Legislação. *Cadernos de Ciência da Legislação*. Oeiras, n. 50, p. 79-89, out./dez. 2009.

CHEVALLIER, J. A racionalização da produção jurídica. Legislação. *Cadernos de Ciência da Legislação*. Oeiras, n. 3, 1992.

COMPARATO, F. K. Ensaio sobre o juízo de constitucionalidade das políticas públicas. *Revista de Informação Legislativa*, v. 35, n. 138, abr./jun. 1998.

DEZEN JÚNIOR, G. O instituto da consolidação: panorama histórico, jurídico e político. In: MINAS GERAIS. Assembleia Legislativa. *A consolidação das leis e o aperfeiçoamento da democracia*. Belo Horizonte: Assembleia Legislativa, 2003.

FLÜCKIGER, A. A obrigação jurisprudencial da avaliação legislativa: uma aplicação do princípio da precaução aos direitos fundamentais. *Senatus*, Brasília, DF, v. 7, n. 1, p. 14-23, 2009.

FOOD AND AGRICULTURE ORGANIZATION – FAO. *Understandin Codex Alimentarius* viale delle terme di caracalla. Rome, Italy, 2006. Disponível em: <ftp://ftp.fao.org/codex/Publications/understanding/ Under standing.EN.pdf>. Acesso em: 6 jan. 2010.

——. *Codex Alimentarius*. Disponível em: <http://www.codexalimentarius.net/ web/index_en.jsp>. Acesso em: 1 dez. 2009.

GUSY, Christoph. Das Grundgesetz als normative Gesetzgebungslehre?, ZRP, München; Frankfurt, 1985.

INSTITUTO BRASILEIRO DE GEOGRAFIA E ESTATÍSTICA. *Censo Agropecuário 2006:* resultados preliminares. Rio de Janeiro: IBGE, 2006, p. 1-146. Disponível em: <http://www.ibge.gov.br/home/estatistica/economia/agropecuaria / censoagro/1995_1996/ default.shtm>. Acesso em: 1 jul. 2010.

INSTITUTO BRASILEIRO DE PLANEJAMENTO TRIBUTÁRIO – IBPT. *Quantidade de normas editadas no Brasil:* 20 anos da Constituição Federal de 1988. Disponível em: <http://www.ibpt.com.br/home/publicacao.view. php?publicacao_id=13081&pagina=10>. Acesso em: 1 ago. 2010.

INSTITUTO NACIONAL DE METROLOGIA E NORMALIZAÇÃO – INMETRO. *Guia de boas práticas de regulamentação*. 2009. Disponível em: <http://www.inmetro.gov.br/qualidade/guia_portugues.pdf>. Acesso em: 12 maio 2010.

KARPEN, U. (ed.). Evaluation of legislation. In: CONGRESS OF THE EUROPEAN ASSOCIATION OF LEGISLATION, 4., 2000, Warsaw. *Proceedings*... Baden-Baden: Nomos Verlagsgesellschaft, 2002. p. 39-55.

LEONARDO, M. A multiplicidade das leis e as dificuldades para os operadores do direito. In: MINAS GERAIS. Assembleia Legislativa. *A consolidação das leis e o aperfeiçoamento da democracia*. Belo Horizonte: Assembleia Legislativa, 2003, p. 103-10.

LOPES, M. S. *A equidade e os poderes do juiz*. Belo Horizonte: Del Rey, 1993. p. 109-69.

MADER, L. A avaliação legislativa: uma nova abordagem do direito. *Legislação. Cadernos de Ciência da Legislação*. Oeiras, n. 1, abr./jun. 1991.

——. Legislação e jurisprudência. *Cadernos da Escola do Legislativo*, Belo Horizonte, v. 9, n. 14, p. 193-206, jan./dez. 2007.

——. *The evaluation of draft laws*. In: KARPEN, U. (ed.). Evaluation of legislation. Baden--Baden: Nomos Verlagsgesellschaft, 2002. FOURTH CONGRESS OF THE EUROPEAN ASSOCIATION OF LEGISLATION (EAL). *Proceedings*... Warsaw (Poland), June 15th -16th, 2000.

MOUCHEIRA, J. A racionalização legislativa: compilação, consolidação, codificação e simplificação do acesso às leis. *Legislação. Cadernos de Ciência da Legislação*, Oeiras, n. 38, p. 25-59, out./dez. 2004.

ORGANISATION FOR ECONOMIC CO-OPERATION AND DEVELOPMENT – OECD. *Improving the quality of laws and regulations*: economic, legal and managerial techniques. Paris, 1994. Disponível em: <http://www1.worldbank.org / publicsector/legal/ImprovingLawQuality.pdf>. Acesso em: 1 out. 2008.

ORGANIZAÇÃO MUNDIAL DA SAÚDE ANIMAL – OIE. *Guidelines on veterinary legislation*. Disponível em: <www.oie. int/eng/oie/organisation/A_Guidelines_Vet% 20Leg.pdf>. Acesso em: 22 fev. 2010.

ORGANIZAÇÃO MUNDIAL DO COMÉRCIO – OMC. *Agreement on technical barriers to trade:* TBT agreement. Disponível em: <http://www.wto.org/english/docs_e/legal _e/17--tbt.pdf>. Acesso em: 1 mar. 2010.

——. *Agreement on the application of sanitary and phytosanitary measures:* SPS agreement. Disponível em: <http://www.wto.org/english/tratop_e/sps_ e/spsagr_e.htm>. Acesso em: 1 mar. 2010.

RAMOS, P. et al. *Dimensões do agronegócio brasileiro:* políticas, instituições e perspectivas. Brasília, DF: MDA, 2007. (NEAD Estudos).

SOARES, F. M. *Comunicação de atos normativos:* algumas tendências e reflexões no quadro da circulação de informações jurídicas. *Legislação. Cadernos de Ciência da Legislação*. Legislação no Século XXI, número comemorativo, "A legislação no século XXI". Oeiras, n. 50, out./dez. 2009.

——. *Legística:* história e objeto, fronteiras e perspectivas. Painel 2. In: CONGRESSO INTERNACIONAL DE LEGÍSTICA: QUALIDADE DA LEI E DESENVOLVIMENTO, 2007, Belo Horizonte, MG. Belo Horizonte: Assembleia Legislativa do Estado de Minas Gerais, 2009. 224p.

——. *Teoria da legislação:* formação e conhecimento da lei na idade tecnológica. Porto Alegre: Sérgio Antônio Fabris, 2004.

——; SANTOS, L. C. Learning to divide the law's contents: the lobby as a strategy for clearer Brazilian legislation, the learning legislator. In: CONGRESS OF THE EUROPEAN ASSOCIATION OF LEGISLATION, 7., 2009. *Proceedings*... Baden-Baden: Nomos Verlagsgesellschaft, 2009.

SUGAYAMA, R. L. et al. *Construção compartilhada de uma visão de futuro para a defesa agropecuária brasileira em 2020*. Projeto Inovação Tecnológica para Defesa Agropecuária. Coordenação Evaldo Ferreira Vilela. Processo CNPQ. 505.157/2007-1, 2009.

UNIVERSIDADE FEDERAL DE VIÇOSA. *Projeto Inovação Tecnológica para a Defesa Agropecuária*. Coordenador Evaldo Ferreira Vilela. 2008.

WINTGENS, L. Legisprudence as a new theory of legislation. In. WINTGENS, L. J. (org.). *The theory and practice of legislation:* essays in legisprudence. Camberra: Ashgate Publishing, 2006.

Apêndice I

Decisões dos Tribunais Regionais Federais

Matéria AGROTÓXICOS DEFENSIVOS AGRÍCOLAS Período 2000 a 2010	Quantidade de recursos por Estado		Quantidade de recursos por tipo		Temas mais frequentes nos resultados
TRF 1ª Região Total – 26 recursos	AC – 0	MG – 1	AC – 7		• Incompetência para edição de atos normativos. • Inovação da ordem jurídica por resolução de órgãos do Executivo – Conama, Anvisa, Mapa. • Conflito de competência entre União e estados. • Conflito de competência entre Anvisa e Mapa. • Aplicação de agrotóxico sem observância de normas ambientais. • Crimes envolvendo uso, transporte e comercialização de agrotóxicos. • Possibilidade de prescrição de receituário por técnico agrícola. • Reavaliação e renovação no registro de agrotóxicos. • Apostilamento. • Questionamento sobre a legalidade de ato normativo do Mapa. • Conflito de normas – Código Penal x Lei nº 7.802/89. • Responsabilidade civil da União por intoxicação por agrotóxicos – servidor.
	AM – 0	MT – 4	AMS – 12		
	AP – 0	PA – 2	Reoms – 3		
	BA – 0	PI –0	AC/REO – 3		
	DF – 15	RO – 3	Agravo – 1		
	GO – 1	RR – 0			
	MA – 0	TO – 0			
TRF 2ª Região Total – 5 recursos	RJ – 4		MS – 1	AC – 1	
	ES – 1		AMS – 1	Agravo – 2	
TRF 3ª Região Total – 22 recursos	SP – 12		AC – 10	Reoms – 1	
			AMS – 7	HC – 2	
	MS – 10		ACR – 2		
TRF 4ª Região Total – 44 recursos	PR – 15		AC – 13	HC – 3	
	SC – 4		AMS – 7	RSE – 1	
	RS – 25		ACR – 12	Agravo – 3	
			REO – 4	EI – 1	
TRF 5ª Região Total – 12 recursos	AL – 0		AC – 4		
	CE – 3		AMS – 3		
	PB – 6		AC/REO – 2		
	PE – 1		HC – 1		
	RN – 0		REO – 2		
	SE – 2				

<table>
<tr><th>Matéria
MINISTÉRIO DA AGRICULTURA
Período
2000 a 2010</th><th colspan="2">Quantidade de recursos por Estado</th><th colspan="2">Quantidade de recursos por tipo</th><th>Temas mais frequentes nos resultados</th></tr>
<tr><td rowspan="7">TRF 1ª Região
Total - 169 recursos</td><td>AC – 0</td><td>MG – 33</td><td>AC – 78</td><td>EI – 3</td><td rowspan="27">• Conflito de competência entre União e estados.
• Desapropriação e reforma agrária.
• Conflito entre normas.
• Crimes cometidos por servidores; crimes cometidos.
• Greve de servidor público x essencialidade dos serviços de fiscalização.
• Abuso na fiscalização – questionamento sobre a legalidade do laudo de infração.
• Responsabilidade civil do Estado por abuso na erradicação de plantação.
• Direito administrativo – servidor público.
• Direito previdenciário.
• Direito tributário.
• Questionamento sobre a necessidade de registro de empresa em conselho profissional – químico, veterinário.
• Conflito de atuação Mapa, Anvisa, Receita Federal.
• Aplicação de normas de defesa do consumidor.</td></tr>
<tr><td>AM – 7</td><td>MT – 6</td><td>AMS – 51</td><td>AResc – 1</td></tr>
<tr><td>AP – 0</td><td>PA – 6</td><td>Reoms – 5</td><td>HC – 1</td></tr>
<tr><td>BA – 12</td><td>PI – 2</td><td>INQ – 1</td><td>RSE – 1</td></tr>
<tr><td>DF – 79</td><td>RO – 4</td><td>Agravo – 13</td><td></td></tr>
<tr><td>GO – 13</td><td>RR – 2</td><td>REO – 12</td><td></td></tr>
<tr><td>MA – 3</td><td>TO – 2</td><td>ACR – 3</td><td></td></tr>
<tr><td rowspan="4">TRF 2ª Região
Total - 47 recursos</td><td colspan="2" rowspan="2">RJ – 46</td><td>MS – 1</td><td>AC – 27</td></tr>
<tr><td>HC – 2</td><td>Reoms – 7</td></tr>
<tr><td colspan="2" rowspan="2">ES – 1</td><td>AMS – 6</td><td>Agravo – 3</td></tr>
<tr><td>REO – 1</td><td></td></tr>
<tr><td rowspan="4">TRF 3ª Região
Total - 160 recursos</td><td colspan="2" rowspan="2">SP – 148</td><td>AC – 47</td><td>Reoms – 20</td></tr>
<tr><td>AMS – 77</td><td>Agravo – 3</td></tr>
<tr><td colspan="2" rowspan="2">MS – 12</td><td>ACR – 7</td><td>REO – 4</td></tr>
<tr><td>RSE – 2</td><td></td></tr>
<tr><td rowspan="6">TRF 4ª Região
Total - 130 recursos</td><td colspan="2" rowspan="2">PR – 40</td><td>AC – 72</td><td>HC – 1</td></tr>
<tr><td>EI – 2</td><td>CC – 1</td></tr>
<tr><td colspan="2" rowspan="2">SC – 30</td><td>AMS – 16</td><td>RSE – 3</td></tr>
<tr><td>Reoms – 2</td><td>AC/REO – 5</td></tr>
<tr><td colspan="2" rowspan="2">RS – 60</td><td>ACR – 13</td><td>Agravo – 9</td></tr>
<tr><td>REO – 6</td><td></td></tr>
<tr><td rowspan="6">TRF 5ª Região
Total - 222 recursos</td><td colspan="2">AL – 11</td><td>AC – 73</td><td>Agravo – 32</td></tr>
<tr><td colspan="2">CE – 101</td><td>AMS – 33</td><td>ACR – 4</td></tr>
<tr><td colspan="2">PB – 15</td><td>AC/REO – 4</td><td>AResc – 1</td></tr>
<tr><td colspan="2">PE – 76</td><td>HC – 2</td><td>MS – 1</td></tr>
<tr><td colspan="2">RN – 13</td><td>REO – 12</td><td></td></tr>
<tr><td colspan="2">SE – 6</td><td>Reoms – 62</td><td></td></tr>
</table>

Matéria SANIDADE/ SAÚDE SANITÁRIO(A) ANIMAL **Período 2000 a 2010**	**Quantidade de recursos por Estado**		**Quantidade de recursos por tipo**		**Temas mais frequentes nos resultados**
TRF 1ª Região Total – 12 recursos	AC – 0	MG – 3	AC – 4		• Crime – introdução de substância nociva à saúde; contra a relação de consumo (abatedouro clandestino); comercialização de animal silvestre; contrabando. • Direito previdenciário; danos ao meio ambiente. • Certificado de conferência de saúde animal. • Proibição de entrada no Brasil pela Receita Federal. • Registro de frigorífico em conselho profissional. • Análise de risco de OGM. • Contratação temporária por medida de urgência. • Controvérsia sobre legalidade de auto de infração. • Direito tributário. • Direito administrativo – servidor público. • Combate à brucelose e à tuberculose animal – habilitação específica para médico veterinário.
	AM – 0	MT – 1	AMS – 3		
	AP – 0	PA – 0	Agravo – 4		
	BA – 1	PI – 0	REO – 1		
	DF – 5	RO – 0			
	GO – 2	RR – 0			
	MA – 0	TO – 0			
TRF 2ª Região Total – 11 recursos	RJ – 11		MS – 4	AC – 3	
	ES – 0		REO – 2	Agravo – 1	
			HC – 1		
TRF 3ª Região Total – 16 recursos	SP – 13		AC – 8	Reoms – 1	
			AMS – 2	HC – 1	
	MS – 3		ACR – 2	Agravo – 1	
			Inq – 1		
TRF 4ª Região Total – 27 recursos	PR – 12		AC – 10	AC/REO – 2	
	SC – 7		AMS – 6	EI – 1	
			ACR – 2		
	RS – 8		Agravo – 6		
TRF 5ª Região Total – 8 recursos	AL – 0		AC – 2		
	CE – 2		AMS – 2		
	PB – 2		AC/REO – 3		
	PE – 1		Agravo – 1		
	RN – 0				
	SE – 3				

Matéria SANIDADE/ SAÚDE SANITÁRIO(A) VEGETAL **Período 2000 a 2010**	**Quantidade de recursos por Estado**		**Quantidade de recursos por tipo**		**Temas mais frequentes nos resultados**
TRF 1ª Região Total - 2 recursos	AC – 0	MG – 0	AC – 1		• Renovação de registro junto ao Mapa. • Ilegalidade de auto de infração – ofensa ao devido processo administrativo. • Turbação de terras indígenas. • Legislação brasileira sobre biossegurança – OGM – impacto ambiental. • Desapropriação para fins de reforma agrária. • Greve de servidores x liberação de mercadoria importada. • Constitucionalidade da cobrança de taxa de classificação de produtos vegetais. • Tráfico de drogas, de sementes. • Propriedade industrial. • Comercialização de produto vegetal sem licença. • Questionamento sobre legalidade de ato normativo do Mapa; Mapa e Ministério da Fazenda (TCV). • Fiscalização pelo Ibama – competência supletiva. • Violação do princípio da reserva legal por ato normativo Ibama. • Liberação de mercadoria – análise de risco de pragas. • Inaplicabilidade de ato normativo. • Conduta anticoncorrencial. • Responsabilidade civil por danos ambientais.
	AM – 0	MT – 0	ACR – 1		
	AP – 0	PA – 0			
	BA – 0	PI – 0			
	DF – 1	RO – 0			
	GO – 1	RR – 0			
	MA – 0	TO – 1			
TRF 2ª Região Total - 75 recursos	RJ – 48		AC – 50	Agravo – 6	
	ES – 27		AMS – 10	EI – 3	
			REO – 3	ACR – 2	
			MS – 1		
TRF 3ª Região Total - 19 recursos	SP – 18		AC – 4	AMS – 11	
	MS – 1		Reoms – 2	REO – 1	
			Agravo – 1		
TRF 4ª Região Total - 21 recursos	PR – 5		AC – 4	RSE – 4	
	SC – 3		AMS – 4	EI – 1	
	RS – 13		REO – 1	ACR – 2	
			Agravo – 5		
TRF 5ª Região Total - 2 recursos	AL – 0		AC – 1		
	CE – 1		ACR – 1		
	PB – 0				
	PE – 1				
	RN – 0				
	SE – 0				

<table>
<tr><th>Matéria
DEFESA
AGROPECUÁRIA
Período
2000 a 2010</th><th colspan="2">Quantidade de recursos por Estado</th><th colspan="2">Quantidade de recursos por tipo</th><th>Temas mais frequentes nos resultados</th></tr>
<tr><td rowspan="7">TRF 1ª Região
Total - 28
recursos</td><td>AC – 0</td><td>MG – 3</td><td colspan="2">AC – 14</td><td rowspan="21">• Desapropriação para fins de reforma agrária.
• Renovação de registro.
• Direito administrativo – servidor público.
• Direito previdenciário.
• Questionamento sobre a legalidade de ato normativo do Mapa/SDA.
• Competência para cobrança de taxa de classificação.
• Apostilamento de agrotóxicos.
• Aplicação de normas para proteção do consumidor.
• Determinação de execução de ato ante inércia da Administração Pública.
• Crimes – comercialização de produtos veterinários adulterados, contrabando.
• Conflito de competência entre União e Estado.</td></tr>
<tr><td>AM – 0</td><td>MT – 2</td><td colspan="2">AMS – 11</td></tr>
<tr><td>AP – 0</td><td>PA – 1</td><td colspan="2">Agravo – 3</td></tr>
<tr><td>BA – 3</td><td>PI – 0</td><td colspan="2"></td></tr>
<tr><td>DF – 17</td><td>RO – 0</td><td colspan="2"></td></tr>
<tr><td>GO – 1</td><td>RR – 0</td><td colspan="2"></td></tr>
<tr><td>MA – 0</td><td>TO – 1</td><td colspan="2"></td></tr>
<tr><td rowspan="2">TRF 2ª Região
Total - 2
recursos</td><td colspan="2">RJ – 1</td><td>AC – 1</td><td>Agravo –1</td></tr>
<tr><td colspan="2">ES – 1</td><td colspan="2"></td></tr>
<tr><td rowspan="2">TRF 3ª Região
Total - 1
recurso</td><td colspan="2">SP – 1</td><td colspan="2">Reoms – 1</td></tr>
<tr><td colspan="2">MS – 0</td><td colspan="2"></td></tr>
<tr><td rowspan="4">TRF 4ª Região
Total - 12
recursos</td><td colspan="2">PR – 5</td><td>AC – 6</td><td>AC/REO – 1</td></tr>
<tr><td colspan="2">SC – 4</td><td>AMS – 2</td><td></td></tr>
<tr><td colspan="2">RS – 3</td><td>REO – 1</td><td></td></tr>
<tr><td colspan="2"></td><td>Agravo – 2</td><td></td></tr>
<tr><td rowspan="6">TRF 5ª Região
Total - 5
recursos</td><td colspan="2">AL – 0</td><td colspan="2">AC – 3</td></tr>
<tr><td colspan="2">CE – 0</td><td colspan="2">Agravo – 2</td></tr>
<tr><td colspan="2">PB – 0</td><td colspan="2"></td></tr>
<tr><td colspan="2">PE – 4</td><td colspan="2"></td></tr>
<tr><td colspan="2">RN – 0</td><td colspan="2"></td></tr>
<tr><td colspan="2">SE – 1</td><td colspan="2"></td></tr>
</table>

Fonte: Informações da pesquisa.

Abreviatura dos recursos: AC – apelação cível; AResc – ação rescisória; AMS – apelação em mandado de segurança; ACR – apelação criminal; REO – remessa *ex officio*; Reoms – remessa *ex officio* em mandado de segurança; HC – *habeas corpus*; RSE – recurso em sentido estrito; EI – embargos infringentes; Agravo – as modalidades: instrumento, interno e regimental; Inq – inquérito; MS – mandado de segurança.

Apêndice II

Matérias recorrentes afetas à defesa agropecuária

Discurso judiciário – Matérias mais recorrentes afetas à defesa agropecuária
Pesquisa feita no STJ e nos TRF do Brasil no período de 2000 a 2010

AGROTÓXICOS	MINISTÉRIO DA AGRICULTURA	DEFESA AGROPE-CUÁRIA	SANIDADE ANIMAL	SANIDADE VEGETAL
Incompetência para edição de atos normativos	Conflito de competência entre União e estados	Desapropriação para fins de reforma agrária	Comercialização de animal silvestre; contrabando	Violação do princípio da reserva legal por ato normativo Ibama
Inovação da ordem jurídica por resolução de órgão do Execu-tivo – Conama, Anvisa, Mapa	Desapropriação e reforma agrária	Questionamento sobre a legalidade de ato normativo do Mapa/SDA	Direito previdenciário	Questionamento sobre legalidade de ato normativo do Mapa; Mapa e Ministério da Fazenda (TCV)
Conflito de competência entre União e estados	Conflito entre normas	Conflito de competência entre União e Estado	Certificado de conferência de saúde animal	Fiscalização pelo Ibama – competência supletiva
Conflito de competência entre Anvisa e Mapa	Crimes cometidos por servidores	Renovação de registro	Controvérsia sobre legalidade de auto de infração	Comercialização de produto vegetal sem licença
Aplicação de agrotóxico sem observância de normas ambientais	Greve de servidor público x essencialidade dos serviços de fiscalização	Competência para cobrança de taxa de classificação	Proibição de entrada de produto no Brasil pela Receita Federal	Propriedade industrial sobre variedades vegetais
Crimes envolvendo uso, transporte e comercialização de agrotóxicos	Abuso na fiscalização – questionamento sobre a legalidade do laudo de infração	Determinação de execução de ato ante inércia da Administração Pública	Crimes – introdução de substância nociva à saúde; contra a relação de consumo (abatedouro clandestino)	Tráfico de drogas, de sementes
Possibilidade de prescrição de receituário por técnico agrícola	Responsabilida-de civil do Esta-do por abuso na erradicação de plantação	Aplicação de normas para proteção do consumidor so-bre a qualidade dos produtos	Registro de frigorífico em conselho profissional	Constitucionali-dade da cobran-ça de taxa de classificação de produtos vege-tais

AGROTÓXICOS	MINISTÉRIO DA AGRICULTURA	DEFESA AGROPE-CUÁRIA	SANIDADE ANIMAL	SANIDADE VEGETAL
Reavaliação e renovação no registro de agrotóxicos	Direito administrativo – servidor público	Direito previdenciário – ações que envolvem direitos relativos à saúde, previdência e assistência social	Análise de risco de organismos geneticamente modificados (OGM)	Greve de servidores x liberação de mercadoria importada
Apostilamento de agrotóxicos: procedimento para realizar alterações estatutárias ou contratuais das sociedades empresariais registrantes e não pode ser usado para alterar o registro	Direito previdenciário	Apostilamento de agrotóxicos	Contratação temporária como medida de urgência	Desapropriação para fins de reforma agrária
Questionamento sobre a legalidade de ato normativo do Mapa	Direito tributário – ações relativas à legalidade da cobrança de tributos; execução de valores	Crimes – comercialização de produtos veterinários adulterados, contrabando	Danos ao meio ambiente	Legislação brasileira sobre biossegurança – OGM – impacto ambiental
Conflito de normas – Código Penal x Lei nº 7.802/89	Questionamento sobre a necessidade de registro de empresa em conselho profissional: químico, veterinário	Direito administrativo – servidor público	Combate à brucelose e à tuberculose animal – habilitação específica para médico veterinário	Turbação de terras indígenas
Responsabilidade civil da União por intoxicação por agrotóxicos – servidor	Conflito atuação Mapa, Anvisa, Receita Federal		Direito administrativo – servidor público	Ilegalidade de auto de infração – ofensa ao devido processo administrativo
	Aplicação de normas de defesa do consumidor		Direito tributário	Renovação de registro junto ao Mapa

Fonte: Informações da pesquisa.

2

Invasões Biológicas

Denise Navia[1]
Francisco Ferragut[2]

2.1. INTRODUÇÃO

Invasão biológica, ou bioinvasão, refere-se ao deslocamento de organismos vivos de uma região para outra, inadvertida ou intencionalmente, podendo resultar em prejuízos incalculáveis nos âmbitos ambiental, econômico, social e cultural (Oliveira et al., 2008). Os organismos vivos envolvidos em processos de invasão biológica são conhecidos como "espécies invasoras exóticas" (EIEs).

De acordo com a Convenção de Diversidade Biológica (CDB), espécie exótica é definida como espécie, subespécie ou táxon inferior introduzida fora de sua distribuição natural, no passado ou no presente (CBD, 2002). Nesse conceito também está incluída qualquer parte da espécie capaz de sobreviver e de reproduzir, como gametas, sementes, ovos ou propágulos. A "espécie invasora

1. Laboratório de quarentena vegetal, Embrapa Recursos Genéticos e Biotecnologia, CP 02372, 70.770-900, Brasília, DF, Brasil. navia@cenargen.embrapa.br

2. Instituto Agroforestal Mediterráneo, Universidad Politécnica de Valencia, Camino de Vera, s/n, 46022, Valencia, Espanha. fjferragut@eaf.upv.es

exótica" trata-se de uma espécie exótica cuja introdução ou dispersão ameaça a diversidade biológica de uma área ou região (CBD, 2002). Vale ressaltar que o conceito de invasão biológica é amplo e inclui tanto processos intermediados pela atividade humana quanto expansões naturais de distribuição geográfica de espécies (Carlton, 2001). Observa-se também que, pela CDB, categorias subespecíficas (subespécie, biótipo, linhagem etc.) de espécies que já ocorrem em determinada área podem ter *status* de EIE. Além disso, o processo de invasão pode ter ocorrido há um longo período de tempo, não precisa necessariamente ser recente.

As EIEs ocorrem em todos os principais grupos taxonômicos, incluindo vírus, fungos, algas, liquens, samambaias, vegetais fanerógamos, invertebrados, peixes, anfíbios, répteis, pássaros e mamíferos. Dentro de cada grupo, inúmeras espécies têm o potencial de invadir outros ecossistemas e afetar biotas nativos, tanto direta como indiretamente (Rejmánek; Richardson, 2003). Essas EIEs podem transformar a estrutura e a composição de espécies dos ecossistemas, ao reprimirem ou excluírem espécies nativas, competindo direta ou indiretamente por recursos, mudando o modo de circulação dos nutrientes dentro do sistema ameaçado. As EIEs podem afetar um sistema inteiro e provocar mudanças globais (AGCI, 1994) (Mckinney, 1999).

A importância e o consequente interesse pelas invasões biológicas aumentou intensamente nas últimas décadas, tornando-se o tema central de uma área da ciência que passou a ser conhecida como "biologia das invasões". Estas invasões representam uma das principais preocupações de ecólogos, conservacionistas e fitossanitaristas. Já em 1958, Charles Elton, fundador moderno da biologia das invasões, afirmou que elas haviam se tornado tão frequentes nos diversos continentes, ilhas e oceanos, que era necessário compreender suas causas. Esse pesquisador tentou prever as consequências da intensificação do processo global de invasões biológicas. A biologia das invasões tem como principal interesse o entendimento dos mecanismos envolvidos nessas invasões, de modo a predizer suas ocorrências e manejar seu impacto.

Neste capítulo serão apresentadas definições básicas relacionadas às bioinvasões e à segurança biológica e discutidos o impacto e a importância das espécies invasoras no mundo. Serão apresentados exemplos de bioinvasores em sistemas aquáticos, marinhos e de água doce, em sistemas terrestres, incluindo ambientes naturais, urbanos e agrossilvopastoris, e também casos em que ocorre efeito sobre a saúde humana e animal. Alguns conceitos essenciais em ecologia das invasões devem ser considerados na predição, análise de risco, prevenção e manejo de bioinvasores. As fontes de bioinvasões de maior relevância na atualidade serão apontadas, bem como as medidas preventivas adotadas para minimizar os riscos a elas associados. Metodologias para predição do potencial invasor e de distribuição geográfica de espécies invasoras serão mencionadas.

2.2. SEGURANÇA BIOLÓGICA

Os termos "*biosecurity*", "*biosseguridad*" ou "segurança biológica" têm sido empregados, nas últimas cinco décadas, para indicar a necessidade da busca e da aplicação de medidas de segurança para a proteção das diversas formas de vida no planeta. De acordo com a Organização das Nações Unidas para Agricultura e Alimentação (FAO), o termo "segurança biológica" refere-se ao desenvolvimento de padrões, regulamentos e medidas para a proteção contra ameaças e perigos à vida ou, ainda, ao manejo ou gerenciamento de todos os riscos biológicos e ambientais. Os riscos estão associados ao meio ambiente, à alimentação e à agricultura, incluindo os setores de pesca e floresta (FAO, 2001).

É preciso esclarecer que há diferenças significativas entre as terminologias "segurança biológica" (*biosecurity*) e "biossegurança" (*biosafety*). A palavra "biossegurança" (bi(o) + segurança) refere-se a um conjunto de estudos e procedimentos que visam evitar ou controlar eventuais problemas suscitados por pesquisas biológicas ou em suas aplicações (Ferreira, 1999). O termo está relacionado à Conferência das Partes da Convenção de Biodiversidade, a qual adotou um acordo suplementar conhecido como Protocolo de Cartagena em Biossegurança, de 29 de janeiro de 2000, o qual tem como objetivo proteger a biodiversidade de riscos potenciais advindos de organismos vivos modificados (OVMs) resultantes de técnicas modernas de biotecnologia[3]. No Brasil, o termo "biossegurança" também é reconhecido no âmbito dos Ministérios do Meio Ambiente[4] e da Ciência e Tecnologia. Neste último órgão, a Comissão Técnica Nacional de Biossegurança (CTNBio), regulada pelo Decreto nº 1.752, de 20 de dezembro de 1995, tem atribuição legal para prestar apoio técnico consultivo e de assessoramento ao Governo Federal na formulação, atualização e implementação da Política Nacional de Biossegurança relativa aos OVMs, bem como no estabelecimento de normas técnicas de segurança e pareceres técnicos conclusivos referentes à proteção da saúde humana, dos organismos vivos e do meio ambiente, para atividades que envolvam construção, experimentação, cultivo, manipulação, transporte, comercialização, consumo, armazenamento, liberação e descarte de OVMs e derivados[5]. A palavra "biossegurança" também é amplamente utilizada na determinação de medidas e níveis de segurança no manuseio de materiais orgânicos e inorgânicos em laboratórios (Oliveira et al., 2008).

A segurança biológica tornou-se tema estratégico na elaboração de políticas públicas, visando a produção de alimentos seguros, a conservação de recursos hídricos, a segurança alimentar e nutricional, a sustentabilidade ambiental

---

3. Consulta eletrônica: http://www.biodiv.org/biosafety/default.asp, realizada em 10 de fevereiro de 2006.

4. Consulta eletrônica: http://www.mma.gov.br/port/sbf/biosseguranca/index.cfm, realizada em 3 de março de 2006.

5. Consulta eletrônica: www.ctnbio.gov.br, realizada em 10 de fevereiro de 2006.

e agrícola, a conservação da diversidade biológica e a redução dos impactos econômicos e ecológicos, de modo a conter parte dos problemas gerados pela sociedade humana (Oliveira et al., 2008). Apesar de não ser recente o uso dessa terminologia, com a crescente demanda por segurança surgiram duas tendências em segurança biológica.

A primeira reflete os passos iniciados no passado, pelos quais vários países estabeleceram processos de sistemas de segurança biológica para a proteção de setores como o trânsito de animais. Sob esse escopo, a segurança biológica ampliou seus objetivos, ao ser adotada pela FAO. Esta organização vem reforçando a adoção de ações de segurança biológica para a busca de prevenção e controle efetivo das EIEs. Nessa perspectiva, as ações referem-se à elaboração de políticas públicas associadas ao desenvolvimento de métodos científicos, considerações éticas, confiabilidade e vigilância para a proteção da diversidade biológica e da sociedade (FAO, 2001). A expressão "segurança biológica" passou a indicar a busca por instrumentos e atividades que possam gerenciar os riscos advindos da introdução e dispersão de toxinas, enfermidades e pragas de vegetais e animais, as quais podem provocar a erosão da biodiversidade, levando à perda de recursos biológicos e genéticos. Para a FAO, as ações de segurança biológica também são extensivas ao impacto e à ética que envolve a criação de armas biológicas de guerra em laboratórios, a proteção da diversidade biológica, a conservação de recursos naturais, a proteção e o manejo dos recursos hídricos e a introdução de espécies invasoras exóticas.

A segunda tendência em segurança biológica refere-se ao Ato de Bioterrorismo nos Estados Unidos da América, criado para diminuir as possibilidades de atentados que possam ameaçar e colocar em perigo a população daquele país, preparando-se internamente para diminuir as ameaças na área da saúde, controlar agentes biológicos e toxinas, além de proteger os suprimentos de água potável, alimentos e medicamentos[6]. Outro objetivo relacionado à implementação da segurança biológica, em vários países, é a redução dos estresses biológicos provocados pelas bioinvasões e ou biopoluições (Oliveira et al., 2008).

2.3. ESPÉCIES INVASORAS EXÓTICAS EM FÓRUNS INTERNACIONAIS

Os organismos nocivos, ou potencialmente nocivos, que ameaçam sistemas naturais ou de produção têm sido uma preocupação constante em fóruns internacionais que tratam de sanidade vegetal e biodiversidade. A Convenção Internacional de Proteção de Plantas (IPPC), um tratado internacional rela-

6. Consulta eletrônica: http://www.whitehouse.gov/infocus/homeland/index.html, realizada em 20 de fevereiro de 2006.

tivo à saúde dos vegetais, foi depositada na diretoria-geral da FAO desde sua elaboração, em 1951. De acordo com a IPPC, praga é "qualquer espécie, raça ou biótipo de vegetais, animais ou agentes patogênicos nocivos aos vegetais ou produtos vegetais"; as pragas quarentenárias são aquelas que "apresentam expressão econômica potencial para a área posta em perigo e onde ainda não estão presentes ou, se estão, não se encontram amplamente distribuídas e são oficialmente controladas" (FAO, 2006).

A Convenção de Diversidade Biológica (CDB), firmada em 1992, durante a Conferência das Nações Unidas sobre o Ambiente e o Desenvolvimento, foi o primeiro acordo global sobre conservação e uso sustentável da diversidade biológica. Até o momento, a convenção foi ratificada ou firmada por 193 nações (CBD, 2010). O seu foco é o uso sustentável dos componentes da diversidade biológica e a justa e equitativa partição dos benefícios do uso dos recursos genéticos. Os países que ratificam ou firmam a Convenção são obrigados a implementar suas provisões, assim como reportar o que tem sido feito para implementar o acordo e a efetividade dessas atividades. Uma das provisões da CBD, artigo 8, trata especificamente do controle, da erradicação ou prevenção da introdução de espécies invasoras que ameaçam ecossistemas, habitats ou espécies (CBD, 2002). Portanto, as EIEs tornaram-se um dos focos prioritários da CDB.

Observa-se que o foco da IPPC é a proteção de plantas e seus produtos, enquanto o da CBD é mais amplo, refere-se aos ecossistemas. Desse modo, é importante ressaltar que a definição de praga quarentenária (IPPC) relaciona-se a muitas, mas não a todas as EIEs. A maioria das pragas quarentenárias são EIEs e, por outro lado, as EIEs direta ou indiretamente nocivas às plantas são pragas quarentenárias (Lopian, 2003). O primeiro esforço mundial efetivo para controlar a dispersão de espécies exóticas em ambientes marinhos ocorreu em 1982, com a Convenção das Nações Unidas, que resultou na Convenção das Nações Unidas sobre o Direito do Mar (Unclos).

Em 1990, o Comitê de Proteção ao Ambiente Marinho (MEPC) formou um grupo de trabalho para analisar pesquisas, informações e soluções propostas por estados-membros da Organização Marítima Internacional (IMO) e por Organizações Não Governamentais (ONGs). Em 2000, a IMO lançou o programa Globallast, com o objetivo de avaliar a qualidade da água de lastro de seis portos distribuídos no mundo: Sepetiba (Brasil), Dalian (China), Bombaim (Índia), Ilha Kharg (Irã), Saldanha (África do Sul) e Odessa (Ucrânia). Finalmente, em 2004, em Londres, foi lançada, após catorze anos de complexas negociações entre a IMO, países-membros, armadores e ONGs, a Convenção Internacional para Controle e Gerenciamento de Água de Lastro de Navios e Sedimentos (CALS), que estabelece principalmente que os navios devem realizar a troca da água de lastro a pelo menos 200 milhas da costa e a 200 metros de profundidade (Pereira et al., 2008).

2.4. CONSEQUÊNCIAS E PERDAS ECONÔMICAS POR INVASÕES BIOLÓGICAS

O crescimento populacional e o aumento do uso de recursos, associados ao desenvolvimento industrial e à extensa ocupação agrícola, envolvem extraordinário emprego de energia e uma mobilidade de pessoas e bens sem precedente. Esse desenvolvimento tem provocado uma série de mudanças no planeta. As invasões biológicas representam um importante componente das mudanças globais causadas pelo homem. É difícil responder o quão importante são essas invasões, quando comparadas com as demais mudanças globais, pois o tempo, a escala e as consequências de cada componente das mudanças são diferentes e interagem fortemente. Entretanto, pode-se afirmar que, juntamente com as extinções de espécies, as bioinvasões estão entre as menos reversíveis mudanças provocadas pela atividade humana (AGCI, 1994).

As invasões biológicas têm sido consideradas a segunda principal causa da destruição ambiental e da perda da biodiversidade, devido aos seus efeitos sobre as biotas nativas e paisagens inteiras (Wilson, 1992; Tuxill, 1998; WRI et al., 1998; Platt McGinn, 1999). São superadas apenas pelo uso da terra, que envolve desmatamento, agricultura e urbanização. Representam o segundo fator mais comum associado à perda de espécies de água doce, afetando 68% dos casos (Abramovitz, 1996). Entre 10 e 20% dos vertebrados ameaçados de extinção no mundo estão em risco devido à competição, à predação ou a outras ameaças relacionadas a espécies introduzidas (Tuxill, 1998; WRI et al., 1998). Invasões biológicas têm representado a principal ameaça às florestas decíduas dos Estados Unidos (AGCI, 1994).

Primariamente, as invasões biológicas foram consideradas um fenômeno de ecossistemas de ilhas, sejam terrestres, em meio ao oceano, ou marinhos costeiros. Está claro que o impacto das invasões é mais severo nesses ecossistemas (Loope; Mueller-Dombois, 1989; Simberloff, 1995). Entretanto, invasões em sistemas continentais também têm ocorrido em amplas áreas e, em muitos casos, têm sido extremamente nocivas (AGCI, 1994). O impacto das bioinvasões não se restringe aos ecossistemas naturais, mas atinge também a saúde pública e animal, os agroecossistemas, incluindo cultivos de espécies florestais, a pesca etc. A maioria das pragas agrícolas é representada por espécies não nativas invasoras. Estima-se que 1.000 insetos e ácaros exóticos sejam pragas agrícolas e 20 mil fitopatógenos ou microrganismos de solo sejam invasores nos Estados Unidos (Pimentel et al., 2000).

Há pouca informação disponível sobre o custo associado a espécies invasoras, incluindo as perdas econômicas e o custo de controle. Entretanto, sabe-se que as EIEs têm custado centenas de bilhões de dólares por ano aos governos (Bright, 1998; CBD, 2002). O custo anual estimado nos Estados Unidos devido a perdas e para o controle de invasores é de cerca de 137 bilhões de dólares, sendo 23,6 bilhões atribuídos a fitopatógenos de culturas e espécies florestais, 20 bilhões a artrópodes, 34 bilhões a plantas invasoras em ambientes terrestres e 19 bilhões a ratos (Pimentel et al., 2000).

Mesmo nesse país, onde foram realizados estudos econômicos dos custos associados a espécies exóticas (Pimentel et al., 2000), há dificuldades em estimar toda a extensão dos danos ambientais provocados por EIEs e o número de extinções que têm causado, pois se conhece pouco sobre as espécies encontradas nos Estados Unidos, metade delas não foi nem mesmo descrita (Raven; Johnson, 1992). Entretanto, cerca de 400 das 958 espécies listadas como ameaçadas nesse país (Endangered Species Act) estão sob risco primário, devido à competição e à predação por espécies não nativas (Wilcove et al., 1998). No Brasil, esse cenário é até mais preocupante, considerando-se que sua biodiversidade é mais rica e ainda pouco conhecida.

Áreas urbanas também podem ser seriamente afetadas por EIEs e podem ser consideradas um dos principais focos de introdução e disseminação dessas espécies. A frequente movimentação de pessoas em estradas, rodoviárias, portos e aeroportos e a grande variedade de produtos vegetais que circulam em pequenos mercados e supermercados que abastecem as cidades podem ser a porta de entrada de muitas espécies invasoras. As EIEs podem se estabelecer, primeiramente, em ambientes urbanos, antes de se disseminarem para os sistemas naturais ou de produção. Como exemplo de invasor que afeta áreas urbanas, temos a infestação de palmeiras ornamentais, de inestimável valor histórico e paisagístico, em países do Mediterrâneo, por uma mariposa invasora, a *Paysandisia archon* (Burmeister), nativa da Argentina e do Uruguai. Essa mariposa provavelmente foi introduzida na região mediterrânea da Europa através da importação de palmeiras ornamentais da América do Sul. Foi encontrada em 2001 no nordeste da Espanha (Aguilar et al., 2001) e no sudeste da França (Reynaud et al., 2002), em áreas urbanas e viveiros, e disseminou-se também para a Itália (Porcelli et al., 2006). As formas imaturas dessa mariposa alimentam-se no tronco e na gema apical das plantas, podendo matar palmeiras adultas e em viveiros, e representam uma ameaça a palmeiras nativas e cultivadas.

Uma das medidas emergenciais para evitar a infestação e a morte de palmeiras em áreas urbanas é a cobertura total das copas com telas protetoras, o que é extremamente oneroso e compromete a paisagem das cidades (Figura 2.1.). O controle químico dessa mariposa, além de ser poluente, não tem se mostrado eficiente, pela dificuldade em alcançar as larvas no interior do tronco das palmeiras. Ainda não foram encontrados agentes de controle biológico eficientes. Pesquisadores do Institute National de la Recherche Agronomique (Inra) patentearam uma resina natural, não tóxica, que age como uma barreira física para a postura de ovos e serve como armadilha para as fêmeas que visitam as palmeiras (INRA, 2009).

Figura 2.1. Cobertura total de copas de palmeiras na cidade de Montpellier, França, como medida emergencial para prevenir infestação pela mariposa invasora *Paysandisia archon*.

2.5. ESPÉCIES INVASORAS EXÓTICAS NO BRASIL

No Brasil, invasões biológicas têm ocorrido devido a introduções intencionais e acidentais, afetando ambientes aquáticos e terrestres e ameaçando a saúde humana e animal. Alguns exemplos de EIEs que vêm causando sério impacto no país e que são alvo de programas de contenção e controle são apresentados a seguir.

2.5.1. Ambientes aquáticos

No Brasil, até pouco tempo, eram pouco divulgados os problemas associados à água de lastro. Esporadicamente, surgiam notícias sobre o aparecimento de espécies exóticas estabelecidas em nossas águas (Oliveira et al., 2008). Esse cenário mudou com a invasão do mexilhão-dourado, *Limnoperna fortunei* (Dunker), originário da Ásia. Trata-se de um molusco bivalve de água doce e salobra, com 3 a 4 cm de comprimento, de fecundação externa, que produz larvas livres-natantes. A colonização dos mexilhões-dourados ocorre nos mais diversos ambientes (rios, canais, corixos, baías), de 10 cm a mais de 5 m de profundidade, e eles podem se fixar a substratos duros, naturais ou artificiais – rochas, madeira, metais, cascos de barcos, plásticos, tubulações, redes (Oliveira; Barros, 2010).

O mexilhão-dourado foi registrado pela primeira vez na América do Sul no Rio da Prata, Argentina, em 1991 (Pastorino et al., 1993). No Brasil, essa espécie foi encontrada em 1998, no Pantanal Mato-Grossense, inicialmente em uma lagoa ligada ao Rio Paraguai, a Baia do Tuiuiú, próximo a Corumbá (Oliveira, 2003), e no sistema da Lagoa dos Patos (Mansur et al., 1999, 2003). Posteriormente, sua distribuição ampliou- se para diversos sistemas de drenagem, como o Rio Paraná (Boltovskoy; Cataldo, 1999) e a Lagoa dos Patos (Mansur et al., 2003; Capitoli; Bemvenuti, 2004).

Os levantamentos realizados por pesquisadores da Pontifícia Universidade Católica do Rio Grande do Sul, da Universidade Estadual de Maringá e da Embrapa Pantanal, no âmbito do Projeto Mexilhão-Dourado/Globallast, confirmaram e ampliaram o quadro geral da invasão do mexilhão e dos problemas a ele relacionados: a sua rápida reprodução e concentração no Rio Grande do Sul (Lago Guaíba, Porto Alegre, Rio Jacuí, Rio Taquari, Lagoa do Casamento, próximo da confluência do Rio Palmares, município de Palmares do Sul), no Paraná (Piraquara e Guaricana, nas cercanias da cidade de Curitiba; na planície de inundação do alto Rio Paraná, a jusante e montante da barragem de Porto Primavera) e no Pantanal (Rio Paraguai, na cidade de Corumbá; no Canal do Tamengo – ligação da Bolívia ao Rio Paraguai, nas baías do Castelo, Zé Dias e Gaíva; na altura de Bela Vista do Norte, nas proximidades do Parque Nacional do Pantanal – Rio Cuiabá; no Rio Miranda, na localidade de Passo da Lontra, ameaçando a região de Bonito) (Mansur et al., 2012).

O mexilhão-dourado já pode ser considerado presente em praticamente toda a área do Pantanal, incluindo localidades da Bolívia, e tende a se espalhar ainda mais pela planície, levado pelas inundações anuais (Oliveira; Barros, 2010). Ele vem provocando redução de diâmetro e obstrução de tubulações das companhias de abastecimento de água potável e o entupimento de filtros dos sistemas de arrefecimento das turbinas no setor de geração de energia (Mansur et al., 2012). Uma das hidrelétricas afetadas é a Itaipu Binacional, sendo necessária a limpeza periódica dos encanamentos de refrigeração das turbinas, onde foram implantados programas de monitoramento e controle do mexilhão-dourado (Itaipu Binacional, 2010). Outros problemas ocasionados pelo mexilhão-dourado são: fixação nas telas de tanques-rede utilizados para piscicultura, prejudicando a sua limpeza e, em consequência, dificultando a pesca; incrustação em motores de embarcações, muitas vezes causando sua fundição; mudanças na rotina de pesca de populações tradicionais.

2.5.2. Ambientes terrestres

A palma forrageira *Opuntia ficus-indica* Mill é uma cactácea de origem mexicana cultivada como a mais importante fonte de alimentação dos rebanhos bovinos, caprinos, ovinos e outros animais nos períodos de estiagem na região semiárida do Nordeste do Brasil, ocupando cerca de 500 mil ha, concentrados nos estados do Rio Grande do Norte, Pernambuco, Paraíba, Alagoas, Ceará e Bahia (Adagri). No entanto, essa base de sustentação alimentar está seriamente ameaçada por um inseto invasor, a cochonilha-do-carmim, *Dactylopius opuntiae* (Cockerell), produtora do ácido carmínico (Lopes et al., 2009; Adagri, 2010; Adagro, 2010). Sua introdução aconteceu em 2001, nos estados de Pernambuco e Paraíba (Lopes et al., 2003, 2009). As cochonilhas alimentam-se da seiva das palmas, injetando simultaneamente toxinas; deixam a planta debilitada e provocam o amarelecimento, a seca e a morte das raquetes em curto espaço de tempo, um processo que pode durar de quinze dias a seis meses (Lopes et al., 2009; Adagri, 2010).

O inseto ivasor vem comprometendo seriamente o cultivo da palma gigante em mais de 50 municípios paraibanos (Lopes et al., 2009) e 39 municípios pernambucanos (Adagro). Em pouco mais de oito anos, a praga dizimou plantações inteiras de palma em municípios de Pernambuco, da Paraíba e do Ceará (Lopes et al., 2009). Estima-se que na Paraíba a praga já tenha destruído cerca de 100 mil hectares de plantações de palma forrageira no semiárido. O prejuízo já chega a 400 milhões de reais. O resultado foi um desabastecimento do programa do leite, criado para atender 120 mil famílias. A crise chegou a tal ponto que o governo cortou a distribuição do leite nos finais de semana, até a situação se normalizar. Somente no município de Monteiro a produção de leite caiu de 50 mil para 10 mil litros por mês (Vitrine do Cariri, 2008). A cochonilha-do-carmim apresenta *status* de praga quarentenária presente (A2) (Mapa, 2007).

O caramujo-gigante-africano, *Achatina fulica* Bowdich, grande molusco terrestre nativo do leste-nordeste da África, foi introduzido ilegalmente no Brasil em 1988, visando o cultivo e a comercialização do “escargot” (*Helix* spp.) (Ambiente Brasil, 2005; Instituto Horus, 2005). Adultos desse caramujo possuem conchas com 15 a 20 cm de altura e 10 a 12 cm de comprimento e chegam a pesar 200 g (Teles et al., 1997). A reprodução de *A. fulica* é rápida e ele é bastante resistente a variações climáticas (Ambiente Brasil, 2005).

A introdução do molusco não teve o sucesso comercial esperado e os produtores começaram a abandonar seus cultivos e a liberar as criações no ambiente, sem qualquer controle, o que o transformou em problema nacional. Ele alastrou-se por quase todo o Brasil, estabelecendo populações em vida livre e tornando-se séria praga agrícola, em especial no litoral, além da preocupação com a saúde pública (Instituto Horus, 2005). Por ser herbívora generalista, ataca desde pequenas hortas até extensas lavouras, causando grandes danos à agricultura.

Esse molusco pode se alimentar de cerca de 500 espécies de plantas. Os danos são maiores em plantações de subsistência de pequenos agricultores (mandioca e feijão) e plantações comerciais da pequena agricultura (mandioca, batata-doce, cará, feijão, amendoim, abóbora, mamão, tomate, verduras diversas e rami) (Instituto Horus, 2005). Ele pode transmitir dois vermes que prejudicam a saúde humana: *Angiostrongylus costaricensis* Morera & Céspedes, causador da angiostrongilíase abdominal, doença grave que pode causar perfuração intestinal, peritonite e hemorragia abdominal e levar a óbito, ocorrendo nos estados do Rio Grande do Sul, Santa Catarina, Paraná, São Paulo e no Distrito Federal; e *Angiostrongylus cantonesis* (Chen), causador da angiostrongilíase meningoencefálica humana, doença que provoca, entre outros sintomas, distúrbios do sistema nervoso, fortes e constantes dores de cabeça, e que no contexto epidemiológico atual permanece ausente na área continental americana (Teles et al., 1997).

Vale ressaltar que o Ibama, através da Instrução Normativa (IN) nº 73, de agosto de 2005, proibiu a criação e comercialização de moluscos terrestres da espécie *A. fulica*, bem como de seus ovos. A IN também se aplica aos demais moluscos exóticos introduzidos ou criados sem a autorização do órgão ambiental federal competente. O caramujo-gigante-africano é considerado pela União Internacional para a Conservação da Natureza (IUCN) uma das cem piores espécies invasoras do mundo. Para que não procrie nem se espalhe ainda mais pelo país, a IN autoriza os órgãos ambientais federais, estaduais e municipais, bem como as organizações não governamentais com experiência na área, a implementar medidas de controle, coleta e eliminação desses caramujos (Ambiente Brasil, 2005). Por falta de informação, em meio aos programas de controle dos caramujos-gigantes-africanos no Paraná, estão sendo mortos equivocadamente os caramujos-gigantes-brasileiros, também conhecidos como aruás-do-mato (*Megalobominus* spp.); são espécies semelhantes, que se diferenciam pela coloração (Ambiente Brasil, 2005), levando à eliminação dessa espécie nativa.

Uma nova espécie invasora foi detectada recentemente no Brasil. Ameaça em especial as palmeiras cultivadas e nativas, incluindo os coqueiros, e também os plantios de banana. Trata-se do ácaro-vermelho-das-palmeiras, *Raoiella indica* Hirst. Este ácaro fitófago foi originalmente descrito na Índia, no início do século XX. Depois foi encontrado na África e no Oriente Médio (Mendonça et al., 2005). Não havia registro dele nas Américas até 2004, quando foi encontrado na ilha de Martinica (Flechtmann; Etienne, 2004), disseminando-se rapidamente para outras ilhas do Caribe. Em 2006, *R. indica* chegou a Trinidad e Tobago e, já no ano seguinte, à vizinha Venezuela, considerada a porta de entrada para a América do Sul (Vásquez et al., 2008). Em 2009, o ácaro foi encontrado em áreas urbanas do município de Boa Vista, infestando coqueiros e bananeiras (Marsaro Jr. et al., 2009). As colônias desse ácaro podem ser extremamente numerosas e em geral se localizam na face inferior das folhas (Figura 2.2a).

Figura 2.2. O ácaro-vermelho-das-palmeiras, *Raoiella indica*, espécie invasora nas Américas. a) Colônias numerosas na face inferior das folhas; b) e c) amarelecimento e ressecamento de folhas de coqueiro e bananeira, respectivamente, devido às infestações pelo ácaro.

Todas as fases de desenvolvimento do ácaro apresentam coloração vermelha-viva e as fêmeas adultas medem cerca de 0,3 mm. As infestações do ácaro-vermelho-das-palmeiras podem provocar o amarelecimento e o ressecamento completo das folhas (Figura 2.2b) e, quando as populações são altas, podem causar a morte de plantas jovens. No Caribe, expandiu seu leque de hospedeiros e passou a infestar bananeiras e a causar sintomas severos (Figura 2.2c), sendo que essa planta não havia sido relatada anteriormente como sua hospedeira. Em Trinidad e Tobago, as perdas em plantios de coqueiro foram estimadas em 75% pela associação de produtores de coco (Trinidad Express, 2008). O primeiro impacto causado pela entrada do ácaro-vermelho-das-palmeiras no Brasil foi relacionado ao trânsito doméstico de produtos vegetais entre os estados. Por ser uma praga quarentenária ausente (Mapa, 2007), imediatamente após a comunicação de sua ocorrência em Roraima e a notificação oficial pelo Ministério da Agricultura e Reforma Agrária, o transporte interestadual de material de propagação vegetativa ou qualquer produto fresco originado de hospedeiros do ácaro foi proibido. Essa medida envolveu o cancelamento do comércio externo de banana de Roraima, onde há uma importante área produtora no sul do Estado, para Manaus. Esse cancelamento abrupto provocou perdas comerciais e grande insatisfação social entre os produtores que dependem economicamente da atividade.

A erradicação de *R. indica* no Brasil não é considerada possível, devido à sua eficiente disseminação por meios naturais, à abundância de plantas hospedeiras na área invadida e à arquitetura do seu principal grupo de hospedeiros, as palmeiras. Por outro lado, há consenso de que é de extrema importância retardar a disseminação de *R. indica* para outros municípios e estados, enquanto esforços são concentrados para a definição de estratégias de controle e manejo do ácaro, na tentativa de minimizar seu impacto para o agronegócio nacional e também para as espécies nativas.

No Brasil, a existência de extensas áreas contínuas de reflorestamento, sobretudo com espécies de *Pinus* (2,2 milhões de ha) e *Eucalyptus* (3,2 milhões de ha), além de outras com importância regional, como a acácia-negra, com cerca de 150 mil ha no Rio Grande do Sul, normalmente com uma base restrita de espécies e procedências, por região bioclimática, oferece condições para a colonização, o estabelecimento e a dispersão de pragas exóticas (Embrapa, 2002). Vários casos de EIEs foram relatados nos sistemas produtivos florestais, como o da vespa-da-madeira, *Sirex noctilio* Fabricius, uma espécie de origem eurasiática que foi introduzida no país em 1988. Encontrada inicialmente na Região Sul, provocou, em alguns casos, até 60% de mortalidade de árvores. Por se tratar de espécie exótica, introduzida sem o seu complexo de inimigos naturais, tornou-se uma séria ameaça aos plantios de *Pinus* no país.

Com as medidas de monitoramento e controle preconizadas pela Embrapa Florestas, no âmbito do Programa Nacional de Controle da Vespa-da-madeira (PNCVM), adotadas pelos produtores, a sua dispersão tem sido retardada, permitindo a inclusão desse inseto como praga quarentenária presente no Brasil (Mapa, 2007), com distribuição restrita aos estados de Minas Gerais, São Paulo, Paraná, Santa Catarina e Rio Grande do Sul (Mapa, 2007). O controle da vespa-da-madeira é uma atividade necessária em sistemas de produção florestal, pelo fato de a ação desse inseto causar vários tipos de perdas, como a queda na produtividade, na qualidade e, em casos mais graves, a perda total da floresta, além de poder provocar problemas no comércio internacional (Embrapa, 2002).

Uma nova praga florestal no Brasil que vem preocupando o setor agroflorestal é o percevejo-bronzeado-do-eucalipto, *Thaumastocoris peregrinus* Carpintero

& Dellapé, de origem australiana, detectado no país em maio de 2008. Foi encontrado em árvores isoladas de *Eucalyptus camaldulensis* Dehn, em junho de 2008, na Fazenda Monte Carmelo, Embrapa Meio Ambiente, Jaguariúna, SP. Também houve o relato de sua ocorrência em São Francisco de Assis, RS, em maio de 2008, sobre clone híbrido de *Eucalyptus grandis* W. Hill ex. Maiden x *Eucalyptus urophylla* S.T. Blake. No Estado de São Paulo, a praga está se disseminando com rapidez pelas principais rodovias. Esse percevejo já havia sido encontrado na Argentina e no Uruguai. Os danos que causa são o prateamento das folhas, seguido de seu secamento e sua queda. As árvores ficam com aspecto ressecado, com a copa seca. Este dano é devido ao hábito alimentar do percevejo, que perfura as folhas e ramos finos para sugar a seiva, deixando as folhas secas (Wilcken, 2008).

2.5.3. Saúde animal

A febre aftosa é uma doença viral altamente contagiosa que afeta especialmente animais de cascos fendidos, como bovinos, búfalos, caprinos, ovinos, cervídeos, suínos. Pode também afetar elefantes, camelos, lhamas, ratos e capivaras. O animal afetado apresenta febre alta, que diminui após dois ou três dias. Em seguida aparecem pequenas vesículas (células afetadas pela multiplicação dos vírus) nas mucosas e na pele que circunda os cascos. Essas vesículas rompem-se, transformando-se em ferimentos. O animal passa a salivar e a mancar, em função dos ferimentos. Devido às dificuldade para andar e comer, os animais doentes emagrecem rapidamente, havendo redução na produção de carne e leite. Animais novos, em especial bezerros, podem morrer de forma aguda com miocardite derivada da infecção do músculo cardíaco pelo vírus (Wikipedia, 2010).

O vírus da febre aftosa, proveniente da família Picornaviridae, gênero *Aphthovirus*, apresenta sete sorotipos distintos: O (o mais comum), A, C, SAT1, SAT2, SAT3, Asia1. Os últimos quatro sorotipos são exóticos no Brasil; os sorotipos O, A, C são os de maior incidência na América do Sul. A febre aftosa é uma doença presente na Europa, na Ásia, na América do Sul e na África; a América do Norte e a Central e a Oceania estão livres da doença. A vacinação inadequada vem favorecendo o surgimento de novas estirpes desse vírus em várias regiões do mundo. Surtos epidemiológicos de febre aftosa foram detectados no Japão, na Rússia, na China, na Coreia do Sul, em Taiwan, na Mongólia, em outros países africanos e na América do Sul. A Grã-Bretanha foi afetada por uma epidemia entre março e outubro de 2001, o que obrigou a sacrificar cerca de 7 milhões de bovinos, caprinos e ovinos, ao custo de cerca de 15 bilhões de dólares (Baskin, 2002; Wikipedia, 2010). Na América do Sul, especificamente no Brasil, surtos têm sido associados à esparsa fiscalização no campo e à vacinação inadequada ou inexistente. Embora conte com um programa oficial para erradicação da aftosa, após um longo período sem registros de casos da doença, um novo surto atingiu o rebanho nacional em 2005, quando foram descobertos mais de vinte focos dela em Mato Grosso do Sul. Devido a esse surto, cerca de cinquenta países suspenderam as importações de carne do Brasil, um dos maiores exportadores de carne do mundo (Marques, 2005).

2.6. BIOLOGIA DAS INVASÕES

A combinação de diferentes disciplinas, em particular ecologia e genética, é considerada fundamental para o estudo das bioinvasões e para o desenvolvimento de soluções práticas, do ponto de vista econômico e ambiental. Essas disciplinas fornecem técnicas e ferramentas potentes, tais como análises moleculares, métodos experimentais e modelos matemáticos. Por exemplo, o contínuo desenvolvimento da biologia das invasões tem tido grande importância na predição da probabilidade de que as espécies se convertam em invasoras ou para identificar estágios de desenvolvimento nos quais o manejo das populações resulte mais fácil e efetivo.

Os estudos da estrutura genética das populações também podem ajudar a conhecer a rota seguida pelos invasores, entender a dinâmica de colonização, a velocidade de sua extensão e sua provável chegada a outras áreas geográficas. Estudos de dinâmica populacional e de genética de populações podem ajudar a identificar os momentos nos quais as medidas de controle ou os esforços de erradicação podem ser mais efetivos. Os modelos demográficos, a distribuição espacial dos indivíduos e sua capacidade de dispersão podem ser utilizados para examinar a extensão da bioinvasão e desenhar estratégias de manejo. Finalmente, o conhecimento das interações entre as espécies invasoras e as nativas, nos ecossistemas invadidos, será utilizado para aumentar a eficiência de procedimentos de erradicação e para a predição da sensibilidade dos ecossistemas ameaçados.

2.6.1. O processo de invasão biológica

Espécies não nativas devem passar por três estágios antes que possam causar danos ecológicos ou econômicos em novos ambientes: 1) indivíduos devem ser coletados ou capturados de sua área nativa, transportados para uma nova área e liberados em um novo ambiente; 2) os indivíduos transportados para novas áreas devem estabelecer uma população autossustentável em seu novo ambiente, ou ela será extinta – esta seria a fase denominada de "estabelecimento" propriamente dita; 3) uma população não nativa estabelecida deve então aumentar em abundância e expandir sua área de ocorrência, ou então permanecerá pouco numerosa e com distribuição local – esta fase é denominada "disseminação". Normalmente, apenas quando uma população não nativa se dissemina de modo amplo e torna-se abundante é que causa danos ecológicos ou econômicos e é considerada uma "invasora". Para que uma espécie se torne invasora, deve transpor barreiras ecológicas; a ação humana facilita ou dificulta essas etapas (Lockwood et al., 2007).

A maioria das espécies que têm oportunidade de transitar ao longo dos estágios do processo de invasão não alcança sucesso. De acordo com Williamson (1996), apenas de 5 a 20% (com uma média de 10%) das espécies introduzidas em uma área tornam-se invasoras. É também possível que uma espécie seja invasora em uma área e não em outra (Lockwood et al., 2007). Então surge uma questão: Quais as características de uma espécie que determinam o sucesso do processo de invasão? Trata-se de uma questão complexa, mas, de um modo geral, os fatores extrínsecos que afetam o processo de invasão incluem: competição, predação, parasitismo e outras interações entre indivíduos de duas espécies, além de fatores físicos, como inundações, congelamento, fogo. A resposta das espécies aos fatores mencionados depende de suas características biológicas. Propriedades da comunidade e do ambiente também são decisivas para o processo de invasão (Lockwood et al., 2007).

2.6.2. Invasões biológicas através de colonização natural e da atividade humana

A invasão de espécies é um evento natural. Ao longo de toda a história do planeta, as espécies têm encontrado oportunidade para expandir sua área de ocorrência e, algumas vezes, isso tem ocorrido em um período relativamente curto de tempo (Vermeij, 2005). Organismos podem ser transportados a longas distâncias pelo vento ou por correntes oceânicas e colonizar novas áreas (Mack, 2004). O principal aspecto é se o transporte de espécies mediado pela atividade humana é quantitativa e/ou qualitativamente distinto dos eventos de colonização natural. Informações sobre a taxa de chegada de espécies em ilhas oceânicas podem ser extremamente úteis para responder a essa questão. Nessas localidades isoladas, pode-se calcular a taxa histórica de invasão necessária para explicar a riqueza de espécies indígenas e compará-la com as taxas recentes de introdução relacionadas com a atividade humana.

O desenvolvimento da flora do Havaí é um exemplo clássico do efeito da atividade humana sobre os sistemas naturais no que tange às invasões biológicas (Smith, 1998). Cálculos apresentados pela National Research Council (NRC, 2002) sobre a colonização de plantas através da dispersão natural mostram que, a cada cem mil anos, uma espécie chegava ao Havaí. Portanto, estimou-se que a flora nativa do Havaí pode ter sido originada de cerca de 280 eventos de colonização natural (Wagner et al., 1990). Antes da colonização do Havaí pelos seres humanos, a taxa de introdução de plantas foi muito baixa, devido às dificuldades de dispersão por mais de 3.200 km de oceano (Smith, 1998). Os cerca de 280 eventos de colonização, seguidos de estabelecimento, adaptação e diversificação, resultaram em uma flora composta por cerca de 1.700 espécies e variedades, das quais 95% são endêmicas (Fosberg, 1948).

Com a chegada dos polinésios, a taxa de adição de novas plantas ao Havaí foi de uma a cada cinquenta anos e, após a chegada dos europeus, de uma a cada vinte e dois anos. Isso resultou na duplicação do número de plantas no Havaí após a colonização humana, quando comparado ao número de plantas que se dispersaram naturalmente e evoluíram nessas ilhas (Sax et al., 2002). Essa taxa aumentou consideravelmente com a intensificação do comércio e do turismo. Estima-se que mais de 4.600 espécies de plantas tenham sido introduzidas nas ilhas havaianas nos últimos duzentos anos. Cerca de 600 dessas espécies se estabeleceram (Wagner W. L., comunicação pessoal, apud Smith, 1998), ameaçando as mais de 1.700 espécies nativas. Smith (1998) considera que 86 das plantas recentemente introduzidas tornaram-se pragas em ecossistemas nativos, em áreas não cultivadas ou urbanizadas.

As informações esparsas disponíveis sugerem que o avanço das invasões vem se acelerando em paralelo com o crescimento do comércio mundial. Na área da Baía de São Francisco, Estados Unidos, a taxa de invasões aquáticas elevou-se de uma média de uma espécie a cada cinquenta e cinco semanas entre 1851 e 1960 para uma a cada catorze semanas de 1961 a 1995 (Cohen; Carlton, 1998). Esses números evidenciam que a atividade humana tem acelerado/intensificado os eventos de colonização de espécies e explicam por que as bioinvasões são atualmente consideradas uma das principais causas de devastação da biodiversidade (WRI et al., 1998; Tuxill, 1998; Platt McGinn, 1999).

2.6.3. Transporte de espécies invasoras – Vetores e vias de ingresso

A terminologia, na biologia das invasões, segue se modificando e é importante conhecer os termos atuais encontrados na literatura técnico-científica. Os termos "vetor" e "via de ingresso", adotados por Mack (2004), têm sido amplamente empregados e é relevante conhecer a diferença entre eles. "Vetor" refere-se ao modo como uma espécie é carregada de uma localidade a outra, e "via de ingresso", à rota entre a região de origem de uma espécie não nativa e seu local de liberação. Por exemplo, no final dos anos 1800 havia rotas comerciais de barcos à vela entre a Europa, o oeste da África e o Caribe. Essas rotas beneficiavam-se de ventos produzidos por correntes oceânicas atlânticas. Nessas rotas, entre as três localidades, circulava grande diversidade de produtos, incluindo plantas, insetos e outros animais, além de doenças (Crosby, 1986). Nesse exemplo, podemos considerar que os vetores eram os próprios barcos à vela, e a via de ingresso era a rota percorrida pelos barcos comerciais entre os continentes. Os barcos, como vetores, carregavam espécies não nativas ao longo de várias vias de ingresso. Gradualmente, foram substituídos por aviões ou navios mais modernos. As vias de ingresso também podem declinar em importância ao longo do tempo, seguindo mudanças comerciais. Embora os dois aspectos do transporte sejam interligados, quando desconectados pode-se explorar a influência de cada um em subsequentes padrões de invasão (Lockwood et al., 2007).

Vetores e vias de ingresso pelos quais espécies não nativas alcançam novos ambientes através da atividade humana são muito mais diversos quando comparados com os processos de colonização natural (Lockwood et al., 2007). Quando uma área é recolonizada após eventos de destruição (por exemplo, erupções vulcânicas), as espécies colonizadoras são de populações próximas e é possível realizar predições, baseadas na prevalência de correntes de água ou vento. Diferentemente, a escala geográfica dos meios de transporte modernos é muito mais ampla, permitindo que uma espécie seja transportada de um lado a outro do globo em horas, e não mais em meses ou anos. O grupo de espécies/organismos que podem ser transportados através da atividade humana é ecologicamente mais variado do que aquele que pode se dispersar a longas distâncias por meios naturais. A dispersão a longas distâncias depende de características adaptativas específicas do organismo; por exemplo, a dispersão de uma planta por correntes oceânicas depende de sua estrutura para flutuar na água, resistir à salinidade e permanecer viável por longos períodos de tempo sob condições desfavoráveis.

Entretanto, sementes de uma planta transportadas em aviões não necessitam apresentar nenhuma dessas características (Lockwood et al., 2007). Nem todos os ecólogos concordam que as invasões mediadas pela atividade humana sejam fundamentalmente diferentes das colonizações por meios naturais. Sem dúvida, o transporte de organismos mediado pela atividade humana é mais rápido, mais dinâmico e normalmente envolve uma escala geográfica mais ampla do que as colonizações naturais. Embora ainda seja necessário conhecer muito sobre os processos de colonização naturais e os intercâmbios bióticos paleontológicos, as taxas e as escalas dos eventos de colonização relacionados à atividade humana são bastante distintas, o que vem provocando impacto muito negativo.

A introdução de espécies não nativas através da atividade humana pode ser intencional ou não. As introduções intencionais referem-se ao movimento de organismos para uma nova área, com um propósito específico, por exemplo, a importação de plantas ornamentais ou outras plantas a serem cultivadas, animais de estimação, animais e plantas importados com fins científicos e/ou conservacionistas, ou agentes de controle biológico. As introduções não intencionais ocorrem como produto secundário (subproduto) do transporte de outros bens; organismos podem ser transportados como "carona", sobre ou dentro de outras espécies não exóticas, dentro de cargas ou junto a material de embalagens (Lockwood et al., 2007).

2.6.4. Pressão do propágulo e estabelecimento de espécies não nativas

O conjunto de indivíduos liberados em um ambiente não nativo representa um propágulo. A probabilidade de estabelecimento de uma população não nativa em um novo ambiente depende de diversos fatores: 1) tamanho do propágulo, isto é, número de indivíduos liberados; quanto maior o número de indivíduos liberados em uma área, maior a probabilidade de a população incipiente sobreviver a eventos estocásticos inevitáveis; em baixas densidades, indivíduos das populações incipientes poderão ter dificuldades em encontrar um par para se reproduzir, atrair polinizadores etc.; o "efeito Allee" refere-se ao limiar inferior mínimo para a sobrevivência de uma espécie; o aumento do tamanho do propágulo pode levar à superação desse efeito; são raros os registros de estabelecimento de espécies a partir de propágulos muito pequenos (Memmott et al., 2005), embora isso dependa das características da história de vida da espécie (Lockwood et al., 2005); 2) número de propágulos, isto é, número de localidades onde os indivíduos são liberados; 3) saúde/viabilidade do propágulo, isto é, condições fisiológicas desses indivíduos. O conjunto desses fatores, o que se denomina "pressão do propágulo", é decisivo no sucesso do estabelecimento das espécies em novos ambientes. O ciclo de vida das espécies liberadas em novos ambientes e o *status* da comunidade nativa influenciam fortemente o tamanho do propágulo necessário para o estabelecimento (Lockwood et al., 2007).

A região de origem do propágulo, ou região "doadora", pode afetar as condições fisiológicas dos indivíduos que o formam. A condição dos indivíduos pode variar de modo substancial ao longo de sua distribuição geográfica. Regiões doadoras com recursos marginais limitados proverão propágulos em más condições, os quais poderão não sobreviver ao transporte ou terão pouca chance de estabelecer uma população viável no novo ambiente. De modo similar, a densidade da população na região doadora é importante para o sucesso do estabelecimento, pois está relacionada ao tamanho do propágulo. As regiões de populações densas provavelmente proverão propágulo com maior número de indivíduos. A influência da região doadora sobre a pressão do propágulo pode explicar por que subitamente uma espécie não nativa pode se estabelecer em uma região onde antes não havia se estabelecido. A explicação pode estar em parte relacionada à mudança do vetor ou via de ingresso, isto é, à região doadora do propágulo. Um novo vetor/via de ingresso pode transportar propágulos maiores, mais saudáveis/viáveis ou mais bem adaptados ao ambiente que os anteriores (Lockwood et al., 2007). A extinção de uma população não nativa incipiente pode ser revertida através do influxo da chegada de novos propágulos da mesma região doadora ou de outra.

A pressão do propágulo também interage com a resistência biótica e abiótica, o que pode resultar em diferenças no número de espécies não nativas encontradas em diferentes comunidades. De acordo com D'Antonio et al. (2001), algumas comunidades são mais resistentes que outras a invasões, dependendo de fatores bióticos e abióticos, como distúrbios e interação entre espécies. A resistência das comunidades pode variar ao longo do tempo, dependendo de padrões climáticos ou manejo. Em comunidades nas quais a resistência é alta, um número relativamente maior de indivíduos de uma população não nativa deve ser liberado para que esta possa se estabelecer. Em contraponto, se a resistência da comunidade é baixa, a liberação de poucos indivíduos é suficiente para o estabelecimento da espécie. O autor também aponta que qualquer comunidade pode ser invadida, dado determinado momento e pressão de propágulo. Uma vez que uma espécie não nativa se estabeleça em uma comunidade, sua resistência pode diminuir e ela pode tornar-se mais suscetível a novas invasões.

É consenso entre ecólogos que trabalham com invasões biológicas que os distúrbios do ambiente facilitam as invasões. O conceito de distúrbio seria "qualquer evento relativamente discreto que leve a uma ruptura na estrutura dos ecossistemas, das comunidades ou das populações e altere a disponibilidade de recursos e substratos, ou o ambiente físico" (White; Pickett, 1985). A maioria das espécies invasoras é encontrada em áreas com distúrbios provocados pela atividade humana (Elton, 1958), pois abrem "janelas para invasões" (Johnstone, 1986) que espécies não nativas podem ocupar e têm sido consideradas precursoras para o estabelecimento dessas espécies.

Os distúrbios estão associados sobretudo a estas atividades humanas: 1) agricultura, com a adição de fertilizantes e o uso de pesticidas químicos; 2) abertura de estradas e construção de barragens; 3) casas ou outras construções. Há poucos exemplos de espécies nativas que evoluíram de modo a responder à oportunidade desses distúrbios exógenos. O efeito positivo da agricultura sobre o estabelecimento de espécies não nativas pode ser frequentemente observado ao longo de extensas paisagens. Um exemplo é o da aroeira-mansa, *Schinus terebinthifolius* Raddi, uma Anacardiaceae pioneira nativa do Brasil que forma extensas monoculturas em áreas agrícolas abandonadas dos Everglades, Flórida, Estados Unidos. As áreas naturalmente alagadas dos Everglades foram alteradas no início do século XX por fazendeiros que aumentaram a profundidade do solo quebrando rochas superficiais calcáreas e, em seguida, adicionaram periodicamente fertilizantes (aumentando a concentração de fósforo em três vezes, a de zinco em seis vezes e a de cobre em dez vezes) para incrementar o crescimento dos vegetais. Essas condições favoreceram as espécies que puderam tirar vantagem do excesso de nutrientes. A maioria das plantas nativas dos Everglades pode crescer nessas condições; entretanto, a aroeira-mansa foi mais competitiva, ocupando totalmente o ambiente enriquecido (Li; Norland, 2001).

2.6.5. Impacto ecológico de espécies não nativas

O impacto de espécies não nativas sobre espécies nativas ou ambientes naturais deve ser considerado em seus diversos níveis de organização: genético, individual, populacional, sobre comunidades, ecossistemas, global (Lockwood et al., 2007), abordados a seguir.

Impacto genético

O impacto genético de espécies não nativas é difícil de documentar, pois requer a utilização de técnicas especializadas, como as de genética molecular.

Entretanto, quando esse impacto é documentado, normalmente é profundo (Rhymer; Simberloff, 1996). O efeito genético das espécies invasoras é definido como alterações no *pool* genético de espécies nativas através de hibridização ou introgressão (Krueger; May, 1991). Hibridização refere-se ao cruzamento de indivíduos de espécies distintas ou, de modo ocasional, de populações geneticamente distintas. Os descendentes desse cruzamento podem ou não ser estéreis. Quando são, isto leva à redução de reprodução da espécie nativa. Quando não são, podem competir com os parentes nativos e reduzir sua sobrevivência ou reprodução. Híbridos não estéreis também podem retrocruzar, levando à introgressão, o que produz fluxo gênico entre espécies. O impacto, nesse caso, deve-se sobretudo à combinação do vigor do híbrido e do cruzamento preferencial dos híbridos com os parentes invasores. Isso pode ocasionar a perda da integridade genética e a extinção dos genótipos nativos, mesmo que seja de um gene a cada geração (Lockwood et al., 2007). Problemas relacionados à hibridização de espécies não nativas e nativas ocorrem quando os híbridos têm adaptação (*fitness*) tanto reduzida quanto melhorada.

Há vários exemplos de hibridização entre populações nativas e invasoras. Um deles, bem documentado, é o do pato-real, *Anas platyrhynchos* L., e vários de seus parentes do mesmo gênero de distribuição restrita. O pato-real apresenta ampla distribuição nativa no hemisfério Norte. A espécie foi domesticada e é utilizada como alimento; por isto, é transportada e liberada intencionalmente em diversas localidades, incluindo Nova Zelândia, Havaí e Austrália. Nessas localidades entrou em contato com espécies nativas – o pato-negro da Austrália, *A. superciliosa rogersi* Mathews; o pato-cinza da Nova Zelândia, *A. superciliosa superciliosa* Gmelin; e o pato-havaiano, *A. wyvilliana* Sclater. Essas populações nativas e o pato-real cruzaram, produzindo descendentes férteis. A primeira geração híbrida cruzou com a população parental, mas, como a população introduzida de patos-reais era muito mais numerosa do que a das espécies nativas, houve uma redução significativa destas últimas populações, as quais estão seriamente ameaçadas (Rhymer et al., 1994; Lockwood et al., 2007). Entre peixes, pode-se citar o caso da truta arco-íris, *Oncorhynchus mykiss* (Richardson), nativa da América do Norte e introduzida nos diversos continentes, em introgressão com espécies cogenéricas endêmicas (Lockwood et al., 2007).

Impacto individual

O impacto individual de espécies não nativas sobre nativas pode ocasionar mudanças na viabilidade ou nas características dos indivíduos que, normalmente, são fáceis de mensurar. Alguns exemplos são alterações morfológicas, comportamentais ou taxas demográficas de espécies nativas em resposta a predadores ou competidores introduzidos (Parker et al., 1999). Um exemplo de alteração comportamental relacionada à presença de espécie não nativa é o da borboleta monarca *Danaus plexippus* L., nativa da América do Norte. Ela era especializada para oviposição e alimentação das lagartas em asclépias comuns, *Asclepias syriaca* L. Com a introdução da planta invasora *Vincetoxicum rossicum* (Kleop.), começou-se a observar que as borboletas ovipositavam também na planta invasora. As populações da monarca já vinham diminuindo de modo significativo devido a distúrbios ocasionados pela atividade humana e a efeitos da aplicação de pesticidas. A princípio considerou-se que uma planta hospedeira alternativa, como a invasora *V. rossicum*, auxiliaria na estabilização das populações da monarca. Infelizmente, as larvas da monarca não se alimentavam de maneira satisfatória da invasora e não sobreviviam além do primeiro instar (Mattila; Otis, 2003).

Impacto sobre populações

Os impactos populacionais têm sido os mais estudados (Parker et al., 1999), provavelmente devido à maior facilidade de levantamento de tamanhos, distribuição e estruturas etárias populacionais. O impacto mais severo que espécies não nativas podem ter sobre populações nativas é a extinção. Os efeitos mais comuns são competição do invasor com as espécies nativas por recursos críticos, predação sobre as espécies nativas, inibição física do crescimento ou reprodução.

Algumas espécies invasoras podem ter sérios impactos sobre populações nativas. A centáurea, *Centaurea maculosa* Lam., é uma planta nativa da Eurásia e é provável que tenha sido introduzida acidentalmente na América do Norte no início do século XX, como semente contaminante junto às sementes de culturas importadas. As raízes dessa planta produzem uma substância química que retarda o crescimento das plantas nativas, o que lhe dá vantagens competitivas na utilização de recursos do solo (Kelsey; Locken, 1987). Atualmente, essa planta infesta áreas extensas de regiões semiáridas em estados do noroeste dos Estados Unidos. Em Montana, a *C. maculosa* está tomando áreas antes ocupadas pela planta endêmica *Arabis fecunda* Rollins, que apresenta distribuição restrita a áreas de solos calcários das Montanhas Rochosas (Lockwood et al., 2007).

O impacto de invasores predadores sobre espécies nativas é o mais discutido, provavelmente devido aos devastadores efeitos em sistemas insulares em que a fauna nativa é suscetível. Por exemplo, ratos invasores estão colocando em perigo a tuatara (*Sphenodon* spp.), um réptil semelhante a um lagarto endêmico de algumas ilhas da Nova Zelândia. Nos últimos duzentos anos, populações da tuatara desapareceram das principais ilhas (Atkinson; Moller, 1990). Em oito ilhas nas quais ocorre o rato do Pacífico, *Rattus exulans* (Peale), observou-se que as populações de tuatara declinaram de maneira brusca, levando conservacionistas a relacionar a presença do rato invasor ao declínio das tuataras (Lockwood et al., 2007).

Um exemplo interessante de impacto físico de espécies invasoras sobre nativas é o dos mexilhões-zebra invasores, *Dreissena polymorpha* (Pallas), e do mexilhão-dourado, *Limnoperna fortunei* (Dunker), os quais aderem a substratos duros, incluindo conchas de bivalves nativos. Ambos os invasores levaram a declínio de densidade de mexilhões nativos da família Unionidae devido à sobreposição física (Lockwood et al., 2007). Herbert et al. (1991) documentaram mais de dez camadas do mexilhão-zebra sobre um único Unionidae nos grandes lagos.

Impacto sobre comunidades

Quando espécies invasoras causam impacto a mais de uma espécie nativa, podem ocasionar mudanças substanciais na composição das comunidades. Em alguns casos, o invasor causa impacto em todo o conjunto de espécies nativas, levando-as à extinção. Um exemplo clássico é o da introdução da perca-do-nilo, *Lates niloticus* L., espécie piscívora, no Lago Vitória, em 1950, por britânicos, e a subsequente perda de elevado número de espécies nativas de peixes ciclídeos (Cichlidae). Nos anos 1980, cerca de duzentas espécies nativas de ciclídeos desapareceram completamente do Lago Vitória (Witte et al., 1992).

Impacto sobre ecossistemas

Mudanças em tamanhos populacionais, comportamento de indivíduos ou estruturas de comunidades podem alterar o regime típico e o fluxo de material através de um ecossistema. Em geral, um invasor que utiliza grande variedade de recursos pode alterar processos em ecossistemas. Por exemplo, os mexilhões-zebra alteram a disponibilidade de nitrogênio, fósforo e carbono para as outras espécies, ao filtrarem grandes quantidades de água através de seu trato digestivo. Com isso, observa-se aumento da disponibilidade de nitrogênio e fósforo na coluna de água e de carbono da superfície para a zona bentônica (Gardner et al., 1995).

Impacto global

Ganhos e perdas na riqueza de espécies associadas a processos de invasão não estão igualmente distribuídos entre os grupos de organismos. Espécies que coexistem com humanos e são beneficiadas por mudanças ambientais associadas à atividade humana apresentam maior probabilidade de serem transportadas e sobreviver em novos ambientes. Por outro lado, as espécies endêmicas que são mais suscetíveis ao impacto humano ou de novos competidores, predadores ou patógenos apresentam probabilidade de reduzir e entrar em extinção. Com isso, alguns grupos de espécies estão se tornando raros e outros grupos estão se tornando mais numerosos. A perda de espécies endêmicas e o aumento da disseminação de invasoras estão provocando um aumento da similaridade na flora e na fauna em diversas regiões do planeta.

Esse fenômeno, previsto por Elton (1958), tem sido denominado homogeneização biótica McKinney & Lockwood (1999). O processo nem sempre é aparente, por não ser rápido (Marchetti et al., 2006). A escala de tempo em que se detectam invasões é muito mais veloz do que a escala das extinções, em que os declínios populacionais podem ser lentos e demorar gerações para serem detectados (Lockwood et al., 2007). Estudos recentes têm demonstrado a ocorrência de homogeneização biótica em escala espacial, mas os efeitos desse fenômeno são igualmente importantes em escalas menores, isto é, através do aumento de similaridade entre habitats e simplificação da função e estrutura dos ecossistemas (Lambdon et al., 2008). Alguns ecólogos predizem que, à medida que o número de invasores potenciais aumenta e a disponibilidade de áreas naturais não alteradas declina, a poluição biológica por invasores exóticos pode tornar-se uma das principais causas da desintegração ecológica (WRI, 2001).

2.7. MUDANÇAS CLIMÁTICAS E ESPÉCIES INVASORAS

Embora ecólogos venham estudando em separado mudanças climáticas e invasões, há uma clara sobreposição entre os temas, relacionada ao papel dos distúrbios sobre as invasões, pois as mudanças climáticas também provocam alterações no ambiente. O aumento do CO_2 e do nitrogênio atmosféricos, o qual vem ocorrendo em decorrência das mudanças climáticas, também leva ao aumento da disponibilidade de carbono e nitrogênio nos ambientes e altera a temperatura e a disponibilidade de água (Dukes, 2000). Esses elementos são críticos para o crescimento vegetal. Alterações nas comunidades de plantas irão alterar todos os outros grupos de organismos, como insetos e fungos.

Comunidades em latitudes muito baixas ou muito altas podem ser particularmente suscetíveis a invasões biológicas de espécies adaptadas a climas mais quentes no cenário do contínuo aquecimento global. Essa situação pode ser crítica, considerando que o número de espécies que podem estender sua distribuição a áreas de clima mais frio é bastante superior ao número das que não podem. De um modo geral, as comunidades em regiões dos extremos sul ou norte do planeta apresentam número inferior de espécies, quando comparadas às comunidades das regiões tropicais e subtropicais. É possível que, com o aquecimento global, as áreas que apresentavam climas extremos venham a ter grande aumento em riqueza de espécies (Sax et al., 2002).

É possível investigar como as alterações climáticas podem afetar a distribuição de espécies não nativas através da modelagem do controle ambiental sobre os limites da distribuição atual das espécies e, então, projetar como esses limites de distribuição podem ser alterados em cenários de mudanças climáticas. O conceito utilizado para essa abordagem é o de delimitar nichos ecológicos de uma espécie utilizando informações das variáveis climáticas de sua área de ocorrência natural.

2.7.1. Interações bióticas e estabelecimento de espécies invasoras

O mecanismo mais estudado para a relação entre resistência à invasão e diversidade de espécies é o da exclusão competitiva, que prediz que duas espécies não podem compartilhar o mesmo nicho (por exemplo, alimento) sem que uma das duas seja eventualmente extinta (Hutchinson, 1959). Segundo Elton (1958), interações competitivas agem como uma barreira contra as invasões. Com mais espécies nativas em uma comunidade, há mais nichos já ocupados. Invasores que tenham sobreposição de habitats e recursos com espécies nativas provavelmente não irão se estabelecer.

Esse tipo de interação pode ser observado em exemplos empíricos de espécies não nativas que conseguem se estabelecer em habitats com menor número de espécies, mas falham no estabelecimento em habitats adjacentes com maior número de espécies (Lockwood et al., 2007). Um exemplo dessa interação são os resultados apresentados por Simberloff et al. (2002) sobre a avaliação da ocorrência de nove espécies de pinheiros não nativos (consideradas as mais comuns como invasoras, globalmente) em florestas nativas e áreas adjacentes da Ilha Vitória, Patagônia, Argentina. Os autores constataram ausência de árvores adultas das espécies não nativas na floresta, apesar de fortes evidências de que essas árvores podiam se reproduzir naquelas condições climáticas e da presença de plântulas e adultos estabelecidos em campos cultivados ou limpos na ilha.

Outras interações negativas, como predação, parasitismo ou herbivoria, podem ter papel tão importante quanto a competição no estabelecimento de espécies não nativas. Essas interações têm efeito mais forte na sobrevivência do que a competição, portanto suas contribuições são mais rapidamente observáveis. Além de espécies nativas, outras espécies invasoras também podem impedir o estabelecimento de espécies não nativas através de predação/parasitismo/herbivoria (Lockwood et al., 2007).

A ausência de um parceiro mutualista pode impedir o estabelecimento e a disseminação de uma espécie não nativa em uma nova área, em especial quando se trata de um mutualista obrigatório. Por definição, uma relação de mutualismo obrigatório envolve duas espécies que coevoluíram, de modo que a presença de uma é necessária para a persistência da outra. Desse modo, se uma espécie não nativa é introduzida em sua área de origem sem o mutualista obrigatório, provavelmente não irá estabelecer uma população autossustentável. O mutualismo obrigatório entre figueiras (*Ficus* spp.) e vespas do figo é um bom exemplo desse fenômeno. O gênero *Ficus* apresenta cerca de 750 espécies, distribuídas em áreas tropicais e subtropicais. Com raras exceções, cada espécie é polinizada exclusivamente por uma espécie de vespa da família Agaonidae. Estas vespas põem seus ovos dentro das flores das figueiras, formam galhas nos ovários florais, onde se desenvolvem as formas imaturas, e, logo após a emergência, copulam entre si.

A reprodução das figueiras e das vespas polinizadoras, portanto, é completamente dependente dessa interação (Nadel et al., 1992). Mais de sessenta espécies de figueiras foram introduzidas na Flórida, onde ocorrem duas espécies nativas de *Ficus* e duas de vespas do figo. Não há evidências de que as vespas nativas da Flórida possam se reproduzir nas demais sessenta espécies de figueiras introduzidas. Desse modo, não surpreende que nenhuma das espécies de figo não nativas introduzidas na Flórida não tenha se reproduzido, mesmo após décadas de sua introdução.

Teorias sugerem que as espécies que requerem mutualistas apresentam menor probabilidade de estabelecimento/disseminação, enquanto espécies que podem completar seu ciclo de vida de modo independente de outras espécies tendem a ter sucesso no estabelecimento (Lockwood et al., 2007). É importante salientar que as interações bióticas apresentadas podem influenciar o estágio de disseminação após o seu estabelecimento, mas não são responsáveis, de modo isolado, por evitar que espécies não nativas possam sobreviver ou se reproduzir (Lockwood et al., 2007).

2.7.2. Vetores de bioinvasões relevantes e medidas preventivas

Na atualidade, o principal vetor de introdução de espécies invasoras em ambientes aquáticos, especialmente costeiros, é a água de lastro. Já a principal ameaça para as florestas é o transporte acidental de insetos através da importação de produtos florestais ou em embalagens comerciais de madeira. Entre as formas de introduções intencionais que têm resultado em maior número de bioinvasões inclui-se a importação de plantas ornamentais.

Os navios carregaram lastro sólido, na forma de pedras, areia ou metais, por séculos. As espécies carregadas em meio ao balastro sólido incluem insetos, plantas, minhocas e diversos outros organismos. Rhoades e Klein (1993) mencionaram que 81 espécies de plantas não nativas encontradas na Pensilvânia, Estados Unidos, de meados ao final dos anos 1800, apresentavam-se unicamente em balastro descarregado ao redor da cidade portuária da Filadélfia; essas plantas eram nativas da região do Mar Mediterrâneo, da África e da América do Sul. Vazquez e Simberloff (2001) também verificaram que a maioria dos insetos introduzidos nos Estados Unidos nesse período foi transportada por solo de balastro. Nos tempos modernos, as embarcações passaram a usar a água como lastro, o que facilita bastante a tarefa de carregar e descarregar um navio, além de ser mais econômico e eficiente do que o lastro sólido. Quando um navio está descarregado, seus tanques recebem água de lastro para manter a estabilidade, o balanço e a integridade estrutural; quando ele é carregado, a água é lançada ao mar.

Carlton (2001) estimou que mais de 7 mil espécies marinhas diferentes podem ser transportadas e liberadas a cada dia, em todo o mundo, em água de lastro. Se essa estimativa estiver correta ou próxima, a água de lastro compete com a importação intencional de plantas e animais domésticos como os mais importantes vetores de bioinvasões na atualidade. Os tanques dos balastros dos navios cargueiros são enchidos de água no porto de origem e esvaziados no porto de chegada. A água de lastro desses navios pode conter grande diversidade de organismos planctônicos (bactérias, vírus, estágios de dispersão larval de organismos marinhos), nectônicos ou bentônicos. Apesar da alta mortalidade desses organismos durante o carregamento e o transporte (danos físicos, mudanças de condições físicas e predação no interior dos tanques, não disponibilidade de alimento etc.) e de liberação de sobreviventes em mau estado, o número de organismos marinhos não nativos introduzidos através de água de lastro sugere que elevado número de indivíduos sobrevive ao processo (Wonham et al., 2001, citado em Lockwood et al., 2007).

A troca oceânica da água de lastro é o único procedimento atualmente disponível em larga escala para reduzir o risco epidemiológico e ambiental dos deslastramentos, sendo recomendado pela Organização Marítima Internacional (IMO), instituição responsável pela gestão e pelo controle do transporte marítimo no mundo. O método baseia-se em duas premissas: a concentração de organismos é, via de regra, muito mais baixa em alto-mar do que em áreas costeiras e a probabilidade de sobrevivência de espécies oceânicas na região dos portos, tanto na costa quanto em águas interiores, é muito pequena ou virtualmente nula. O Brasil participa de um projeto de âmbito global intitulado Programa Global de Gerenciamento de Água de Lastro (Globallast), criado pela IMO, no qual se tem discutido o manejo da água de lastro para evitar a introdução de espécies exóticas na costa brasileira, bem como em águas interiores. Ainda não foi elaborada uma lei nacional pertinente no Brasil.

Por esse motivo, acata-se a nova convenção da IMO (Resolução A.868(20)-1997), a qual orienta que a troca da água de lastro deve ser realizada de preferência em alto-mar, no mínimo a 200 milhas da costa ou a 200 metros de profundidade. A distância pode cair para 50 milhas caso o navio, por algum motivo, não consiga executar a disposição anterior. A troca da água de lastro deve ser realizada ao menos três vezes, permitindo que se alcance cerca de 95% de eficiência. Se houver indícios de algum tipo de emergência devido à contaminação, a convenção garante ao país a adoção de medidas de segurança suplementares, como a indicação de áreas específicas para troca da água. Na última década, um vetor de espécies invasoras que chamou a atenção mundial foi o de produtos derivados de madeira utilizados para suporte e embalagens de madeira, por serem importantes veículos de dispersão de organismos em diversas regiões do mundo.

Um volume muito grande de embalagens e suportes de madeira tem sido deslocado de um local para outro no comércio mundial, no formato de paletes, aglomerados, blocos de embalagens, engradados, almofadas de estiva, tambores, carretéis, trilhos e outros. Apenas nos Estados Unidos, 2 bilhões de paletes são usados diariamente na embalagem de produtos alimentícios; em produtos comercializados, que correspondem a 1,7 trilhão de dólares no ano de 1999, foram utilizados embalagens e suportes de madeira (Oliveira et al., 2008). Insetos altamente destrutivos, com capacidade de atacar também madeira viva e de permanecer até vinte anos em diapausa, passaram a ser detectados em novas áreas, provocando grande impacto ambiental tanto nos ecossistemas urbanos como nos florestais (Oliveira et al., 2001b). O besouro asiático *Anoplophora glabripennis* (Motschulsky), ao ser introduzido nos Estados Unidos, chamou a atenção para a problemática do trânsito da madeira e de seus subprodutos, como embalagens e suportes de madeira, não só para aquele país, mas também para outras regiões (Oliveira et al., 2008).

A Norma Internacional para Medidas Fitossanitárias (NIMF) nº 15, aprovada pela IPPC, estabelece as diretrizes para regulamentar as embalagens de madeira utilizadas no comércio internacional, no transporte de produtos de exportação e importação. No Brasil, o órgão responsável pela fiscalização/implementação da NIMF nº 15 é o Ministério da Agricultura, Pecuária e Abastecimento (Instrução Normativa nº 4, de 6 de janeiro de 2004, Mapa). Essa norma tem o propósito de reduzir o risco de introdução e/ou dispersão de pragas quarentenárias relacionadas com embalagens de madeira (incluindo madeira de peação), fabricadas com madeira bruta, conífera e não conífera, utilizada no comércio internacional. Os produtos regulamentados são paletes, madeiras de peação, engradados, bloquetes, caixas, calços, cantoneiras etc. Embalagens de madeira fabricadas e a totalidade de produtos derivados de madeira industrializada, tais como aglomerados, compensados ou qualquer outra madeira na qual, em sua fabricação, seja utilizada a mistura de cola, calor e pressão, não são considerados de risco. Entre as medidas preventivas incluem-se os tratamentos térmicos (56 °C por 30 minutos no centro da peça) e a fumigação com brometo de metila.

As plantas ornamentais estão entre os grupos de organismos que, com maior frequência, têm se tornado EIEs em diversos países, disseminando-se de áreas urbanas, onde são comumente introduzidas devido ao seu valor estético, para áreas naturais ou sistemas de produção agroflorestal. Assim como outras pragas, podem ocasionar sérios prejuízos ambientais e socioeconômicos. A disseminação de plantas invasoras tem causado perdas da ordem de 35 bilhões de dólares por ano para a economia dos Estados Unidos. Mais de 50% de todas as plantas invasoras e 85% das espécies florestais invasoras foram originalmente introduzidas para uso ornamental e paisagismo. As principais características que favorecem o potencial invasor dessas plantas são: rápida propagação, resistência a condições climáticas extremas e a pragas, adaptação a diferentes habitats e difícil controle. Considerando-se que não é possível proibir a utilização de plantas ornamentais não nativas e que os métodos utilizados na atualidade para controlar sua disseminação são ineficientes, caros e causam problemas ambientais, estão sendo realizadas pesquisas para o desenvolvimento de cultivares estéreis de espécies ornamentais comumente comercializadas. Além disso, vem sendo incentivada a utilização de espécies nativas que não apresentam características de invasoras (Li et al., 2004; Abbey, 2007).

Uma primeira barreira que pode ser adotada para prevenir bioinvasões, no caso de introduções intencionais de espécies exóticas, é a análise rigorosa dos riscos da introdução, mesmo sendo muitas vezes difícil predizer o potencial invasor de um organismo. Na Nova Zelândia, onde cerca de 50% da flora já é exótica (Heywood, 1989), tem sido adotado o princípio da precaução, proibindo-se a importação de espécies exóticas, exceto algumas poucas listadas como benéficas. Na maioria das nações, porém, é proibida unicamente a importação de espécies consideradas invasoras. No caso de invasões não intencionais, as medidas preventivas englobam um sistema de quarentena e legislações específicas que visam limitar o fluxo de espécies potencialmente invasoras através do comércio, transporte, aquicultura, agricultura, criação de animais domésticos e turismo.

2.8. PREDIÇÃO DA ENTRADA E DO ESTABELECIMENTO DE ESPÉCIES INVASORAS EXÓTICAS

As espécies invasoras podem causar sérios danos aos sistemas produtivos e ao meio ambiente. Por isso, é importante que os pesquisadores que vêm se dedicando ao estudo de bioinvasões apontem as características biológicas e/ou comportamentais que favorecem o caráter invasor de uma espécie. O conhecimento destas características permitiria predizer o risco de colonização e a probabilidade de estabelecimento de uma espécie em novas áreas. Embora não exista um consenso sobre as características que realmente têm valor preditivo, alguns atributos biológicos foram identificados ao se investigar o caso de diversas espécies que alcançaram grande sucesso de dispersão em novos ambientes. Por exemplo, os organismos associados a atividades humanas apresentam maiores possibilidades de invadir novas áreas geográficas; da mesma forma, os organismos que são muito abundantes e têm ampla área de distribuição geográfica nativa podem se estender com maior pressão de propágulo. Por fim, a probabilidade de estabelecimento será simplesmente maior no caso das espécies que possuem fecundidade mais elevada e períodos de geração mais curtos. Essas espécies mostram grande capacidade de crescimento populacional, o que é muito favorável à colonização de novos ambientes e à competição frente às espécies nativas.

Os pesquisadores que trabalham com processos de bioinvasões também procuram conhecer os habitats mais vulneráveis e as características que tornam um ambiente mais sensível e favorável a sofrer a invasão de um organismo biológico. De maneira geral, as regiões que apresentam condições climáticas similares àquelas próprias da área nativa e que fornecem recursos nutricionais adequados são mais facilmente colonizadas pelos invasores. Os habitats alterados ou modificados (por exemplo, as áreas agrícolas) também são muito sensíveis, dado que nesses ambientes encontram-se poucos inimigos naturais (predadores ou parasitoides) e competidores. Além disso, em geral, a quantidade e a qualidade do alimento em agroecossistemas são abundantes e adequadas para invasores fitófagos. Um caso particular de invasões biológicas é a introdução intencional de espécies de inimigos naturais exóticos em culturas agrícolas para o controle biológico de pragas, incluindo artrópodes, plantas invasoras e fitopatógenos.

Essa técnica permite reduzir o uso de pesticidas e sua aplicação vem sendo incrementada, sobretudo em países desenvolvidos, dado que é o sistema de manejo de pragas mais sustentável, econômico e respeitoso para com o meio ambiente. Durante muitos anos foram realizadas importações e liberações de organismos exóticos sem avaliação do possível impacto ecológico da chegada de um novo organismo ao ecossistema agrícola. Após alguns casos de efeitos indesejados associados a essas introduções e, sobretudo, após a adoção dos acordos da Convenção sobre Diversidade Biológica na Conferência do Rio de Janeiro, em 1992, ficou evidente a necessidade de regulamentar a importação e o uso de espécies exóticas.

Nessa direção, a União Europeia trabalha atualmente na elaboração de um documento sobre procedimentos e métodos de avaliação do risco ambiental de artrópodes agentes de controle biológico. No futuro, as administrações europeias exigirão das companhias produtoras de inimigos naturais relatórios baseados em estudos rigorosos que garantam a ausência de efeitos negativos não desejados depois das introduções de novas espécies (Babendreier et al., 2005; Bigler et al., 2005). Nos Estados Unidos, é necessário que o Animal and Plant Health Inspection Service (Aphis) examine os potenciais impactos ecológicos dos inimigos naturais antes de eles serem autorizados. Autorizações semelhantes também são exigidas em outros países, como Austrália e Nova Zelândia.

Um requisito fundamental para o sucesso do estabelecimento de uma espécie é que o novo habitat apresente características climáticas similares àquelas do local onde a espécie está adaptada e que sejam adequadas para sua sobrevivência e reprodução. Assim, modelos climáticos e a construção de mapas de distribuição potencial têm sido utilizados há muitos anos para determinar a favorabilidade das regiões para o estabelecimento das espécies invasoras. Os métodos mais simples permitem obter climatogramas, isto é, representações gráficas das características climáticas de diferentes localidades para comparação. Os mais complexos envolvem o uso de programas de informática que manejam diferentes variáveis (Baker et al., 2000).

A distribuição geográfica das espécies é influenciada por muitos fatores, como as condições ambientais, sobretudo a temperatura e a umidade, os acidentes geográficos e a presença e abundância de competidores e predadores. Todos, conjuntamente, modelam a distribuição natural de cada espécie. Algumas linhas de pesquisa têm como objetivo determinar a área potencial que a espécie poderia ocupar se as condições fossem distintas, por exemplo, conhecer a probabilidade de estabelecimento após o transporte de espécies invasoras nocivas para as culturas ou sob cenários de mudança climática. Essas informações são fundamentais para a tomada de decisões referentes ao controle das pragas ou à adoção de medidas de quarentena. Existem muitos métodos para desenhar modelos de distribuição potencial das espécies. A maioria utiliza o conhecimento das características biológicas de determinada espécie para o desenvolvimento de mapas climáticos que predizem novas regiões geográficas que ela poderia ocupar no caso de sua introdução.

Para a construção dos modelos, são necessários três tipos de dados: as localidades onde a espécie foi relatada, as características climáticas de cada localidade e um algoritmo para o manejo dos dados. Quando os dados analisados são projetados sobre um mapa, este mostra as áreas geográficas ecologicamente similares que, em teoria, permitiriam o estabelecimento da espécie. Existem diferentes métodos para a modalização da distribuição potencial das espécies, sendo os mais conhecidos o Climex, o Bioclim e o Garp.

O pacote informático Climex (Sutherst; Maywald, 1985; Sutherst et al., 1991) utiliza um índice de crescimento hidrotermal (GI) para descrever as condições que favorecem o crescimento das populações e quatro índices de estresse ambiental (frio, calor, aridez e umidade) e suas interações para conhecer os efeitos desfavoráveis da temperatura e da umidade. A combinação dos índices de crescimento e os fatores de estresse permitem obter o índice ecoclimático (EI), que descreve a probabilidade de sobrevivência das populações. Valores no EI de 100 a 0 indicam, respectivamente, habitats mais ou menos favoráveis para a espécie. Em momento posterior, os resultados podem ser exportados para uso em um software de Geographic Information System (GIS) e para o desenho dos mapas de distribuição potencial.

O software Climex foi utilizado para predizer a distribuição potencial do ácaro-vermelho do tomateiro, *Tetranychus evansi* Baker (Acari: Tetranychidae), mundialmente, a partir dos dados climáticos das localidades onde foi identificada a espécie e dos requerimentos fisiológicos obtidos em estudos de laboratório (Migeon et al., 2009). Esse ácaro é considerado uma espécie de distribuição neotropical, inadvertidamente introduzida nos Estados Unidos, na África e na Europa. Nas últimas décadas, o ácaro-vermelho tornou- se uma das principais pragas do tomateiro e outras hortaliças (Figura 2.3.) em países da África e do Sul da Europa, dado que apresenta grande capacidade reprodutiva e essas áreas carecem de inimigos naturais da praga. Os resultados da modalização fornecida pelo Climex concordam com os dados da distribuição conhecida, predizem seu estabelecimento em novas áreas geográficas, como Índia, Sudeste da China, costa este da Austrália e América Central, e indicam que sua distribuição é limitada, sobretudo pelo estresse de baixas temperaturas (Migeon et al., 2009).

O Bioclim (Busby, 1991) é outro sistema de predição bioclimática que usa valores das temperaturas máximas e mínimas, chuva, radiação e evaporação

Figura 2.3. Infestação severa em pimentão pelo ácaro-vermelho do tomateiro, *Tetranychus evansi*, invasor na Espanha.

para obter até 35 parâmetros bioclimáticos. O software pode ser utilizado para descrever o ambiente onde a espécie foi relatada, para identificar outras localidades onde pode ocorrer e novas áreas de ocorrência, sob cenários de mudanças climáticas (Beaumont et al., 2005).

O Garp (Genetic Algorithm for Rule-Set Production) é um programa baseado em um algoritmo genético para a criação de modelos de nicho ecológico para espécies (Stockell; Peters, 1999). Os modelos assim desenvolvidos descrevem parâmetros ambientais, tais como precipitação, temperatura e altitude, nos quais a espécie é capaz de sobreviver. O Garp possibilita gerar os possíveis modelos que descrevem o potencial de ocorrência da espécie.

Recentemente, foi lançado o programa openModeller, desenvolvido por pesquisadores do Centro de Referência em Informação Ambiental, Campinas, da Escola Politécnica da USP e do Instituto Nacional de Pesquisas Espaciais, em colaboração com pesquisadores da África do Sul e dos Estados Unidos. Ele é gratuito e está disponível na internet. O programa permite a utilização de diferentes algoritmos (não apenas um, como no caso dos pacotes informáticos anteriores) para a geração de modelos baseados no conceito de nicho ecológico e mapas de distribuição potencial (Muñoz et al., 2011).

2.9. MEDIDAS PARA A ERRADICAÇÃO E O MANEJO DAS POPULAÇÕES INVASORAS

Quando uma espécie exótica potencialmente perigosa é detectada em uma região geográfica, podem ser implementadas medidas para sua erradicação, caso as populações não sejam excessivamente numerosas e as áreas afetadas ainda sejam restritas. Ainda que existam exemplos de sucesso de erradicação, são referidos a casos de uma ou poucas populações invasoras, isto é, na etapa inicial do processo de invasão. Essas medidas, tomadas nos momentos iniciais, são mais eficazes e menos custosas do que aquelas tomadas quando a espécie já está distribuída em uma extensa área geográfica. Nos Estados Unidos, a mosca-do-mediterrâneo, *Ceratitis capitata* (Wiedemann) (Diptera: Tephritidae), uma das principais pragas dos citros no mundo, invadiu, nas últimas décadas, repetidas vezes, os estados da Califórnia, do Texas, da Flórida e as ilhas do Havaí, e foi erradicada com sucesso de todos eles, exceto do Havaí, graças a um eficaz serviço de vigilância na cultura dos citros. As erradicações evitaram perdas estimadas em milhões de dólares (Mitchell; Saul, 1990).

Infelizmente, muitas vezes a detecção ocorre quando a espécie já está estabelecida ou existem muitos focos colonizadores. Neste caso, são necessárias medidas de controle para reduzir a abundância do invasor e impedir sua dispersão a novas áreas. Entre as opções, incluem-se os tratamentos com produtos químicos, a eliminação mecânica e o controle biológico. Na África do Sul, em 1999, gastaram- se cerca de 35 milhões de dólares para o controle de espécies invasoras florestais, as quais, diferentemente das nativas, consumiam grandes quantidades da água do país. Funcionários da instituição governamental Water Programme eliminaram as espécies que representavam problema (WRI, 2001).

No caso da introdução de uma espécie que ainda não ocorra no país, o cenário mais provável é que o invasor não tenha predadores ou parasitoides capazes de reduzir de forma natural suas populações. Uma das estratégias mais empregadas, no caso das pragas agrícolas, é a adoção de programas de controle biológico clássico ou a introdução de inimigos naturais da praga. Com esse objetivo, são procuradas espécies que ocorrem na área de distribuição geográfica original da praga e que são responsáveis pela manutenção de baixos níveis populacionais dela. Um dos programas de controle biológico clássico foi desenvolvido para o controle do ácaro-verde da mandioca, *Mononychellus tanajoa* (Acari: Tetranychidae), uma espécie originária da América do Sul, acidentalmente introduzida nas regiões produtoras da África nos anos de 1970. O ácaro-verde produz danos severos, em especial nas regiões mais secas, e chega a causar uma importante redução na produtividade da cultura. Nos anos de 1980 foi conduzido um programa de introdução de ácaros predadores em diferentes países da África subsahariana. Os predadores foram coletados em áreas da região original da praga, selecionadas pela similaridade climática com as regiões africanas onde haviam sido introduzidos. Dez espécies de predadores foram multiplicadas e liberadas em campo, sendo que *Typhlodromalus aripo* (DeLeon) (Acari: Phytoseiidae) estabeleceu-se com sucesso e foi o responsável por uma redução significativa dos danos causados pelo ácaro-verde da mandioca em uma extensa área geográfica (Yaninek; Hanna, 2003).

Uma combinação de diferentes medidas foi proposta em épocas recentes, na Austrália, para avaliar o controle da planta infestante *Cytisus scoparius* (Leguminosae), espécie nativa da Europa e invasora no Parque Nacional Barrings Top (Odom et al., 2003). A espécie é muito agressiva e pode contribuir para a extinção de espécies nativas australianas, ameaçando a estabilidade dos ecossistemas invadidos. Tradicionalmente, o controle dessas infestantes era realizado com produtos herbicidas, com o risco de contaminação ambiental e toxicidade para outros seres vivos. Nos últimos anos, foram desenvolvidas iniciativas para o seu controle biológico, e um modelo foi desenvolvido para o desenho de estratégias de manejo integrado. O modelo considera a abundância populacional da planta infestante, a eficácia e o custo econômico das medidas de controle e outros aspectos, como a diversidade biológica e o uso recreativo do parque. Recomendações do modelo ajudam na tomada de decisões a cada ano, segundo a densidade populacional alcançada pelo invasor e outras circunstâncias específicas.

REFERÊNCIAS BIBLIOGRÁFICAS

ABBEY, T. M. *Alternatives for invasive ornamental species*. 2004. Disponível em: http://www.caes.state.ct.us/ SpecialFeatures/Native Alternatives.pdf>. Acesso em: 1 mar. 2007.

ABRAMOVITZ, J. N. Sustaining freshwater ecosystems. In: BROWN, L. R. (ed.). *State of the world 1996: a Worldwatch Institute Report on progress toward a sustainable society*. New York: W. W. Norton Company, 1996, p. 60-77.

AGÊNCIA DE DEFESA AGROPECUÁRIA DO ESTADO DO CEARÁ – ADAGRI. *Cochonilha-do-carmim:* histórico. Disponível em: http://www2.adagri.ce.gov.br/Docs/cochonilha-historico.pdf>. Acesso em: 28 fev. 2010.

AGÊNCIA DE DEFESA E FISCALIZAÇÃO AGROPECUÁRIA DE PERNAMBUCO – ADAGRO. *Cochonilha do carmim*. Disponível em: http://www.portais.pe.gov.br/web/adagro/cochonilhacarmim>. Acesso em: 28 fev. 2010.

AGUILAR, L.; MILLER, J. Y.; SARTO Y MOTEYS, V. A new lepidopteran family for the European fauna. *SHILAP Revista Lepidopterologia*, v. 29, p. 86-7, 2001.

AMBIENTE BRASIL. *Ibama declara guerra ao caramujo-gigante-africano no Brasil*. 2005. Disponível em: http://noticias.ambientebrasil.com.br/noticia/?id=20635. Acesso em: 28 fev. 2010.

ASPEN GLOBAL CHANGE INSTITUTE – AGCI. *Biological invasion as a global change:* about the workshop, overview & relevance, 1994. Disponível em: http://www.agci.org/programs/past_scientist_workshops/about_the_workshop/sciSess_details.php?recordID=166>. Acesso em: 28 fev. 2010.

ATKINSON, I. A. E.; MOLLER, H. K. In: KING, C. M. (ed.). *The handbook of New Zealand mammals*. Melbourne: Oxford University Press, 1990, p 175-92.

BABENDREIER, D.; BIGLER, F.; KUHLMANN, U. Methods used to assess non-target effects of invertebrate biological control agents of arthropod pests. *BioControl*, v. 50, p. 821 70, 2005.

BAKER, R. H. A.; SANSFORD, C. E.; JARVIS, C. H.; CANNON, R. J. C.; MACLEOD, A.; WALTERS, K. F. A. The role of climatic mapping in predicting the potential geographical distribution of non-indigenous pests under current and future climates. *Agriculture, Ecosystems and Environment*, v. 82, p. 57-71, 2000.

BASKIN, Y. *A plague of rats and rubbervines:* the growing threats of species invasions. Washington, DC: Shearwater Books/Island Press, 2002.

BEAUMONT, L. J.; HUGHES, L.; POULSEN, M. Predicting species distributions: use of climatic parameters in Bioclim and its impact on predictions of species current and future distributions. *Ecological Modelling*, v. 186, p. 251-70, 2005.

BIGLER, F.; BALE, J. S.; COCK, M. J. W.; DREYER, H.; GREATREX, R.; KUHLMANN, U.; LOOMANS, A. J. M.; VAN LENTEREN, J. C. Guidelines on information requirements for import and release of invertebrate biological control agents in European countries. *Biocontrol News and Information*, v. 26, p. 115-23, 2005.

BOLTOVSKOY, D.; CATALDO, D. Population dynamics of *Limnoperna fortunei* an invasive fouling mollusk in the lower Parana river (Argentina). *Biofouling*, v. 14, p. 255-26, 1999.

BRASIL. Ministério da Agricultura, Pecuária e Abastecimento. *Instrução Normativa nº 52, de 20 de novembro de 2007*. Disponível em: http://extranet.agricultura.gov.br/sislegis-consulta/consultarLegislacao.do?operacao=visualiza r&id=18212>. Acesso em: 28 fev. 2010.

BRASIL. Ministério do Meio Ambiente. *Biodiversidade e florestas:* espécies exóticas invasoras. 2006. Disponível em: http://www.mma.gov.br>. Acesso em: 27 fev. 2006.

BRIGHT, C. *Life out of bounds:* bioinvasion in a bordless world. Washington, DC: Worldwatch Institute, 1998.

BUSBY, J. R. *Bioclim:* a bioclimatic analysis and prediction tool. *Plant Protection Quarterly* 6: 8-9, 1991.

CAPITOLI, R. R.; BEMVENUTI, C. E. Distribuição do mexilhão-dourado *Limnoperna fortunei* (Dunker, 1857) na área estuarina da Lagoa dos Patos e Canal São Gonçalo. In: SIMPÓSIO DE ECOSSISTEMAS BRASILEIROS, 6., 2004, São José dos Campos. *Anais*... São Paulo: Academia de Ciências do Estado de São Paulo, 2004.

CARLTON, J. T. *Introduced species in U.S. Coastal waters:* Pew Oceans Commissions Report. Washington, DC: Pew Oceans Commissions, 2001.

COHEN, A. N.; CARLTON, J. T. Accelerating invasion rate in a highly invaded estuary. *Science*, v. 279, p. 555-8, 1998.

COMMISSION FOR ENVIRONMENTAL COOPERATION – CEC. *Booming economies, silencing economies, and the paths to our future*. 2000. Disponível em: http://www.cec.org/files/english/Trends-e.pdf>. Acesso em: 28 fev. 2010.

CONVENTION ON BIOLOGICAL DIVERSITY – CBD. Alien species that threaten ecosystems, habitats or species. In: CONFERENCE OF THE PARTIES TO THE CONVENTION ON BIOLOGICAL DIVERSITY, 6., 2002. The Hague, Unep/CBD/COP/6/20, p. 54-60, 2002.

CONVENTION ON BIOLOGICAL DIVERSITY – CBD. *List of parties*. Convention on Biological Diversity, 2010. Disponível em: http://www.cbd.int/convention/parties/list/>. Acesso em: 28 fev. 2010.

CROSBY, A. W. *Ecological imperialism:* the biological expansion of Europe, 900-1900. Cambridge: Cambridge University Press, 1986.

D'ANTONIO, C.; LEVINE, J.; THOMSEN, M. Ecosystem resistance to invasion and the role of propagule supply: a California perspective. *Journal of Mediterranean Ecology*, v. 2, p. 233-5, 2001.

DUKES, J. S. Will the increasing atmospheric CO_2 concentrations affect the success of invasive species? In: HOBBS, R. J.; MOONEY, H. A. (eds.). *Invasive species in a changing world.* Washington, DC: Island Press, 2000, p. 95-114.

ELTON, C. S. *The ecology of invasions by animals and plants*. London: Methuen, 1958.

EMPRESA BRASILEIRA DE PESQUISA AGROPECUÁRIA. *Projeto em Rede de Pesquisa em Sanidade Vegetal:* análise e mitigação dos riscos na importação e exportação de produtos agrícolas. Sistema Embrapa de Gestão nº 01 02 1 01, 2002.

FERREIRA, A. B. H. *Novo Aurélio Século XXI:* o dicionário da língua portuguesa. 3. ed. Rio de Janeiro: Nova Fronteira, 1999.

FLECHTMANN, C. H. W.; ETIENNE, J. The red palm mite, *Raoiella indica* Hirst, a threat to palms in the Americas (Acari: Prostigmata: Tenuipalpidae). *Systematic and Applied Acarology*, v. 9, p. 109-10, 2004.

FOOD AND AGRICULTURE ORGANIZATION – FAO. *Biosecurity in food and agriculture*. Rome: Committee on Agriculture. Sixth Session, 2001. Disponível em: http://www.fao.org/DOCREP/ MEETING/003/X9181E.htm>. Acesso em: 7 fev. 2003.

FOOD AND AGRICULTURE ORGANIZATION – FAO. *Guidelines for regulating wood packaging material in international trade*. Secretariat of the International Plant Protection Convention of the Food and Agriculture Organization (FAO) of the United Nations. ISPM n. 15, 2002.

FOOD AND AGRICULTURE ORGANIZATION – FAO. *Glossary of phytosanitary terms*. International Standards for Phytosanitary Measures n. 5. Rome: FAO Secretariat of the International Plant Protection Convention, 2006.

FOSBERG, F. R. Derivation of the flora of the Hawaiian Islands. In: ZIMMERMAN, E. C. (ed.). *Insects of Hawaii*. Honolulu: University of Hawaii Press, 1948, p. 107-19.

GARDNER, W. S.; CAVALETTO, J. F.; JOHENGEN, T. H.; JOHNSON, J. R.; HEATH, R. T.; COTNER, J. B. Effects of zebra mussel, *Dreissena polymorpha*, on community nitrogen dynamics in Saginaw Bay, Lake Huron. *Journal of Great Lake Research*, v. 21, p. 529-44, 1995.

HERBERT, P. D. N.; WILSON, C. C.; MURDOCH, M. H.; LAZAR, R. Demography and ecological impacts of the invading mollusc *Dreissena polymorpha. Canadian Journal of Zoology*, v. 69, p. 405-9, 1991.

HEYWOOD, V. H. Pattern, extents and modes of invasions by terrestrial plants. In: DRAKE, J. A.; MOONEY, H. A.; DI CASTRI, F.; GROVES, R. H.; KRUGER, F. J.; REJMÁNEK, M.; WILLIAMSON, M. (eds.). *Biological invasions:* a global perspective. New York: John Wiley, 1989, p. 31-60.

HUTCHINSON, G. E. Homage to Santa Rosália or why are these so many kinds of animals. *The American Naturalist*, v. 93, p. 145-59, 1959.

INSTITUT NATIONAL DE LA RECHERCHE AGRONOMIQUE – INRA. Palm trees protection method against *Paysandisia archon*. 2009. Disponível em: http://www.international.inra.fr/partnerships/with_the_private_sector/ live_from_the_labs/palm_trees_protection_method_against_paysandisia_archon>. Acesso em: 28 fev. 2010.

INSTITUTO HORUS DE DESENVOLVIMENTO E CONSERVAÇÃO AMBIENTAL. *Achatina fulica*. 2005. Disponível em: http://www.institutohorus.org.br/download/fichas/Achatina_fulica.htm>. Acesso em: 28 fev. 2010.

ITAIPU BINACIONAL. *Mexilhão-dourado*. 2010. Disponível em: <http://www.itaipu.gov.br/index.php?q=node/235>. Acesso em: 28 fev. 2010.

JOHNSTONE, I. M. Plant invasion windows: a time based classification of invasion potential. *Biological Reviews*, v. 61, p. 369-94, 1986.

KELSEY, R. G.; LOCKEN, L. J. Phytotoxic properties of cnicin, a sesquiterpene lactone from *Centaurea maculosa* (spotted knapweed). *Journal of Chemical Ecology*, v. 13, p. 19-33, 1987.

KRUEGER, C. C.; MAY, B. Ecological and genetic effects of salmonid introductions in North America. *Canadian Journal of Fisheries and Aquatic Sciences*, v. 48, p. 66-77, 1991.

LAMBDON, P. W.; LLORET, F.; HULME, P. E. Do non-native species invasions lead to biotic homogenization at small scales?: the similarity and functional diversity of habitats compared for alien and native components of Mediterranean floras. *Diversity and Distributions*, v. 14, p. 774-85, 2008.

LI, Y.; CHENG, Z.; SMITH, W.; ELLIS, D.; CHEN, Y.; ZHENG, X.; PEI, Y.; LUO, K.; ZHAO, D.; YAO, Q.; DUAN, H.; LI, Q. Invasive ornamental plants: problems, challenges, and molecular tools to neutralize their invasiveness. *Critical Reviews in Plant Sciences*, v. 23, p. 381-9, 2004.

LI, Y.; NORLAND, M. The role of soil fertility in invasion of Brazilian pepper (*Schinus terebinthifolius*) in Everglades National Park Florida. *Soil Science*, v. 166, p. 400-5, 2001.

LOCKWOOD, J. L.; CASSEY, P.; BLACKBURN, T. M. The role of propagule pressure in explaining species invasions. *Trends in Ecology and Evolution*, v. 20, p. 223-8, 2005.

LOCKWOOD, J. L.; HOOPES, M. F.; MARCHETTI, M. P. *Invasion ecology*. Oxford: Blackwell, 2007.

LOOPE, L.; MUELLER-DOMBOIS, D. Characteristics of invaded islands, with special reference to Hawaii. In: DRAKE, J. A.; MOONEY, H. A.; DI CASTRI, F.; GROVES, R. H.; KRUYER, F. J.; REJMANEK, M.; WILLIAMSON, M. (eds.). *Ecology of biological invasions*: a global perspective. Chichester: John Wiley, 1989, p. 257-80.

LOPES, E. B.; REMIGIO, F. R.; CORREIA, W. S.; COSTA, C. B.; NETO, F. A.; MENDES, J. B.; LACERDA, J. T. *Cochonilha-do-carmim:* nova praga da palma forrageira no cariri paraibano. 2003. Disponível em: <www.emepa.org. br>. Acesso em: 25 dez. 2003.

LOPES, E. B.; BRITO, C. H.; ALBUQUERQUE, I. C. A.; BATISTA, J. L. Desempenho do óleo de laranja no controle da cochonilha-do-carmim em palma gigante. *Engenharia Ambiental*, v. 6, p. 252-8, 2009.

LOPIAN, R. The International Plant Protection Convention and invasive alien species. In: IPPC SECRETARIAT. *Identification of risks and management of invasive alien species using the IPPC framework*. Proceedings of the workshop on invasive alien species and the International Plant Protection Convention, 2003, Rome.

MACK, R. N. Global plant dispersal, naturalization, and invasion: pathways, modes and circumstances. In: RUIZ, G. M.; CARLTON, J. T. (eds.). *Invasive species:* vectors and management strategies. Washington. DC: Island Press, 2004, p. 3-30.

MANSUR, M. C. D.; DOS SANTOS, C. P.; DARRIGAN, G.; HEYDRICH, I.; CALLIL, C. T.; CARDOSO, F. R. Primeiros dados qualiquantitativos do mexilhão-dourado, *Limnoperna fortunei* (Dunker), no Delta do Jacuí, no Lago Guaíba e na Laguna dos Patos, Rio Grande do Sul, Brasil e alguns aspectos de sua invasão no novo ambiente. *Revista Brasileira de Zoologia*, v. 20, p. 75-84, 2003.

MANSUR, M. C. D.; RICHINITTI, L. M. Z.; DOS SANTOS, C. P. *Limnoperna fortunei* (Dunker, 1857) molusco bivalve invasor na bacia do Guaíba, Rio Grande do Sul, Brasil. *Biociências*, v. 7, p. 147-9, 1999.

MANSUR, M. C. D.; DOS SANTOS, C. P.; PEREIRA, D.; PAZ, I. C. P.; ZURITA, M. L. L.; RODRIGUEZ, M. T. R.; NEHRKE, M. V.; BERGONCI, P. E. A. *Moluscos límnicos invasores no Brasil: biologia, prevenção e controle*. Porto Alegre: Redes, 2012.

MARCHETTI, M. P.; LOCKWOOD, J. L.; LIGHT, T. Urbanization promotes invasion and extinction but not homogenization among California freshwater fishes. *Biological Conservation*, v. 127, p. 310-8, 2006.

MARQUES, R. *A ameaça da aftosa*. 2005. Disponível em: <http://www.universia.com.br/materia/materia. jsp?id=9099>. Acesso em: 28 fev. 2010.

MARSARO JR., A. L.; NAVIA, D.; GONDIM JR., M. G. C.; SILVA, F. R.; MORAES, G. J. Praga: chegou ao Brasil. *Cultivar HF*, ago./set. 2009, p. 31.

MATTILA, H. R.; OTIS, G. W. A comparison of the host preference of monarch butterflies (*Danaus plexippus*) for milkweed (*Asclepias syriaca*) over dog-strangler vine (*Vincetoxicum rossicum*). *Entomologia Experimentalis et Applicata*, v. 107, p. 193-9, 2003.

MCKINNEY, M. L.; LOCKWOOD, J. L. Biotic homogenization: a few winners replacing many losers in the next mass extinction. *Trends in Ecology and Evolution*, v. 14, p. 450-3, 1999.

MCNEELY, J. A.; MOONEY, H. A.; NEVILLE, L. E.; SCHEI, P. J.; WAAGE, J. K. (eds.). *A global strategy on invasive alien species*. Gland, Switzerland: IUCN, 2001.

MEMMOTT, J.; GRAZE, P. G.; HARMAN, H. M.; SYRETT, P.; FOWLER, S. V. The effect of propagule size on the invasion of an alien insect. *Journal of Animal Ecology*, v. 74, p. 50-62, 2005.

MENDONÇA, R. S.; NAVIA, D.; FLECHTMANN, C. H. W. *Raoiella indica* Hirst (Acari: Prostigamata: Tenuipalpidae), o ácaro-vermelho das palmeiras: uma ameaça para as Américas. Brasília, DF: Embrapa Recursos Genéticos e Biotecnologia, 2005. (Documentos, 146).

MIGEON, A.; FERRAGUT, F.; FIABOE, K.; KNAPP, M.; MORAES, G. J.; UECKERMANN, E.; NAVAJAS, M. Modelling the potential distribution of the invasive tomato red spider mite, *Tetranychus evansi* (Acari: Tetranychidae). *Experimental and Applied Acarology*, v. 48, p. 199-212, 2009.

MITCHELL, W. C.; SAUL, S. H. Current control methods for the Mediterranean fruit fly, *Ceratitis capitata*, and their application in the USA. *Review of Agricultural Entomology*, v. 78, p. 924-40, 1990.

MUÑOZ, M. E. S.; DE GIOVANNI, R.; DE SIQUEIRA, M. F.; SUTTON, T.; BREWER, P.; PEREIRA, P. S.; CANHOS, D. A. L.; CANHOS, V. P. openModeller: a generic approach to species' potential distribution modelling. *Geoinformatica*, v. 15, p. 111-35, 2011. DOI: 10.1007/s10707-009-0090-7.

NADEL, H.; FRANK, J. H.; KNIGHT, R. J. Escapees and accomplices: the naturalization of exotic *Ficus* and their associated faunas in Florida. *Florida Entomologist*, v. 75, p. 29-38, 1992.

NATIONAL RESEARCH COUNCIL – NRC. *Predicting invasions of nonindigenous plants and plant pests*. Washington, DC: National Academy Press, 2002.

ODOM, D. I. S.; CACHO, O. J.; SINDEN, J. A.; GRIFFITH, G. R. Policies for the management of weeds in natural ecosystems: the case of scotch broom (*Cytisus scoparius*, L.) in an Australian national park. *Ecological Economics*, v. 44, p. 119-35, 2003.

OLIVEIRA, M. D. *Ocorrência e impactos do mexilhão-dourado Limnoperna fortunei (Dunker, 1857) no Pantanal Mato-grossense*. Corumbá: Embrapa Mato Grosso do Sul, 2003. (Circular Técnica, 38).

OLIVEIRA, M. D.; BARROS, L. F. *Mexilhão-dourado no Pantanal: um problema ambiental e econômico*. Disponível em: <http://ambientes.ambientebrasil.com.br/agua/artigos_agua_doce/mexilhao_dourado_no_pantanal:_um_ problema_ambiental_e_economico.html>. Acesso em: 28 fev. 2010.

OLIVEIRA, M. R. V.; NAVIA, D.; VALOIS, A. C. C.; BATISTA, M. F.; MARTINS, O. M.; TENENTE, R. C. V.; MICHEREFF, M.; MARQUES, A. S. A.; MENDES, M. A. S. *Segurança biológica para o agronegócio e meio ambiente*. Brasília, DF: Embrapa Recursos Genéticos e Biotecnologia, 2008. 293p. 1 CD-ROM.

OLIVEIRA, M. R. V.; NEVILLE, L. E.; VALOIS, A. C. C. *Importância ecológica e econômica e estratégias de manejo de espécies invasoras exóticas*. Brasília, DF: Embrapa Recursos Genéticos e Biotecnologia, 2001a. (Circular Técnica, 8).

OLIVEIRA, M. R. V.; PAULA, S. V.; LOPEZ, A. B.; DIAS, V. S. *Anoplophora glabripennis* (Motchulsky) (Coleptera, Cerambycidae) (besouro chinês): praga da madeira. Brasília, DF: Embrapa Recursos Genéticos e Biotecnologia, 2001b. (Alerta Quarentenário).

PARKER, I. M.; SIMBERLOFF, D.; LONSDALE, W. M.; GOODELL, K.; WONHAM, M. J.; KAREIVA, P. M.; WILLIAMSON, M. H.; VON HOLLE, B.; MOYLE, P. B.; BYERS, J. E.; GOLDWASSER, I. Impact toward a framework for understanding the ecological effect of invaders. *Biological Invasions*, v. 1, p. 3-19, 1999.

PASTORINO, G.; DARRIGAN, G.; MARTIN, S.; LUNASCHI, L. *Limnoperna fortunei* (Dunker, 1857) (Mytilidae), nuevo bivalvo invasor en águas del río de la Plata. Neotropica, v. 39, p. 101-2, 1993.

PEREIRA, N. N.; BRINATI, H. L.; BOTTER, R. C. *Uma abordagem sobre água de lastro*. 2008. Disponível em: <http://www.ipen.org.br/downloads/XXI/083_PEREIRA_NEWTON_NARCISO.pdf>. Acesso em: 28 fev. 2010.

PIMENTEL, D.; LACH, L.; ZUNIGA, R.; MORRISON, D. Environmental and economic costs of nonindigenous species in the United States. *Bioscience*, v. 50, p. 53-65, 2000.

PLATT MCGINN, A. Charting a new course for oceans. In: BROWN, L. R. (ed.). *State of the world 1999:* a Worldwatch Institute Report on progress toward a sustainable society. New York: W. W. Norton Company, 1999. p. 78-83.

PORCELLI, F.; MONFREDA, R.; RICCI, M. S.; STINGI, N.; CARVALHO, C.; PELLIZZARI, G. *Paysandisia archon* (Burmeister, 1880) escapes from nurseries and colonizes large palms in South Italy. 2006. Disponível em: <http://www.eppo.org/QUARANTINE/paysandisia_italy/paysar_details.htm>. Acesso em: 2 abr. 2006.

RAVEN, P. H.; JOHNSON, G. B. *Biology*. 3. ed. St. Louis: Mosby Year Book, 1992.

REJMANEK, M.; RICHARDSON, D. M. Invasiveness of conifers: extent and possible mechanisms. In: MILL, R. R. (ed.). Proceedings of the fourth international conifer conference. *Acta Horticulturae 615*, Wye, v. 1, 2003.

REYNAUD, P.; CHAPIN, E.; HOSTACHY, B.; DRESCHER, J.; BLANCHON, F.; VIDAL, C. Deux nouveaux papillons à l´assaut des palmiers de la Côte d'Azur. *Paysandisia archon* et *Pseudarenipses insularum*. *Phytoma – la défense des végétaux*, v. 550, p. 18-21, 2002.

RHOADES, A. F.; KLEIN, W. M. *The vascular flora of Pennsylvania*: annotated checklist and atlas. Philadelphia, PA : American Philosophical Society, 1993.

RHYMER, J. M.; SIMBERLOFF, D. Extinction by hybridization and introgression. *Annual Review of Ecology and Systematics*, v. 27, p. 83-109, 1996.

RHYMER, J. M.; WILLIAMS, M. J.; BRAU, M. J. Mitochondrial analysis of gene flow between New Zealand mallard (*Anas platyrhynchos*) and grey ducks (*A. superciliosa*). *Auk*, v. 111, p. 970-8. 1994.

SAX, D. F.; GAINES, S. D.; BROWN. J. H. Species invasions exceed extinctions on islands worldwide: a comparative study of plants and birds. *The American Naturalist*, v. 160, p. 766-83, 2002.

SIMBERLOFF, D. Why do introduced species appear to devastate islands more than mainland? *Pacific Science*, v. 49, p. 87-97, 1995.

SIMBERLOFF, D.; RELVA, M. A.; NUÑEZ, M. Gringos en el bosque: introduced tree invasion in a native *Nothofagus*/*Austrocedrus* forest. *Biological Invasions*, v. 4, p. 35-53, 2002.

SMITH, C. W. Impact of Alien Plants on Hawaii's Native Biota. Disponível em: <http://www.botany.hawaii.edu/faculty/cw_smith/impact.htm>. Acesso em: 28 maio 1998.

STOCKWELL, D. R. B.; PETERS, D. P. The Garp modelling system: problems and solutions to automated spatial prediction. *International Journal of Geographic Information System*, v. 13, p. 143-58, 1999.

SUTHERST, R. W.; MAYWALD, G. F. A computerized system for matching climates in ecology. *Agriculture, Ecosystems and Environment*, v. 13, p. 281-9, 1985.

SUTHERST, R. W.; MAYWALD, G. F.; BOTTOMLEY, W. From Climex to Pesky, a generic expert system for pest risk assessment. *EPPO Bulletin*, v. 21, p. 595-608, 1991.

TELES, H. M. S.; VAZ, J. F.; FONTES, L. R.; DOMINGOS, M. F. Registro de *Achatina fulica* Bowdich, 1822 (Mollusca, Gastropoda) no Brasil: caramujo hospedeiro intermediário da angiostrongilíase. *Revista de Saúde Pública*, v. 31, p. 310-2, 1997.

TRINIDAD EXPRESS. *Coconuts under threat*. 2008. Disponível em: <http://www.trinidadexpress.com/index.pl/article_news?id=161308563>. Acesso em: 13 abr. 2008.

TUXILL, J. Vertebrates signal biodiversity losses. In: STARKE, L.; WORLDWATCH INSTITUTE. *Vital signs 1998*: the environmental trends that are shaping our future. New York: W. W. Norton Company, 1998.

VAN DER VELDE, G.; RAJAGOPAL, S.; KUYPER-KOLLENAAR, M.; BIJ DE VAATE, A.; THIELTGES, D. W.; MACISAAC, H. J. Biological invasions – concepts to understand and predict a global threat. In: BOBBINK, R.; BELTMAN, B.; VERHOEVEN, J. T. A.; WHIGHAM, D. F. (eds.). Wetlands: functioning, biodiversity, conservation and restoration. *Ecological Studies*, Berlin, v. 191, p. 61-90, 2006.

VAZQUEZ, D. P.; SIMBERLOFF, D. Taxonomic selectivity in surviving introduced insects in the United States. In: LOCKWOOD, J. L.; MCKINNEY, M. L. (eds.). *Biotic Homogenization*. New York: Kluwer Academic Plenum Press, 2001, p. 103-24.

VÁSQUEZ, C.; QUIRÓS, M. G.; APONTE, O.; SANDOVAL, D. M. F. First report of *Raoiella indica* Hirst (Acari: Tenuipalpidae) in South America. *Neotropical Entomology*, v. 37, p. 739-40, 2008.

VERMEIJ, G. J. Invasion as expectation: a historical fact of life. In: SAX, D. F.; STACHOWICZ, J. J.; GAINES, S. D. (eds.). *Species invasions:* insights into ecology, evolution and biogeography. Sunderland: Sinauer Press, 2005, p. 315-40.

VITRINE DO CARIRI. *Prejuízos da cochonilha*. 2008. Disponível em: <vitrinedocariri.com.br>. Acesso em: 2 dez. 2008.

WAGNER, W. L.; HERBST, D. R.; SOHMER, S. H. *Manual of the flowering plants of Hawaii*. Honolulu: Bishop Museum, 1990.

WHITE, O. S.; PICKETT, S. T. A. Natural disturbance and patch dynamics. In: PICKETT, S. T. A.; WHITE, P. S. (eds.). *The ecology of natural disturbance and patch dynamics*. New York: Academic Press, 1985, p. 3-13.

WIKIPEDIA. *Febre aftosa*. Disponível em: <http://pt.wikipedia.org/wiki/Febre_aftosa>. Acesso em: 28 fev. 2010. WILCKEN, C. Percevejo-bronzeado do eucalipto (*Thaumastocoris peregrinus*) (Hemiptera: Thaumastocoridae): ameaça às florestas de eucalipto brasileiras. Disponível em:. <http://www.ipef.br/protecao/alerta-percevejo.pdf>. Acesso em: 28 fev. 2010.

WILCKEN, C. Percevejo bronzeado do eucalipto (*Thaumastocoris peregrinus*) (Hemiptera: Tthaumastocoridae): ameaça às florestas de eucalipto brasileiras. Piracicaba: Instituto de Pesquisas e Estudos Florestais, 2008. Disponível em: http://www.ipef.br/protecao/alerta-percevejo.pdf

WILCOVE, D. S.; ROTHSTEIN, D.; DUBOW, J.; PHILLIPS, A.; LOSOS, E. Quantifying threats to imperiled species in the United States. *BioScience*, v. 48, p. 607-15, 1998.

WILLIAMSON, M. *Biological invasions*. London: Chapman & Hall, 1996.

WILSON, E. O. *The diversity of life*. New York: W. W. Norton Company, 1992.

WITTE, F.; MSUKU, B. S.; WANINK, J. H.; SEEHAUSEN, O.; KATUNZI, P. C.; GOUDSWAARD, P. C.; GOLDSCHMIDT, T. Recovery of cichlid species in Lake Victoria: an examination of factors leading to differential extinction. *Reviews in Fish Biology and Fisheries*, v. 10, p. 233-41, 1992.

WONHAM, M. J.; WALTON, W. C.; RUIZ, G. M.; FRESE, A. M.; GALI, B. S. Going to the source: role of the invasion pathway in determining potential invaders. *Marine Ecology Progress Series*, v. 215, p. 1-12, 2001.

WORLD RESOURCES INSTITUTE – WRI. *Bioinvasions:* stemming the tide of exotic species. 2001. Disponível em: <http://earthtrends.wri.org/pdf_library/data_tables/bio2_2005.pdf>. Acesso em: 27 fev. 2010.

WORLD RESOURCES INSTITUTE – WRI. THE UNITED NATIONS ENVIRONMENT PROGRAMME; THE UNITED NATIONS DEVELOPMENT PROGRAMME; THE WORLD BANK. *World resources 1998-99:* a guide to the global environment. New York: Oxford University Press, 1998. (Environmental Change and Human Health).

YANINEK, J. S.; HANNA, R. Cassava green mite in Africa – a unique example of successful classical biological control of a mite pest on a continental scale. In: NEUENSCHWANDER, P.; BORGEMEISTER, C.; LANGEWALD, L. (eds.). *Biological control in IPM systems in Africa*. Wallingford: CABI Publishing, 2003, p. 61-75.

3

Comunicação na Defesa Agropecuária

Natália Nogueira[1]

3.1. INTRODUÇÃO

A bibliografia sobre comunicação em defesa agropecuária é bastante limitada, o que dificulta tratar o tema sem fazer referência ao agronegócio de forma geral. O Brasil é líder mundial na exportação de açúcar, café, suco de laranja concentrado, complexo de soja (grão, farelo e óleo), carne bovina e frango. O setor agrícola e rural cresceu e se desenvolveu por força do trabalho e talento dos homens do campo e das políticas públicas. O campo transformou-se na grande âncora verde que deu sustentação aos planos econômicos. Entretanto, há quem ainda acredite que a finalidade do agronegócio restrinja-se à produção de comida, esquecendo os empregos, os salários e todos os outros negócios que giram em torno dele e do que é produzido no campo.

O agronegócio é um conjunto de atividades ligadas a todos os setores da economia e da sociedade. Envolve todas as cadeias produtivas, desde a produção e distribuição de insumos até a comercialização de alimentos, fibras e energia,

1. Jornalista, MBA em Gerenciamento de Projetos (FGV), especialista em Gestão Estratégica da Comunicação (PUC-MG). Atuou no Instituto Mineiro de Agropecuária, 2005-2009; no Projeto Inovação Tecnológica para Defesa Agropecuária, 2009-2011; no Projeto Sou Agro, 2011-2012. Atualmente é consultora na Lítula Comunicação.

tanto para o mercado interno como para o externo. Assim, não bastam estatísticas e informações sobre o agronegócio, se estas não são transmitidas ao público através dos meios de comunicação, de forma séria e profissional, com a realização de um trabalho, junto à sociedade, de valorização da imagem do agronegócio, incluindo, com merecida razão, os aspectos relativos à defesa agropecuária.

3.2. CONCEITO DE DEFESA AGROPECUÁRIA

Segundo conceito compilado a partir de informações dos participantes da Rede de Inovação Tecnológica para Defesa Agropecuária[2]:

> A Defesa Agropecuária é uma estrutura constituída de normas e ações que integram sistemas públicos e privados, sob o princípio aglutinador da preservação ou melhoria da condição zoofitossanitária, em todo o território nacional, garantindo, assim, a proteção da saúde dos animais e a sanidade dos vegetais, a idoneidade dos insumos e dos serviços utilizados na agropecuária, além da identidade, qualidade e segurança higiênico-sanitária dos alimentos e demais produtos agropecuários.

A defesa agropecuária garante a qualidade e a oferta de alimentos seguros, contribui para evitar a inserção de pragas e doenças no país e, ainda, oportuniza bons negócios. Estima-se que o Brasil não tenha acesso a mercados de 20 bilhões de dólares anuais em exportações devido a doenças que atingem nossa agricultura e que poderiam ser erradicadas ou controladas com eficiência (Abag, 2010). Atualmente, há pesquisadores e profissionais do sistema que objetivam fazer que o assunto seja reconhecido como questão de segurança nacional.

Para que informações sobre defesa agropecuária cheguem aos interessados e, principalmente, à sociedade em geral, entretanto, a comunicação para a imprensa falada e escrita precisa ser mais eficiente, com subsídios técnicos e informações sobre o assunto disponibilizadas pelas instituições públicas e privadas envolvidas com o tema. Nesse sentido, seria importante que as instituições envolvidas em defesa agropecuária considerassem o esforço altamente positivo que a Embrapa vem realizando em termos de comunicação dos resultados da pesquisa agropecuária.

A Embrapa dispõe de um setor de comunicação com mais de 250 funcionários na sede da empresa, em Brasília, com jornalistas lotados em praticamente todos os seus mais de 40 centros nacionais de pesquisa, distribuídos por todo o território nacional, que trabalham de forma integrada e coordenada na execução de um programa muito bem estruturado de comunicação dos resultados da pesquisa. Hoje, a Embrapa é uma das organizações públicas mais citadas na imprensa nacional, o que tem contribuído para criar uma visão positiva dela pela sociedade em geral. Isso tem facilitado a mobilização de recursos adicionais para a pesquisa agropecuária. Vale ressaltar que os jornalistas da Embrapa

---

2. http://inovadefesa.ning.com/forum/topics/conceito-de-defesa.

são treinados em cursos de pós-graduação especializados em comunicação de resultados da pesquisa agropecuária e temas afins.

3.3. PAPEL DA COMUNICAÇÃO EM DEFESA AGROPECUÁRIA

O agronegócio tem se desenvolvido e ganhou formato de gestão semelhante ao adotado por grandes empresas de outros setores da economia. A gestão das informações é fundamental para que o grande público conheça e reconheça não só o importante papel desempenhado pela defesa agropecuária, no sentido de garantir a qualidade e a segurança dos alimentos, mas também o próprio agronegócio brasileiro.

A comunicação é peça chave para que a sociedade aprecie o que é o agronegócio brasileiro e o valorize. Muitas vezes, a comunicação falha na execução desse papel, ao que publicar matérias nas quais as informações não foram devidamente tratadas, apuradas ou compreendidas, o que pode gerar confusão entre o público em geral e levar, às vezes, ao entendimento equivocado de conceitos.

Por isso, há a necessidade de ações de comunicação do setor agropecuário e da defesa agropecuária nas grandes metrópoles, com o intuito de disseminar mensagens do setor que se deseja compartilhar. No entanto, é mais comum que grupos que se contrapõem ao agronegócio se mostrem presentes no cotidiano urbano. A imprensa e a classe política não costumam contemplar a área de maneira crítica e desvinculada de questões técnicas (pesquisa agropecuária) e de aspectos políticos, econômicos e socioculturais.

Um dos principais temas do 9º Congresso Brasileiro de Agribusiness (CBA), promovido pela Abag (Associação Brasileira de Agribusiness) em agosto de 2011, foi a comunicação. Na oportunidade, foi apresentado um plano de comunicação para o agronegócio brasileiro, elaborado a partir de ampla pesquisa que abarcou vários segmentos da sociedade, e o presidente da Associação declarou:

> Queremos avaliar como se dá a comunicação do agronegócio com o público urbano e a imprensa nacional, hoje uma questão prioritária. Principalmente diante deste cenário de confronto e intolerância entre dois grupos que a sociedade e a imprensa convencionaram chamar de "ruralistas" e "ambientalistas", clichês que não correspondem à realidade. Salvo exceções cada vez mais raras, quem melhor mantém a relação com o meio ambiente e trata e preserva os recursos naturais são os produtores rurais. A terra é o seu principal patrimônio. (Carlo Lovatelli, presidente da Abag)

O trabalho da Abag espelha consultas e posicionamentos das principais cadeias produtivas que integram o agronegócio brasileiro, o qual, em termos nacionais, em 2009, representou 42% das exportações e 24% de todo o produto interno bruto (PIB) nacional.

Para Lovatelli, a agropecuária possui laços históricos com o país. Com as suas cadeias produtivas, garante a segurança alimentar interna, contribui para uma matriz energética mais limpa e gera preciosas divisas através das exportações.

Na condição de ser um dos principais protagonistas mundiais no agronegócio, é importante mostrar para a sociedade o seu papel fundamental como parte ativa do processo integração e desenvolvimento socioeconômico nacional.

> O agronegócio significa muita coisa: é leite, é *commodities*, é carne, é maquinário, é manifestações, é leilões, entre outros. Não existe uma imagem ou palavra que resuma o setor. É preciso criar uma marca que defina todas as cadeias produtivas do agronegócio brasileiro. O agronegócio brasileiro precisa apresentar seu *core business* para o mundo, que é abastecer todos os lares. (Roberto Duailibi, sócio-diretor da DPZ Propaganda)

3.4. INFORMAÇÃO ACIMA DE TUDO

É comum encontrar, nos grandes meios de comunicação e também nas mídias alternativas, informações incoerentes relacionadas ao agronegócio. O leque de assuntos vai da gripe aviária aos alimentos com excesso de agrotóxicos. Por vezes, essas e outras pautas são mal trabalhadas e podem, além de informar mal, prejudicar negócios e até causar pânico na sociedade, dependendo do assunto.

> Estamos expostos a múltiplas interpretações, muitas delas sendo críticas negativas radicais e até mal-intencionadas, criando situações que maculam gratuita e injustamente a nossa imagem, por isso precisamos nos defender e apresentar a agenda positiva de nosso setor. (Carlo Lovatelli, presidente da Abag)

As assessorias de comunicação das empresas e dos órgãos ligados ao sistema de defesa agropecuária e agronegócio precisam fornecer informações técnicas de modo claro para subsidiar os jornalistas que fazem a cobertura do agronegócio. Em geral, não se trata de um jornalista especializado em agronegócio, como na política, mas sim de um especialista em economia e áreas similares. Por isso, é importante que a informação transmitida seja esclarecedora. É necessário, ainda, que seja feito o monitoramento dessas matérias para que eventuais enganos possam ser esclarecidos e corrigidos. A seguir são apresentadas duas matérias[3] que, pelo enfoque, podem causar confusão na cabeça dos leitores e consumidores, espalhar má informação, gerar medo na população e prejuízo aos produtores, uma vez que se nota também a diminuição do consumo de alguns produtos, como carnes e frutas.

3. http://www.correiobraziliense.com.br/app/noticia182/2010/08/12/cienciaesaude,i=207314/AMEACA+INVISIVEL.shtml

Brasil, um dos campeões mundiais de consumo

O Brasil encontra-se entre os maiores consumidores de produtos praguicidas (agrotóxicos) do mundo, tanto aqueles de uso agrícola como os domésticos (domissanitários) e os utilizados em Campanhas de Saúde Pública, perfazendo um total comercializado de aproximadamente US$ 1.600.000.000 (um bilhão e seiscentos milhões de dólares), o que representa 7% (sete por cento) do consumo mundial para o ano de 1995, segundo dados da Secretaria de Política Agrícola do Ministério da Agricultura e Abastecimento.

Dada a falta de controle no uso dessas substâncias químicas tóxicas e o desconhecimento da população em geral sobre os riscos e perigos à saúde daí decorrentes, estima-se que as taxas de intoxicações humanas no país sejam altas.

Deve-se levar em conta que, segundo a Organização Mundial da Saúde, para cada caso notificado de intoxicação ter-se-ia 50 outros não notificados.

Segundo a Fiocruz/Sinitox, foram notificados no país, em 1993, aproximadamente 6 mil casos de intoxicações por praguicidas (agrotóxicos, domissanitários inseticidas e raticidas), que corresponderiam estimativamente a 300 mil casos de intoxicações naquele ano. Desta forma, é seguro afirmar que o evento intoxicação e as doenças daí decorrentes constituem--se em um grave problema de saúde pública, caracterizando-se claramente como endemia.

Deve ser levado em conta também que para cada caso de intoxicação o sistema de saúde despende aproximadamente R$ 150,00 (cento e cinquenta reais), o que significa um total estimado de R$ 45.000.000 (quarenta e cinco milhões de reais), que poderiam ser evitados se as medidas de controle e de vigilância fossem mais ativas, com os setores reponsáveis cumprindo com suas obrigações legais.

Somam-se a esses estudos as constantes denúncias envolvendo intoxicações, com ou sem mortes, tanto em trabalhadores rurais como na população em geral. Exemplos recentes, como o caso de suicídios em Venâncio Aires, RS, colocam sob suspeita alguns produtos do grupo químico dos organofosforados, utilizados na cultura agrícola do fumo, ou ainda as 30 intoxicações ocorridas no município de Governador Mangabeira, BA, com três mortes, inclusive de crianças, recaindo a suspeita sobre o produto acefato, ou, ainda, o caso dos Macuxis, em Roraima, onde ocorreram intoxicações humanas e mortes de milhares de pássaros e contaminações ambientais importantes de fontes de abastecimento de água, por pulverizações aéreas de produtos agrotóxicos na cultura do arroz.

Em 1991, o Ministério da Saúde apresentou à Organização Pan-Americana da Saúde o Relatório final da Reunião Técnica sobre Agrotóxicos, Saúde Humana e Ambiental no Brasil, que como principal conclusão, em relação ao tema Proteção à Saúde do Trabalhador, incluía a não existência de um quadro epidemiológico suficientemente claro que permitisse definir a situação decorrente da exposição a agrotóxicos.

Em 1993, a Opas estabeleceu um acordo com a agência estatal alemã GTZ (Gellschaft für Technische Zusammenarbeit) para o financiamento de uma série de projetos de estudos na área de saúde e ambiente, dentre os quais um de vigilância epidemiológica de intoxicações agudas por agrotóxicos no Brasil.

O projeto começou a ser implantado em abril de 1995, pela Opas e Ministério da Saúde/ Secretaria de Vigilância Sanitária, sob a denominação de Proposta de Metodologia para a Implantação de um Sistema de Vigilância à Saúde de Populações Expostas a Agrotóxicos, em cinco estados brasileiros.

Esse projeto merece especial atenção por parte da Secretaria de Vigilância Sanitária/Divisão de Meio Ambiente e Ecologia Humana, pois com tal metodologia implantada no país, e o registro de produtos agrotóxicos, o Brasil terá uma ferramenta a mais para análise do risco advindo dessas substâncias, o Ministério da Saúde estará cumprindo mais uma exigência da Lei 7.802/89 e Decretos 98.816/90 e 991/93.

Fonte: *Correio Braziliense*. Ciência e Saúde. Brasília, sexta-feira, 3 de setembro de 2010.

Ameaça invisível

Pesquisadores da Inglaterra descobrem um gene que pôs em alerta a comunidade científica que trabalha com saúde pública. O NDM-1, encontrado em bactérias do intestino, tem a capacidade de contaminar outras e torná-las resistentes a qualquer tipo de antibiótico.

Paloma Oliveto

Uma superbactéria resistente a todos os antibióticos disponíveis no mercado pode se espalhar pelo mundo, desencadeando uma pandemia com consequências ainda não conhecidas. Na edição de ontem da revista especializada *Lancet*, um grupo de cientistas alertou que uma mutação identificada em dois tipos de enterobactérias — encontradas no intestino e contaminada pelas fezes —, a *Klebsiella pneumoniae* e a *Escherichia coli* (*E. coli*), deixou os microrganismos ainda mais fortes e que as chances de elas se espalharem pelo globo são reais e preocupantes.

O gene NDM-1 foi identificado no ano passado pelo professor Timothy Walsh, da Universidade de Cardiff, na Inglaterra, que confirmou a presença do NDM-1 na *Klebsiella pneumoniae* e na *E. coli*. Ele foi detectado em um paciente sueco internado em um hospital da Índia. De acordo com o estudo publicado na *Lancet*, a mutação deixou as bactérias tão resistentes que nem o carbapenem, grupo de antibióticos capazes de matar os microrganismos mais potentes, conseguiu eliminá-las.

Com o turismo cada vez mais globalizado, as chances das enterobactérias se espalharem são grandes. Até agora, elas se concentravam na Índia, em Bangladesh e no Paquistão, mas chegaram à Inglaterra depois de terem sido transmitidas a turistas que tomaram água contaminada quando viajavam para esses países. Os pesquisadores coletaram amostras da superbactéria em pacientes internados em diversos hospitais nas cidades indianas de Chennai e Haryana e de britânicos que estiveram na Índia, entre 2007 e 2009. As amostras foram testadas em laboratório e indicaram a presença do gene NDM-1.

Previsões

Os exames mostraram que o gene mutante estava no organismo de 44 pacientes de Chennai, 26 de Haryana, 37 moradores da Inglaterra e em 73 outras pessoas em Bangladesh, na Índia e no Paquistão. O NDM-1 é mais frequente na *E. coli*, a principal causa de infecções do trato urinário e de um tipo de pneumonia. Os pesquisadores alertam que o gene se instala nos plasmídeos, estruturas de DNA que podem facilmente ser copiadas e transmitidas para diversos outros tipos de bactéria. "Isso sugere uma alarmante possibilidade de o gene se espalhar e modificar toda a população de bactérias", disse ao *Correio*, Timothy Walsh.

Segundo o professor de microbiologia, uma das razões de as enterobactérias terem se tornado tão resistentes é a banalização do uso de antibióticos. "Em um artigo recente, Abdul-Ghafur (ativista de uma organização que luta contra a malária) afirmou que o uso de antibiótico não prescrito pelos médicos está se espalhando na Índia. Isso faz com que as bactérias se tornem mais fortes e nos faz pensar que o problema do NDM-1 vai piorar substancialmente em um futuro próximo", diz Walsh.

O turismo estético — muitas pessoas vão à Índia e ao Paquistão para fazer cirurgias plásticas porque os procedimentos são mais baratos nesses países — preocupa Walsh. "Nos últimos anos, a Índia está recebendo pacientes não só da Europa, mas também das Américas, para cirurgias cosméticas", acrescenta o pesquisador. E ele lembra que os hospitais são um verdadeiro celeiro para bactérias e vírus.

Prevenção

O professor de patologia e medicina laboratorial Johann Pitout, da Universidade de Calgary, no Canadá, leu o artigo de Timothy Walsh e faz uma recomendação aos pacientes que vão se submeter a algum tratamento médico na Índia. "Antes de voltar a seus países, eles devem fazer exames para detectar a presença do gene mutante. Se o tratamento para essa emergência de saúde pública for ignorado, cedo ou tarde a comunidade médica será confrontada com outras enterobactérias resistentes ao carbapenem, o que resultará na impossibilidade de curar os pacientes e terá como consequência aumentos substanciais nos custos com cuidados médicos", disse Pitout ao *Correio*.

Segundo o médico, é preciso fazer uma varredura com exames específicos que identifiquem o NDM-1. "Todos devem se submeter a uma espécie de escaneamento do organismo antes de embarcar", aconselha o professor.

Ciclos de epidemias

O homem experimenta o temor das grandes epidemias na mesma dimensão em que superou outros medos ao longo de vários estágios de sua evolução e progresso em toda a sua história. E poucos termos simbolizam com tanta força esse sentimento de horror do que "peste", palavra que se tornou a síntese absoluta dos males que assolaram populações de diversos países e regiões do planeta em tempos remotos ou mais recentes.

As três grandes epidemias do século XXI, causadas pela ação de microrganismos poderosos, são a síndrome respiratória aguda grave (Sars), a gripe aviária e o mal da vaca louca. Mais recentemente o mundo voltou a experimentar a sensação de pânico com a gripe suína, provocada pelo vírus H1N1. Especialistas alertam no entanto para o aspecto sazonal da contaminação em série pelo vírus da gripe e suas mutações.

No passado, as grandes epidemias que dizimaram milhões de pessoas em várias regiões foram as de varíola, no século XVI, a gripe de 1918, a peste negra, a malária, a tuberculose, a cólera, a Aids, a febre amarela e a poliomielite.

Fonte: *Correio Braziliense*. Ciência e Saúde. Brasília, 12 de agosto de 2010.

3.5. DESAFIOS E PERSPECTIVAS

O setor agropecuário representa hoje um extenso campo de trabalho para profissionais da área jornalística e um importante gerador de pautas. O agronegócio é um dos carros chefe da economia brasileira, entretanto é ainda reduzido o número de profissionais de comunicação que atuam na área, levando em consideração a potencialidade do setor.

O profissional de comunicação que atua no agronegócio tem como tarefa organizar os fluxos comunicacionais, além de usar estratégias para construir uma boa visibilidade do setor perante a comunidade local, governos, fornecedores, parceiros, cooperados, sindicatos, imprensa e, principalmente, o público-alvo que atua em comunicação. Em linhas gerais, o profissional que trabalha com a comunicação no agronegócio é responsável por criar um elo da organização com os diversos públicos e, sobretudo, mantê-los informados sobre vários aspectos da empresa rural, visando torná-la cada vez mais conhecida e reconhecida por todos.

Entre as atividades da assessoria de comunicação que podem ajudar, incluem-se: divulgação da importância do agronegócio por meio de campanhas de valorização da imagem do setor; participação, em conjunto com outras entidades, de ações em defesa dos interesses do setor; promoção de programas educativos e da responsabilidade social das empresas, incentivando a preservação do meio ambiente; estímulo à interação entre pequenas, médias e grandes empresas; fomento às pesquisas e ao desenvolvimento, além da discussão de assuntos de interesse do agronegócio e da sociedade, por meio de seminários, palestras e *workshops*. Havendo verba, pode-se ainda utilizar a veiculação de peças em emissoras regionais, com o objetivo de transmitir ao telespectador a dimensão e a importância do agronegócio.

A comunicação e o jornalismo agropecuário podem contribuir para estimular o debate, refinar os conceitos e, em particular, mobilizar a sociedade para uma agricultura que esteja sintonizada com o desenvolvimento humano, a preservação da cultura, da sociedade e do meio ambiente.

REFERÊNCIAS BIBLIOGRÁFICAS

ABAG. Disponível em: <www.abag.com.br>. Acesso em: 28 fev. 2010.

COMTEXTO. Disponível em: <www.comtexto.com.br>. Acesso em: 28 fev. 2010.

CORREIO BRAZILIENSE. Disponível em: <http://www.correiobraziliense.com.br>. Acesso em: 28 fev. 2010.

ECOLNEWS. Disponível em: <http://www.ecolnews.com.br/agrotoxicos/brasil_campeao_agro.htm>. Acesso em: 28 fev. 2010.

FAO. Disponível em: <www.fao.org.br>. Acesso em: 28 fev. 2010.

REHAGRO. Disponível em: <www.rehagro.com.br>. Acesso em: 28 fev. 2010.

REDE DE INOVAÇÃO TECNOLÓGICA PARA DEFESA AGROPECUÁRIA. Disponível em: <www.inovadefesa.ning. com>. Acesso em: 28 fev. 2010.

PORTO, D.; PETIAN, C. A importância da comunicação empresarial no agronegócio brasileiro. *Razón y Palabra*, n. 55, 2007. Disponível em: <http://www.razonypalabra.org.mx/anteriores/n55/portopetian.html>. Acesso em: 28 fev. 2010.

TEJON, J. L. Comunicação: dilema ou problema? Disponível em: <http://www.agroblog.com.br/artigos-especiais/comunicacao-dilema-ou-problema/>. Acesso em: 28 fev. 2010.

4

Evolução Histórica da Defesa Agropecuária

Natália Nogueira[1]

4.1. CONCEITO DE AGRICULTURA

Agricultura é transformar animais e plantas em utilidade. Pode ser em alimentos, fibras, energia, paisagens, entre tantas outras coisas. O processo de domesticar animais e plantas é antigo e tem se aprimorado ao longo do tempo. As pessoas dedicadas a essas atividades ganharam poder político e econômico, a ponto de, no início do século passado, a terra ter se tornado um bem (capital). Nesse contexto, surgiu a defesa agropecuária, com o propósito de monitorar a ocorrência de pragas e doenças de animais e vegetais, para garantir alimentos e matérias-primas seguros para o consumo humano, animal e industrial.

1. Secretaria de Defesa Agropecuária. Mapa. Agradecimento especial ao dr. Ênio Marques, secretário substituto da Secretaria de Defesa Agropecuária do Ministério da Agricultura, Pecuária e Abastecimento (SDA/Mapa), pela colaboração. Aos funcionários da BNinagri, representados pela Neuza Arantes, pela atenção e paciência. Ao Projeto Inovação Tecnológica para Defesa Agropecuária, por me proporcionar a oportunidade de conhecer um pouco da história da defesa agropecuária no Brasil. nnogueira@gmail.com

> Eles não lavram nem criam. Nem há aqui boi ou vaca, cabra, ovelha ou galinha, ou qualquer outro animal que esteja acostumado ao viver do homem. E não comem senão deste inhame, de que aqui há muito, e dessas sementes e frutos que a terra e as árvores de si deitam. E com isto andam tais e tão rijos e tão nédios que o não somos nós tanto, com quanto trigo e legumes comemos. (Carta de Pero Vaz de Caminha, 1500)

O primeiro rebanho bovino desembarcou no Brasil em 1534, juntamente com as primeiras mudas de cana-de-açúcar. A colonização do Brasil não foi precedida por planejamento, ocorreu de forma imprevista. E, em decorrência direta da forma de colonização (exploração) e do tipo de economia desenvolvida pelos portugueses em território brasileiro, ambas na faixa litorânea, o povoamento deu-se primeiro no litoral, e por longo período. No século XVII, no Nordeste, com as práticas pecuaristas, ocorreu um lento processo de penetração do interior do país.

Mão de obra escrava, latifúndio e monocultura são consequências da produção de açúcar em larga escala, pertencente ao sistema colonial. Com isso, a grande especialização da colônia criou a necessidade de atividades paralelas, como pecuária e agricultura de subsistência. Na segunda metade do século XVIII, houve a expansão das lavouras de algodão e arroz no Maranhão e em partes do Nordeste, devido à decadência da mineração e à crise do antigo regime.

A independência do Brasil não representou mudança no modo de organização colonial de produção. As técnicas rudimentares, a lavoura para exportação e o escravismo persistiram. A mudança política significou uma mudança formal, contemplando o livre comércio e a política econômica liberal. Em meio ao ambiente instável da produção colonial, ameaçada e estagnada economicamente, surgiu a economia cafeeira, representando a consolidação do Império, a manutenção das práticas coloniais de produção e a superação da instabilidade política.

A implantação efetiva da lavoura cafeeira no Brasil deu-se no século XIX, quando o produto popularizou-se, seu consumo cresceu e a América tornou-se concorrente da Arábia no fornecimento do produto à Europa. A segunda metade do século XIX foi marcada por uma tímida modernização, algumas inovações agrárias e urbanização crescente. Esta última possibilitou novos empreendimentos e diversificação da economia brasileira.

No Brasil Colônia, não houve uma política agrária por parte do governo. Ocorreram atos isolados, que atendiam de modo parcial aos problemas. Assim, era a iniciativa privada que introduzia novos cultivos e idealizava melhorias.

4.2. EVENTOS PRINCIPAIS

Será apresentada a seguir uma síntese da evolução da defesa agropecuária no Brasil.

4.2.1. Década de 1860 – Criação e consolidação do Ministério da Agricultura

Em 1860, o imperador Dom Pedro II teve a primeira manifestação oficial positiva em relação à agricultura brasileira, com a criação da Secretaria de Estado dos Negócios da Agricultura, Comércio e Obras Públicas, em 28 de julho. Em 1868 a Secretaria foi reorganizada para centralizar os serviços e, em fins de 1873, surgiu um novo regulamento. Em 1892, ela foi substituída pelo Ministério da Indústria, Viação e Obras Públicas e, após seguidas mudanças, teve sua instalação efetiva em 12 de agosto de 1909.

A missão do atual Ministério da Agricultura, Pecuária e Abastecimento (Mapa) é promover o desenvolvimento sustentável e a competitividade do agronegócio em benefício da sociedade brasileira.

4.2.2. Ano de 1887 – Criação e consolidação do Instituto Agronômico

Para a criação do Instituto Agronômico de Campinas, em 27 de junho de 1887, o governo imperial contratou o professor austríaco Franz Wilhem Dafert, que fez um relatório e passou a dirigir o instituto, à época chamado Estação Agronômica de Campinas, quando se iniciaram os estudos sobre a fisiologia do cafeeiro.

Atualmente, o instituto desenvolve pesquisas visando preencher as lacunas no conhecimento da fisiologia do cafeeiro e sua interação com o ambiente, dado o rápido avanço tecnológico ocorrido na cafeicultura brasileira.

4.2.3. Ano de 1897 – Empenho da Sociedade Nacional de Agricultura

A Sociedade Nacional de Agricultura, através da publicação *A Lavoura*, recapitulou os serviços realizados em prol do engrandecimento econômico e reuniu agricultores para tratar de assuntos de sua realidade, como seleção de sementes, preparo do solo, pragas do cafeeiro, indústria de laticínios e qualidade. A Sociedade também organizou congressos, exposições e conferências.

4.2.4. Década de 1900 – Prevenção de doenças pelos imigrantes

Esse período foi marcado pelo crescimento do povoamento, de forma muito organizada. Os programas de colonização eram acompanhados pelo Departamento de Terras e Colonização, pelo Departamento Nacional de Imigração e pelo Conselho de Imigração e Colonização.

Para garantir a saúde humana e evitar a disseminação de doenças, os imigrantes que desembarcavam no Brasil, nos portos do Rio de Janeiro, Santos, Paranaguá, Florianópolis, Porto Alegre e Vitória, passavam por um período de avaliações, na chamada Ilha das Flores. Nessa hospedaria, prestavam informações sobre sua procedência, destino, profissão, nacionalidade, idade, parentesco, entre outros dados.

Suas bagagens eram vistoriadas por funcionários aduaneiros. Durante o tempo de permanência na ilha (cerca de três a oito dias para os saudáveis) os imigrantes recebiam alimentação gratuita. Para os que tivessem alguma moléstia, médicos e remédios estavam à sua disposição. Passado esse período, seguiam para seus respectivos destinos.

A escolha do destino era livre e as passagens de trem, gratuitas. No caso dos agricultores acompanhados de suas famílias e que desejavam se estabelecer como proprietários de lotes de terras em núcleos coloniais, eles recebiam dos intérpretes informações sobre os lotes disponíveis e os núcleos que estivessem em formação. No ano de 1909, a Ilha das Flores recebeu 12.973 imigrantes; já em 1911, o número chegou a 30.845.

4.2.5. Década de 1910 – Ênfase no ensino e na organização

A defesa agropecuária, como se apresenta hoje, surgiu nessa época. Foi um período muito profícuo, em que o governo do Brasil estabeleceu cooperação com o governo da França, o que permitiu organizar o ensino da veterinária e da agronomia. No ano de 1910, pelo Decreto n° 8.319, de 20 de outubro, foi criado o ensino agronômico e aprovado o respectivo regulamento.

Ainda em 1910, os Serviços de Inspeção, Estatística e Defesa Agrícola foram reunidos sob a mesma direção. Também surgiram as primeiras legislações.

4.2.6. Década de 1920 – Criação e consolidação da OIE

A Organização Mundial de Saúde Animal (OIE) surgiu em 1924, dada a necessidade de combater, de forma global, as doenças relacionadas aos animais. Antes da sua criação, ações semelhantes eram desempenhadas pela Organização Pan-americana de Saúde.

A entidade foi chamada inicialmente de Office International des Epizooties (Gabinete Internacional de Epizootias), nome que mudou para World Organization for Animal Health em 2003. Atualmente, a OIE é reconhecida como uma organização de referência pela Organização Mundial do Comércio (OMC). Na época atual, contabiliza 178 países-membros.

4.2.7. Década de 1930 – Fortalecimento da fiscalização sanitária

Nessa época foi organizada a parte de fomento, florestal e defesa. Todas as iniciativas do governo tinham um objetivo muito claro: evitar que pragas e doenças fossem trazidas de outros países. É preciso lembrar que houve vários ciclos de imigração, nos quais o foco principal era a colonização. Os imigrantes traziam parte de seus equipamentos e também boa parte de seus hábitos alimentares. Da mesma forma que o clima era bom para as plantações, era também favorável às pragas que as atacam.

O Brasil tem uma biodiversidade muito rica, a maior do mundo. Mas as espécies, nesse período, não tinham influência sobre o estilo de vida dos novos habitantes. Eles não trouxeram nada semelhante ao que já existia no país para plantar e cultivar. O clima brasileiro permitiu a adaptação de grande número de novas espécies vegetais.

Para evitar a introdução de pragas e doenças, além de cuidar da chegada de navios (principal meio de transporte na época) no Brasil, as fiscalizações foram sediadas nos portos, compostas por veterinários e agrônomos que faziam todas as verificações de bagagem. Ainda com base nessa mesma legislação, iniciou-se a fiscalização do trânsito nos entroncamentos de ferrovias. Os primeiros serviços públicos ligados à sanidade derivaram dessa regra.

Também foi criada uma espécie de Conselho Sanitário. Por meio dele, qualquer enfermidade nova que surgisse era comunicada e lançada em uma lista de doenças. O Documento Sanitário também surgiu nessa época e atestava que o animal ou a planta haviam sido submetidos a avaliação.

Ainda nesse período, surgiu a visão de assistência técnica. O fazendeiro que enfrentasse algum problema em sua propriedade poderia solicitar o acompanhamento de um profissional (agrônomo ou veterinário), desde que arcasse com as despesas. O atendimento era obrigatório e gratuito. Esse foi o início do processo.

4.2.8. Década de 1950 – Ênfase no controle sanitário da produção

Foi uma época de avanço, que se aproxima da realidade atual. A partir da década de 50, iniciou-se o processo de industrialização. A interiorização foi o movimento prioritário para a ocupação de território, com repercussão positiva no incremento da produção e do desenvolvimento. A construção da nova capital, Brasília, constituiu importante impulso para a integração nacional, materializada na construção de uma extensa malha rodoviária.

A preocupação maior era com o abastecimento. Surgiram, então, as primeiras organizações voltadas ao fomento do extrativismo (pesca, florestas) e também ao meio ambiente (uso da água, resíduos). Na agricultura, essa preocupação sempre foi mais expressiva, porque toda a parte de profilaxia e saneamento era mais facilmente aplicada às atividades que davam retorno financeiro.

Como havia a preocupação com o abastecimento, mostrava-se necessário o controle sanitário da produção. Naquela época, tudo era feito com base na criação de um serviço público. Ainda nos anos 50, surgiram organismos internacionais, como a Organização das Nações Unidas para a Agricultura e Alimentação (FAO), a Organização Mundial do Comércio (OMC), a Organização das Nações Unidas (ONU). Precisamente em 1952, foi criada a Convenção de Plantas (CIPV).

Até esse período, a fiscalização prévia não tinha relação com saúde pública, mas sim com abastecimento. Foi criada a Lei do Riispoa/1.283, devido à preocupação com o controle do abastecimento. A Defesa era usada para articular o mercado.

4.2.9. Década de 1960 – Fortalecimento do Mapa

Nessa fase, o Ministério da Agricultura, Pecuária e Abastecimento (Mapa) já se mostrava muito forte. Criado por imposição de uma economia na qual preponderava o setor agrícola, a importância desse ministério avultou na época, quando a estrutura econômica do país sofreu sensíveis modificações, bastante semelhantes às mudanças que, em outras terras, assinalaram a consecução de estágios de desenvolvimento econômico mais elevados. Foi então que surgiram os primeiros planejamentos, devido à possibilidade de o Brasil ocupar melhor suas áreas e produzir mais.

O Escritório Técnico de Agricultura (ETA), criado em 1956, localizado no campus da Universidade Federal Rural do Rio de Janeiro (no quilômetro 47), continha a parte de inteligência e estratégia do Mapa, na qual se pensava na modernização e no futuro do setor agropecuário brasileiro.

Evidenciava-se a expansão do setor de extensão rural em meados do ano de 1960. Com a ampliação da área de trabalho, começaram a funcionar escritórios locais. Ainda nessa época, foi organizado o setor de extensão como parte especializada do projeto do ETA.

Em 1964, o Estatuto da Terra dispôs inteiramente sobre a colonização. Regulou desmembramentos, loteamentos e divisões de imóveis rurais, como formas de acesso à propriedade da terra ou de promover seu aproveitamento econômico.

4.2.10. Década de 1970 – Ênfase na iniciativa privada

Nessa década foi iniciado o planejamento para que a iniciativa privada passasse a atuar na agricultura. Isso porque era necessário que existissem os mais variados tipos de agentes econômicos, o que ocasionou mais uma transferência de pessoas para o Centro-Oeste.

Foram criadas as legislações relativas a todos os insumos. A regulamentação da agronomia já existia dentro do Conselho Regional de Engenharia e Agronomia (Crea). A de medicina veterinária surgiu nos anos 70. Os incentivos para a indústria química (fertilizantes, produtos de uso veterinário) também apareceram nessa época.

A visão de sistema foi lançada pelo dr. Alysson Paulinelli, ministro da Agricultura, e iniciou-se o direcionamento para a questão da saúde. Foram criadas uma unidade central em Brasília, a Secretaria Nacional de Defesa Agropecuária e as delegacias federais de Agricultura para atuar nos estados. Algumas atribuições foram transferidas a agrônomos e veterinários privados, através de credenciamentos. Ainda nos anos 70, foi criada a da Embrapa (1972).

Nessa época, cresceu a atuação da OIE e da CIPV, entidades das quais o Brasil é membro. Isso representava a importância do sistema de produção, com resultados quantitativos, característica que se alterou nos anos 90.

4.2.11. Década de 1990 – Ênfase na qualidade

Nessa época, as preocupações deixaram de ser quantitativas e passaram a ser qualitativas, com indicadores como meio ambiente e condições de trabalho. O que acelerou esse processo foi o Acordo sobre Medidas Sanitárias e Fitossanitárias (SPS), por meio do qual foram formalizadas normas para o comércio de animais e plantas. Esse acordo transformou a OIE e a CIPV em organismos de regulação.

A partir de 1995, os governos estaduais passaram a preocupar-se com a defesa agropecuária. Começaram a ser criados os órgãos estaduais de defesa agropecuária, devido ao surgimento da Organização Mundial do Comércio e de acordos de medidas sanitárias, quando foi feita uma revisão na estratégia de Paulinelli. O Governo Federal passou a incentivar a criação dos órgãos estaduais.

4.2.12. Década de 2000 – Investimento em defesa agropecuária

Nesse período, o destaque fica para o investimento feito em defesa agropecuária. Uma parceria entre os Ministérios da Agricultura e de Ciência e Tecnologia resultou no aporte de 120 milhões de reais para a execução de projetos com vistas a ampliar e melhorar as ações de defesa agropecuária nas áreas de saúde animal, vegetal, de qualidade, de inocuidade de produtos de origem animal e vegetal e de insumos agropecuários. O processo contou ainda com a participação do CNPq.

O Brasil tem uma natural vocação agrícola, pois conta com grandes extensões de terras férteis, clima diversificado e recursos humanos qualificados, que, aliados a investimentos em tecnologia, pesquisa e a uma moderna indústria de máquinas e de implementos, asseguram competitividade ao setor agropecuário para enfrentar adversidades e acessar os mercados nacionais e internacionais de alimentos e matérias-primas. Ademais, conta também com programas de sanidade animal e vegetal que garantem alimentos seguros e de qualidade e ajudam a manter o País bem posicionado no exigente comércio globalizado do século XXI.

Alcançou-se sucesso na implantação de políticas públicas para o fortalecimento do setor privado rural e de prestação de serviços, mas a qualidade de sintonia fina da defesa agropecuária não ocorreu. Apresenta-se defasada, como se tivesse estagnado nos anos 70, quando havia a intenção de organizar um sistema com agentes bem definidos e políticas públicas de qualidade para que os serviços se adequassem a padrões predeterminados. A expectativa é que isso ocorra agora.

Para Marques, o principal papel da Defesa Agropecuária é estimular a atenção primária à saúde. No caso do Brasil, o sistema de produção é estratégico, é o ponto forte para oferecer saneamento, nutrição e habitação. Precisa haver, dentro do sistema de produção, indicadores para as preocupações atuais com a sustentabilidade (questão social, emprego e ambiente). A responsabilidade de fazer esse trabalho é da Defesa Agropecuária, a qual cuida dos animais e das plantas que servem de alimento para a população.

O Brasil tem, como organização e visão, um dos melhores sistemas do mundo. Existem fragilidades na sua implementação, porém, como sobreposição de papéis, áreas que não são atingidas, falta de conhecimento sobre a relevância da agropecuária e os modos de atuação dos agrônomos e veterinários em seus procedimentos. É preciso, ainda, avançar na oferta de serviços, com profissionais mais qualificados, e nos materiais didáticos da Defesa. Enfim, faz-se necessário elaborar normas claras e verificar se estão sendo cumpridas, assumindo o compromisso de substituir produtos defeituosos (através da rastreabilidade).

4.3. PERSPECTIVAS DA DEFESA AGROPECUÁRIA

A expectativa é de que o Brasil consiga ter o melhor serviço de defesa agropecuária do mundo, em decorrência da capacidade de formular regras adequadas e cumpri-las. Certamente, a posição de destaque internacional do país melhorará ainda mais. Mas será necessário seguir as orientações avançadas, em harmonia com os organismos internacionais, em vez de criar orientações particulares.

Cada vez mais as atividades típicas de Estado tornam-se importantes. Faz-se necessário investir em pessoas, o que não será tarefa difícil para o país, devido à sua experiência em outras áreas e à diversidade de centros acadêmicos. O desafio, porém, é consolidar a gestão sistêmica.

REFERÊNCIAS BIBLIOGRÁFICAS

AMARAL, L. *História geral da agricultura brasileira*. São Paulo: Nacional, 1958.

BRASIL. Ministério da Agricultura, Pecuária e Abastecimento. *A força da agricultura, 1860-2010*. Brasília, DF, 2010.

BRASIL. Ministério da Agricultura, Pecuária e Abastecimento. *As doenças dos animais no Brasil:* histórico das primeiras observações. Brasília, DF, 1988. Número especial.

BRASIL. Ministério da Agricultura, Pecuária e Abastecimento. *Comemorações do centenário do Mapa:* 1ª Semana Nacional da Agricultura. Rio de Janeiro, 1961.

BRASIL. Ministério da Agricultura, Pecuária e Abastecimento. *Desenvolvimento sustentável e expansão do agronegócio*. Brasília, DF, 2008.

BRASIL. Ministério da Agricultura, Pecuária e Abastecimento. *Lei Delegada 9*, de 11 de outubro de 1962. Brasília, DF, 1962.

CABRAL, J. I. *Sol da manhã:* memória da Embrapa. 2005.

ESCRITÓRIO TÉCNICO DE AGRICULTURA. *Relatório Anual 1960*. Serviço do Vale do Paraíba, 1960. ETA – Projeto 4.

ESCRITÓRIO TÉCNICO DE AGRICULTURA. *Relatório Anual 1961*. Serviço do Vale do Paraíba, 1961. ETA – Projeto 4.

FILHO, D'A. G.; PLACER, X. *Ministério e ministros da agricultura, 1860-1966*. Rio de Janeiro: Ministério da Agricultura, Serviço de Informação Agrícola, 1966.

MARIANTE, A. S.; CAVALCANTE, N. *Animais do descobrimento:* raças domésticas da história do Brasil. Brasília, DF: Embrapa Informação Tecnológica, 2006.

REPRESENTAÇÃO IICA no Brasil. *Cooperação Técnica RI*. Brasília, DF, ano 4, n. 15, 2010.

5

Análise de Risco e Segurança dos Alimentos

Leandro Diamantino Feijó
Héber Brenner Araújo Costa
Rodrigo Moreira Dantas[1]

5.1. INTRODUÇÃO

O agronegócio brasileiro de produtos de origem animal e vegetal vem despontando neste século perante o mundo. Destaca-se por sua liderança e elevada competitividade na produção de alimentos. A geração de divisas para o país pode ser mensurada pela importância das exportações do agronegócio brasileiro: no ano de 2009 foram gerados mais de 63 bilhões de dólares, ou seja, 41% de todas as exportações do país (Figura 5.1.). Destaca-se a participação de 37% da população brasileira em empregos diretos e/ou indiretos nas atividades do agronegócio.

No agronegócio brasileiro de produtos de origem animal, despontam importantes setores da cadeia produtiva nacional, como o de carne bovina e o de aves, que se destacam como líderes mundiais de exportação. Entretanto, por mais que neste momento estejam superadas questões quantitativas de produ-

1. Coordenação de Resíduos e Contaminantes da Secretaria de Defesa Agropecuária do Ministério da Agricultura, Pecuária e Abastecimento (Mapa), Esplanada dos Ministérios, Anexo B, Bloco D, Sala 448, CEP: 70.043-900, Brasília/DF, Brasil.

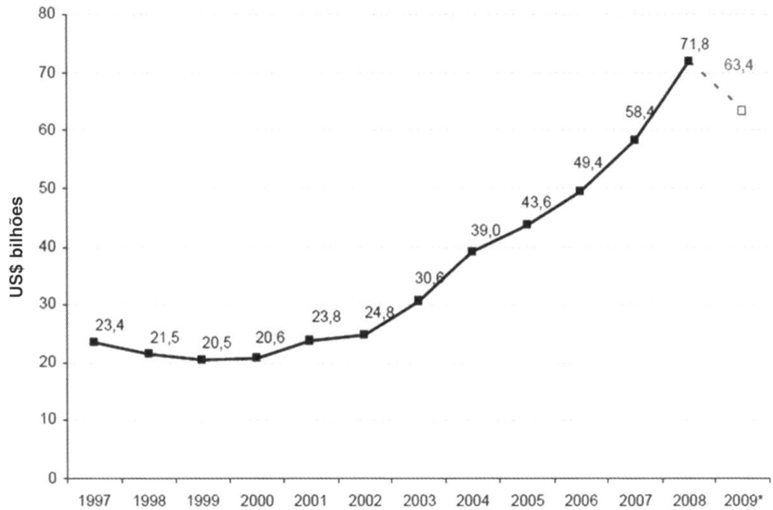

Fonte: AgroStart Brasil a partir dos dados da Secex / MDIC   Elaboração: CGOE / DPI /SRI / Mapa

* Projeção.

Figura 5.1. Evolução das exportações do agronegócio brasileiro: 1997-2009.

ção de alimentos no país, a continuidade sustentável e plena da liderança e a competitividade alcançadas ainda apresentam um desafio premente e insistente: a crescente exigência de adequação dos sistemas de controle de qualidade e segurança dos alimentos em um mundo cada vez mais complexo e globalizado. A producão agropecuária mundial, assim como a brasileira, reflete, em uma avaliação histórica, a evolução da população mundial (Figura 5.2.).

Com o advento da Revolução Industrial, os métodos de produção tornaram- se mais eficientes, e os produtos passaram a ser manufaturados mais rapidamente, barateando o preço e estimulando o consumo. Para muitos historiadores, a explosão do crescimento populacional após a Revolução Industrial foi uma realização promissora da humanidade: representava uma conquista do homem que, ao se adaptar melhor à vida nas cidades, conseguia viver cada vez mais.

Mas, com a explosão do crescimento em escala logarítmica da população mundial, uma nova realidade vem tomando as páginas dos principais noticiários nos quatro cantos do planeta: Como suprir a demanda por alimentos de uma população em crescimento considerando fatores desfavoráveis para o alcance desse intento? Mencionam-se episódios relacionados a mudanças climáticas (aquecimento global, distribuição irregular das chuvas), indisponibilidade de terras, êxodo rural, aumento do poder aquisitivo de nações emergentes e altamente populosas como Brasil, China, Rússia e Índia. A nova realidade mundial,

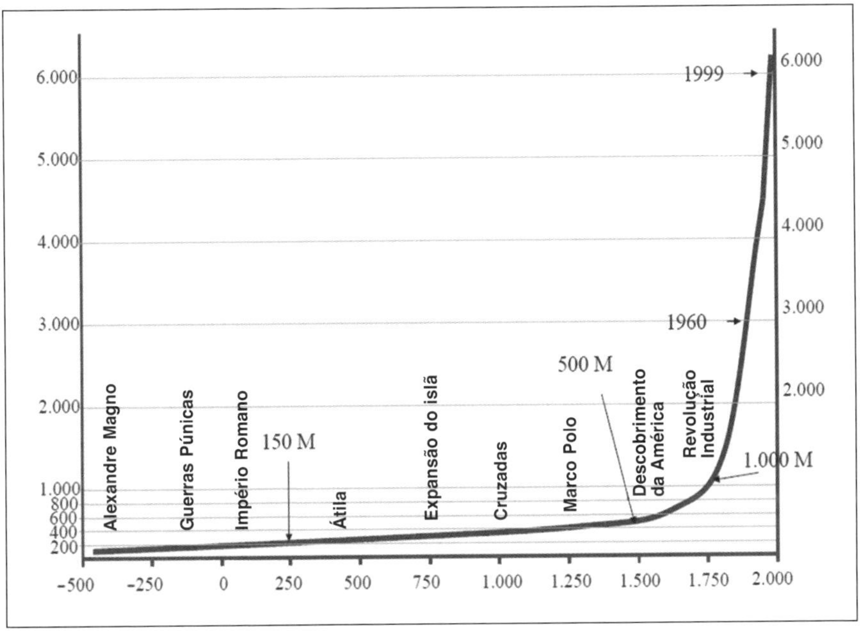

Figura 5.2. Crescimento da população mundial.

aliada a esse novo cenário, vem trazendo mudanças de comportamento e de hábitos alimentares, pelo acesso a alimentos de maior valor agregado.

A necessidade crescente de produção de alimentos está estritamente ligada à maior eficiência na sua produção. Para isso, o setor produtivo utiliza fertilizantes agrotóxicos e produtos de uso veterinário. Este procedimento implica a adoção de boas práticas agropecuárias/agrícolas, a fim de se ter melhor manejo de risco. Ao mesmo tempo, destacam-se as mudanças que vêm ocorrendo no âmbito do comércio internacional, "a urbanização", que pode ser caracterizada por:

- diferentes estilos de vida da população rural e urbana;
- população urbana que demanda mais "comidas rápidas";
- estimativa do aumento da população urbana em países em desenvolvimento para 3,4 bilhões em 2020.

Essas mudanças também ocorrem nos países desenvolvidos, onde já existe uma clara e definida demanda por qualidade nos alimentos. Os reflexos sobre o perfil do consumidor europeu no período de 1977 a 1999 incluem:

- decréscimo de 79 a 62% no consumo de carne vermelha;
- aumento de 21 a 38% no consumo de carne de aves;
- aumento de 25% no consumo de frutas e verduras;

- maior demanda por produtos orgânicos (considerados mais saudáveis);
- maior demanda por atributos de frescor e sabor;
- maior consciência em relação à proteção do meio ambiente e do bem-estar animal;
- maior conhecimento dos riscos e da inocuidade.

Do mesmo modo, os países em desenvolvimento vêm amadurecendo uma mentalidade e uma cultura que levam as pessoas a procurar, para seu consumo cotidiano, alimentos com atributos sabidamente conhecidos, que poderão melhorar a sua qualidade de vida e não colocar em risco a sua saúde e a da sua família. Ao mesmo tempo, são percebidas mudanças sensíveis que afetam diretamente a comercialização de alimentos, como:

- urbanização;
- incremento na entrada de alimentos de diversas regiões do mundo;
- mudanças demográficas;
- melhorias no transporte;
- percepção do consumidor em relação à qualidade e à inocuidade;
- concentração do comércio de alimentos.

Dessa forma, percebem-se nitidamente mudanças no padrão de consumo global de alimentos e o respectivo risco, pela perda da inocuidade. A inocuidade dos alimentos, então, é uma meta a ser alcançada, por meio da redução dos riscos potenciais, pelo conhecimento científico e tecnológico que permita a realização da "gestão de riscos". Para o atendimento desses princípios, as legislações nacionais devem imputar responsabilidades às empresas processadoras de alimentos e exportadoras, relacionadas a conceitos básicos como:

- **segurança:** somente deverão comercializar alimentos que sejam seguros;
- **responsabilidade:** deverão assumir a responsabilidade de que os alimentos produzidos, transportados e armazenados sejam seguros;
- **rastreabilidade:** deverão ser capazes de identificar rapidamente os fornecedores de matérias-primas e clientes;
- **transparência:** deverão informar imediatamente às autoridades sanitárias competentes a detecção de qualquer risco que esteja relacionado aos seus produtos;
- **emergência:** deverão proceder à retirada imediata do mercado de um alimento que tenha qualquer risco de não se apresentar seguro;
- **prevenção:** deverão determinar e revisar regularmente os controles e pontos críticos de seus processos;
- **cooperação:** deverão cooperar com as autoridades sanitárias competentes nas ações empreendidas para reduzir os riscos.

Considerando a inexorável premissa da necessidade de produção de alimentos em quantidade, qualidade e com inocuidade, este trabalho aborda a seguir temáticas importantes para o pleno entendimento do leitor sobre o papel do Estado no provimento da segurança dos alimentos, assim como na implementação da ferramenta intitulada "análise de risco" e nas ações adotadas pelo Mapa no controle de resíduos de produtos de uso veterinário e contaminantes ambientais em produtos de origem animal.

5.2. PAPEL DO ESTADO NA SEGURANÇA ALIMENTAR

Em um ambiente exposto à competição internacional, centrado na busca de competitividade dinâmica, o Estado assume papel de grande importância para a sociedade, como provedor de bens e serviços que não podem ser supridos por outros agentes, seja por não haver incentivos para tanto ou pelo fato de a natureza dos agentes não lhes conferir credibilidade suficiente para suprir certos bens para a sociedade (Zylbersztajn, 1999).

Certamente, existem funções que podem ser exercidas tanto pelo Estado como pelo setor privado. Entretanto, sempre que se trata de fazer cumprir determinações legais, o poder de coerção é fundamental, e o setor privado não pode exercê-lo. De forma muito limitada, as associações privadas podem excluir membros ou tornar público o comportamento oportunista de empresas, jogando com o poder de reputação, entretanto cabe ao Estado o exercício do poder de coerção, que é a forma mais eficiente de fazer que sejam cumpridas as determinações legais.

Para o exercício da coerção, e como parte do papel do setor público, existe o monitoramento dos agentes econômicos. Em geral, o monitoramento do cumprimento de normas legais é custoso, podendo em alguns casos ser exercido pelo setor privado, em coordenação com o setor público. Assim, há as associações de defesa do consumidor que monitoram a qualidade dos alimentos, tornam público ou denunciam ao poder público situações em desacordo com a legislação em vigor (Zylbersztajn, 1999).

Considerando a legislação pertinente à agropecuária, no Brasil, cabe ao Ministério da Agricultura, Pecuária e Abastecimento (Mapa), por meio da Secretaria de Defesa Agropecuária (SDA), o planejamento, a normatização, a coordenação e a supervisão das atividades de defesa agropecuária, em especial saúde animal e sanidade vegetal; a fiscalização e a inspeção de produtos, derivados, subprodutos e resíduos de origem animal e vegetal; a fiscalização de insumos agropecuários; a fiscalização higiênico-sanitária dos serviços prestados na agricultura e na pecuária; a análise laboratorial como suporte às ações de defesa agropecuária; e a certificação sanitária, animal e vegetal (Brasil, 2007). A consolidação de padrões de qualidade demanda capacidade de criar organizações, estruturas de governança que sejam capazes de dar o suporte necessário às ações geradoras e controladoras dos padrões desejados. Isso pode demandar ações tanto públicas como privadas (Zylbersztajn, 1999).

Considerando a produção de alimentos no Brasil e as divisas geradas com esse segmento fundamental da economia, a forte expansão das exportações do agronegócio nos últimos seis anos (2000 a 2006), conseguida graças à soma de esforços e responsabilidades do setor privado e do setor público, tem sido um dos aspectos de maior destaque da agricultura brasileira. Em 2009, as exportações brasileiras do agronegócio atingiram 65,8 bilhões de dólares, o que perfaz um percentual de 42,5% de todas as exportações realizadas pelo Brasil nesse ano. Reafirma-se a importância da geração de empregos diretos e indiretos (37%) correlacionados às atividades do agronegócio no país (Figura 5.3.).

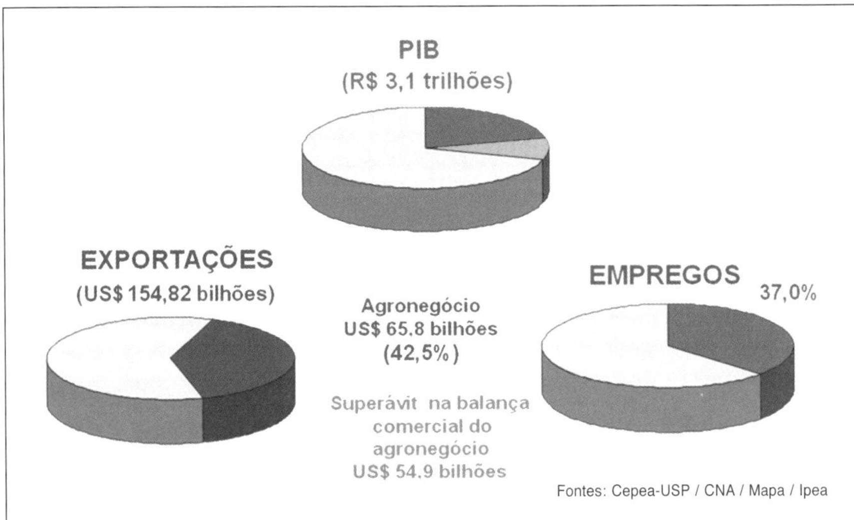

Figura 5.3. Geração de riquezas e empregos e o agronegócio no Brasil.

O crescimento nos índices econômicos propiciou também significativa elevação da participação do país no comércio mundial de produtos do agronegócio. As importações mundiais destes produtos atingiram 641 bilhões de dólares em 2005, com crescimento médio de cerca de 9,9% ao ano entre 2001 e 2005. No mesmo período, as exportações brasileiras cresceram quase o dobro da variação das importações mundiais, o que permitiu o aumento da participação brasileira no comércio mundial de produtos do agronegócio de 4,4%, em 2001, para 5,7%, em 2005 (Mapa/SRI/DPI/CGOE, 2007).

Atualmente, há grande preocupação com questões relacionadas à alimentação da população mundial. Enfatizam-se os conceitos de *food security* (caracterizado basicamente como provisão de alimentos em quantidade e sua distribuição para garantia de alimentação de uma população) e, principalmente, de *food safety* (caracterizado basicamente como provisão de alimentos seguros/inócuos para a população).

Ambos os conceitos dependem da interação de diversos representantes da sociedade e das cadeias produtivas e distribuidoras de alimentos. O setor privado possui responsabilidades específicas e compulsórias. Ao Estado cabe a garantia de que esses conceitos sejam efetivamente aplicados e promovidos através de políticas públicas não discriminatórias. Com frequência assume-se que o gerenciamento da segurança alimentar (*food security*) e da sanidade na agricultura (*agriculture health*) é predominantemente responsabilidade do setor público (Jaffee; Henson, 2005), considerado, inclusive, como um bem público que deve ser fornecido pelo Estado.

Diante dessa dicotomia, diversos países e blocos econômicos vêm implementando medidas restritivas e padrões que visam assegurar que suas populações tenham acesso irrestrito a alimentos na quantidade e na qualidade necessárias e que sejam seguros do ponto de vista de saúde pública (*food safety,* aqui determinado como alimento seguro). Para tanto, padrões e requisitos restritivos (sanitários e tarifários) vêm sendo impostos a países produtores e fornecedores de alimentos, como o Brasil.

Esses requisitos precisam ser tratados como prioridade do Estado, o qual deve assegurar o acesso a alimentos seguros para sua população e para as populações dos países terceiros importadores dos seus alimentos. Cabe enfatizar que o Estado brasileiro tende, na maioria das vezes, a não se comportar de forma proativa. Quase sempre mostra-se reacionário, depende de ações e cobranças de terceiros, principalmente de agentes externos e clientes internacionais.

Países importadores com frequência requerem garantias de que as importações sejam oriundas de área livre de certas pragas ou doenças e que haja o controle sanitário no que se refere, por exemplo, à doença da vaca louca e à gripe do frango, além de exigir que requisitos e padrões mínimos de higiene sejam aplicados no processamento, no empacotamento e na distribuição, que sejam livres de excessos de resíduos de medicamentos veterinários e agrotóxicos e de outros contaminantes (químicos, ambientais e microbiológicos) os produtos de origem animal e vegetal. O país exportador deve possuir a capacidade de cumprir esses requerimentos e padrões, assim como de demonstrar conformidade com eles (Jaffee; Henson, 2005).

Segundo o *Codex Alimentarius,* e diante dos resultados de diversos estudos científicos que mostram, por exemplo, a forte correlação entre a ingestão de carnes, leite, ovos, produtos da aquicultura, mel, dentre outros que contêm resíduos de antibióticos, a indução de resistência aos tratamentos antimicrobianos pela população e a indução da formação de cepas de bactérias resistentes aos antibióticos de última geração (exemplo: bactérias resistentes à vancomicina), as questões correlacionadas à implementação de um Plano Nacional de Controle de

Resíduos e Contaminantes (PNCRC) amplo e efetivo por parte do Estado para garantir o fornecimento de alimentos seguros (*food safety*) têm sido consideradas o principal fator de discussão no âmbito do próprio *Codex* e outros fóruns de discussão técnica sobre a saúde da população e a sua exposição ao risco.

Portanto, assegurar padrões rígidos de qualidade para o mercado interno traz a vantagem de sinalizar positivamente para os mercados internacionais, reduzindo barreiras, o que se pode chamar de custos de transação. O contrário é verdadeiro: caso o Estado não consiga angariar reputação, conforme discutido anteriormente, os obstáculos que se concretizam nos mercados internacionais, na forma de um neoprotecionismo, com base em atributos de qualidade, são potencializados, provocando maiores problemas (Zylbersztajn, 1999).

Além das questões correlacionadas com a saúde pública, padrões e requisitos de segurança dos alimentos (*food safety*) e de sanidade na agricultura (*agriculture health*) podem impedir o comércio, em especial com países em desenvolvimento, através de banimentos nas importações de produtos específicos ou do alto custo de conformidade com os padrões restritivos, os quais podem diminuir a competitividade. Em certas circunstâncias, entretanto, o novo panorama da prolífera e crescente restrição correlacionada aos restritivos padrões de segurança dos alimentos e de sanidade na agricultura pode ser a base para o reposicionamento da competitividade e a melhoria da performance das exportações dos países em desenvolvimento. O ponto principal para isso está na habilidade desses países de aumentar sua capacidade e de fazer os ajustes necessários em estrutura e operacionalização de suas cadeias produtivas (Jaffee; Henson, 2005).

Entretanto, variações nos requerimentos de segurança dos alimentos e de sanidade na agricultura, junto com as progressivas mudanças em direção às medidas e ações na base dos processos, têm evidenciado a importância da equivalência de padrões e requerimentos nacionais e de sistemas que, na maioria das vezes, não são harmonizados nem definidos mundialmente. Os Acordos Sanitários e Fitossanitários (SPS Agreement) da OMC protegem o direito dos países de escolher seus próprios níveis apropriados de proteção, assim como orientam seus membros a levar em conta o objetivo de minimizar os efeitos negativos para o comércio. Porém, é evidente que varia amplamente o entendimento dos membros da OMC sobre os Acordos SPS, assim como as suas habilidades de tirar vantagem dos direitos e responsabilidades que definem (Jaffee; Henson, 2005).

Nesse sentido, por exemplo, em 1997, a União Europeia (UE) propôs uma série de harmonizações nos padrões de aflatoxina (toxina produzida por fungos cuja incidência está vinculada ao clima úmido e a infestações por insetos durante a produção e, principalmente, com práticas de estocagem pós-colheita) para os países-membros, estabeleceu os seus próprios padrões e uniformizou os seus procedimentos de amostragem para as análises. Em resposta à notificação a respeito desse tema feita pela UE à OMC, países em desenvolvimento levantaram uma série de objeções aos padrões e aos métodos de amostragem propostos, já que eram bem mais restritivos do que aqueles propostos pelo *Codex Alimentarius*, mas sem a apropriada e compulsória justificação científica (Jaffee; Henson, 2005).

Adicionalmente, no ano de 2005, a União Europeia passou a ser integrada por 25 países-membros, com a entrada no bloco de 15 países do Leste europeu. Em janeiro de 2007, houve a entrada da Romênia e da Bulgária na Comunidade, elevando para 27 o número de estados-membros da UE. Esses novos países-membros possuem predominância de população e de produção rural/agrícola e são tipicamente dependentes da produção agropecuária de pequenos e médios produtores rurais tradicionais, fazendo que se torne cada vez mais difícil prover incentivos aos produtores do bloco de modo integral, levando a UE, assim como em outras ações, a elevar os custos de produção dos países terceiros, a fim de melhorar a competitividade dos produtos agropecuários oriundos de seus estados-membros.

5.3. SEGURANÇA DOS ALIMENTOS

Conceitualmente, segurança dos alimentos é o conjunto de atributos de qualidade dos alimentos (assegurados pelo emprego de ingredientes em quantidade e qualidade adequadas, verificados por procedimentos de garantia de qualidade, entre eles, análises físico-químicas, microbiológicas e sensoriais, entre outros). Inclui o subconjunto de atributos de segurança dos alimentos (controle qualitativo e quantitativo de agentes biológicos, químicos e físicos capazes de causar danos à saúde do consumidor, denominados coletivamente "perigos").

A gestão bem-sucedida da segurança dos alimentos é de responsabilidade do produtor e deve ser verificada pelo Estado. Deve seguir diretrizes internacionalmente validadas, iniciar-se obrigatoriamente na produção primária (campo) e permear toda a cadeia produtiva, chegando ao consumidor o *continuum* fazenda-mesa do consumidor, com a inserção de controles apropriados, verificados oficialmente em cada fase do processo produtivo.

A produção e o consumo de alimentos são fundamentais em qualquer sociedade e têm consequências econômicas, sociais e, em muitos casos, ambientais. Embora a proteção da saúde seja sempre prioritária, essas questões também devem ser consideradas no âmbito da política alimentar. Além do mais, o estado e a qualidade do ambiente, designadamente dos ecossistemas, podem afetar diversas fases da cadeia alimentar. A política ambiental desempenha, pois, importante papel quando se trata de garantir ao consumidor a segurança dos alimentos (UE, 2000).

A importância econômica e a onipresença dos alimentos na vida implicam que a sua segurança deve ser um dos principais interesses da sociedade em geral e das autoridades públicas e dos produtores em particular (UE, 2000). O direito de acesso ao alimento seguro pela população de um país é fator determinante em sua sociedade. Deve ser oferecida aos consumidores uma vasta gama de produtos seguros e de elevada qualidade provenientes de todos os países. É este o papel essencial do mercado interno (UE, 2000).

Nesse contexto, a cadeia de produção alimentar torna-se cada vez mais complexa. Para assegurar proteção adequada à saúde dos consumidores, todos os elos dessa cadeia devem ser igualmente seguros em termos sanitários. Esse princípio deve aplicar- se quer os alimentos sejam produzidos dentro de um país, quer sejam importados de outros países. Cada elemento faz parte de um ciclo e, assim, as evoluções no âmbito do processamento dos produtos alimentares podem exigir mudanças na regulamentação, ao passo que as informações provenientes dos sistemas de controle podem ajudar a identificar e gerir os riscos existentes ou potenciais. Cada parte do ciclo deve funcionar de modo adequado para que seja possível assegurar o cumprimento das mais rigorosas normas de segurança dos alimentos (UE, 2000).

Além disso, a qualidade é uma vantagem competitiva que diferencia uma empresa de outra, pois os consumidores estão cada vez mais exigentes no momento de adquirir determinado produto. As empresas que não estiverem preocupadas com a busca pela qualidade poderão ficar à margem do mercado consumidor. Quando se fala em qualidade para a indústria de alimentos, o aspecto segurança do produto (*food safety*) é sempre fator fundamental, pois qualquer problema pode comprometer a saúde do consumidor (Figueiredo; Neto, 2001).

No início de 1970, uma série de fatos aconteceu nos Estados Unidos, relacionados a problemas com a segurança dos produtos que estavam sendo consumidos, originando o seguinte questionamento: Como em 1969 os EUA foram capazes de enviar o homem à Lua e em 1970 ainda temos incidentes que comprometem a segurança dos nossos produtos? A resposta encontrada foi que seria necessário promover uma mudança na forma de desenvolver e produzir alimentos, tornando-a mais científica e controlada (Bennet; Steed, 1999).

O conceito de "alimento seguro" está crescendo em importância na conjuntura global, não somente pela sua importância para a saúde pública, mas também pelo seu importante papel no comércio internacional (Barendsz, 1998). Esse sistema foi utilizado pela primeira vez nos anos 60, pela Pillsburg Company, junto com a Nasa (National Aeronautics and Space Administration) e o U.S. Army Laboratories, em Natick, com o objetivo de desenvolver um programa de qualidade que, utilizando algumas técnicas, desenvolvesse alimentos para os astronautas da Nasa (Bennet; Steed, 1999). O programa foi apresentado ao público pela primeira vez em 1971, durante a conferência nacional para proteção de alimentos realizada nos Estados Unidos (Athayde, 1999).

Uma política de segurança dos alimentos eficaz deve reconhecer as interconexões que caracterizam a produção alimentar. Tal política implica a avaliação e o controle dos riscos que apresentam, para a saúde do consumidor, as matérias-primas, as práticas agrícolas e as atividades de processamento dos alimentos, exige medidas regulamentares eficazes para gerir esses riscos e impõe a criação e o funcionamento de sistemas de controle destinados a supervisionar e assegurar o cumprimento dessa regulamentação. Devem-se adotar todas as medidas destinadas a melhorar e tornar coerente o corpo da legislação que abrange todos os aspectos associados aos produtos alimentares, "da exploração agrícola até a mesa do consumidor" ("*From Farm to Fork*"). Dessa forma, a política "da exploração agrícola até a mesa", que abrange todos os setores da cadeia alimentar, incluindo a produção de alimentos para animais, a produção primária, o processamento dos alimentos, a armazenagem, o transporte e o comércio retalhista, deverá ser aplicada de modo sistemático e de forma coerente (UE, 2000).

A legislação em segurança de alimentos é em geral entendida como um conjunto de procedimentos, diretrizes e regulamentos elaborados pelas autoridades, direcionados à proteção da saúde pública (Brandimarti, 1999). Conforme observado anteriormente, no Brasil, cabe ao Ministério da Agricultura, Pecuária e Abastecimento (Mapa), através da Secretaria de Defesa Agropecuária (SDA), planejar, normatizar, coordenar e supervisionar as atividades de defesa agropecuária, como a fiscalização e inspeção de produtos, derivados, subprodutos e resíduos de origem animal e vegetal (Brasil, 2007). Da mesma forma que reputação é importante para as empresas, como um bem intangível, também é para o Estado. Se a sociedade se sente amparada por um sistema de justiça eficaz, por um mecanismo de defesa da concorrência atuante, por um sistema de vigilância sanitária eficiente e por um sistema de monitoramento da segurança dos alimentos para fins de consumo funcional, passará a operar com menores custos transacionais, tornando mais eficientes os mercados.

Caso o Estado não convença a sociedade de que os sistemas mencionados merecem credibilidade, então existe uma apelação de toda a sociedade, que buscará criar mecanismos substitutos, nem sempre eficazes, para permitir o funcionamento das engrenagens. O consumidor, ao ter confiança em mecanismos que lidam com as assimetrias informacionais, poderá adquirir os alimentos, exportá-los, utilizá-los em processamento industrial com segurança (Zylbersztajn, 1999).

Considerando mais especificamente os aspectos ligados ao agronegócio, surgem elementos de interesse imediato para os tomadores de decisão ligados ao Estado. Uma seleção dos temas mais importantes apontados na literatura indica o estabelecimento de padrões de qualidade e de segurança dos alimentos. Se os mercados operassem de forma competitiva, em um ambiente de competição perfeita, as empresas teriam incentivos para oferecer aos consumidores os padrões desejados. Se os consumidores valorizassem os atributos, surgiriam os incentivos adequados para as empresas os ofertarem (Zylbersztajn, 1999).

As razões que levam à interferência do Estado estão ligadas à característica de assimetria informacional no mercado de alimentos, que cria uma situação de falha de operação no sistema de preços. Mesmo com a possibilidade de surgimento do efeito reputação, a existência de empresas que operam no mercado com produtos de pouco valor e de grande frequência de transações conduz ao estabelecimento de controles (Zylbersztajn, 1999). Autores como Edwards (1997) consideram que o principal e talvez o único objetivo da regulação pública seja o de salvaguardar a saúde e a segurança do público, sendo tal percepção reforçada pelas falhas de mercado apontadas.

Um alimento seguro, que não cause mal à saúde e não ofereça dúvidas em relação à sua composição e ao seu peso – essa é uma das mais importantes características da qualidade que correspondem às expectativas do consumidor (Berg, apud Barendsz, 1998). Segundo o International Life Science Institute – Ilsi (1997), os perigos podem ser provocados pela presença inaceitável de contaminação química, física ou microbiológica na matéria-prima, no produto semifabricado ou no produto final; pelo potencial de crescimento ou de sobrevivência de microrganismos ou de produção de substâncias químicas no produto semifabricado, no produto final ou no ambiente da linha de produção; e pela recontaminação do produto semifabricado ou do produto final com microrganismos, produtos químicos ou corpos estranhos. Assim, vários perigos podem comprometer a segurança dos alimentos e devem ser controlados e mitigados, seja pela ação direta do setor privado, interessado em sua reputação, seja pelo estabelecimento de padrões e controles via regulamentação do Estado, tais como:

Microbiológicos

- Coliformes totais e fecais, *Salmonella* spp., *Listeria* spp., *Mycobacterium tuberculosis*, dentre outros agentes envolvidos em toxinfecções de origem alimentar ou em zoonoses.

Físicos

- Presença de corpos estranhos, como objetos perfurocortantes não detectados preventivamente nos alimentos.

Químicos

- Nutricionais (consumo excessivo de gorduras saturadas ou trans, por exemplo).
- Naturais (ingredientes alimentares naturais, como o glúten e a fenilalanina, que podem levar à morte pessoas com intolerância ou alergia a esses ingredientes).
- Aditivos alimentares (conservantes, antioxidantes, edulcorantes, aromatizantes, dentre outros).

- Contaminantes ambientais (metais pesados, contaminantes inorgânicos e micotoxinas).
- Resíduos nocivos de produtos de uso veterinário e agrotóxicos nos alimentos.

Para determinar a origem dos perigos encontrados e promover ações corretivas, a fim de diminuí-los, uma política alimentar eficaz implica a rastreabilidade dos alimentos para consumo humano e para animais, bem como dos ingredientes. Para isso, é necessário introduzir procedimentos adequados para facilitar a rastreabilidade. Dentre estes, é importante mencionar a obrigação, por parte das empresas do setor alimentar e de alimentação animal, de dispor de procedimentos adequados para retirar do mercado os produtos alimentares e os alimentos para animais sempre que exista risco para a saúde dos consumidores. Os operadores também devem manter registros adequados dos fornecedores de matérias-primas e de ingredientes, para que seja possível identificar a fonte de um eventual problema. Convém ressaltar, no entanto, que o rastreamento inequívoco dos produtos alimentares e dos alimentos para animais, bem como dos respectivos ingredientes, é questão complexa, que deve levar em conta a especificidade dos diferentes setores e produtos (UE, 2000).

Além disso, uma questão a ser considerada pelo Estado, ao estabelecer os padrões e as ações necessários para a promoção da segurança alimentar, é a dos custos associados à sua implementação. O aspecto crucial é que qualidade implica custos, do que decorre a seguinte pergunta: O público poderá pagar os preços resultantes da implantação de padrões? Sob tal ótica, nem sempre os padrões observados em países desenvolvidos de alta renda são compatíveis com as possibilidades de mercados menos desenvolvidos. Trata-se de um dilema para o Estado, que, no caso de adotar e fiscalizar padrões rígidos, poderá excluir do consumo determinadas parcelas da população. Ao não adotá-los, poderá ser considerado responsável por eventuais problemas decorrentes dessa atitude. Caso não o faça, e diante do risco para a saúde pública, pode ser acusado de omisso. Essa é uma questão em aberto e importante em países em transição, como o Brasil (Zylbersztajn, 1999).

5.4. ANÁLISE DE RISCO

A análise de risco constitui uma disciplina inovadora e potente, o que justifica sua crescente popularidade entre governos e empresas privadas em todo o mundo. Na medida em que modelos matemáticos apropriados para certos processos possam ser gerados e os dados que os alimentam possuam qualidade adequada, a análise de risco representa importante instrumento para absorver a incerteza e a variabilidade inerentes a um processo, facilitando as tomadas de decisão a ele associadas.

A produção agropecuária agrega, além das incertezas inerentes a qualquer processo, as incertezas inerentes aos processos biológicos em que se baseia. Disso resulta que o emprego da análise de risco como instrumento para absorver a alta variabilidade inerente aos processos de produção agropecuária, visando otimizar seu controle, é altamente desejável.

Os procedimentos de análise de risco geram informações dinâmicas e objetivas para a tomada de decisão em defesa agropecuária a fim de minimizar os danos ao agronegócio, principalmente os associados aos ataques de pragas e às enfermidades nas populações vegetais, animais e seus consumidores finais. Sob a ótica do planejamento estratégico-econômico, a análise quantitativa de risco fornece informações para o aporte financeiro para as ações a serem implementadas em tempo hábil e nos locais necessários para a proteção (defesa) agropecuária, mantendo a cadeia produtiva como um negócio viável e sustentável. Permite, ao mesmo tempo, quantificar os prejuízos para o país, caso tal aporte de recursos não esteja disponível em quantidade adequada, ou no momento requerido.

O Mapa é responsável por disciplinar, promover e viabilizar o maior negócio brasileiro, por meio de ações estruturais da produção agropecuária e do processamento de produtos de origem vegetal e animal. Em termos conceituais, o conjunto de atributos de qualidade dos alimentos (assegurados pelo emprego de ingredientes adequados em quantidade e qualidade, o que é verificado por procedimentos de garantia de qualidade, entre eles, análises físico-químicas, microbiológicas e sensoriais, entre outros) inclui o subconjunto de atributos de segurança (controle qualitativo e quantitativo de agentes biológicos, químicos e físicos capazes de causar danos à saúde do consumidor, denominados coletivamente perigos).

A conformidade com relação aos aspectos de segurança de alimentos jamais pode ser garantida por análise de produtos acabados postos à venda, mas somente por meio de controle e monitoramento sistemáticos, preventivos e proativos das cadeias produtivas. Na implementação das Boas Práticas Agropecuárias e Boas Práticas de Fabricação, a rede de laboratórios Mapa assume importância estratégica para auxiliar a verificação e a validação do nível de implementação de tais procedimentos, com vistas ao reconhecimento internacional.

A análise de risco tornou-se mais importante do que nunca: novos modos de produção e processamento, alteração nos padrões de consumo e expansão do mercado internacional são alguns dos fatores que podem contribuir para o surgimento de novos perigos e para a urgência da solução para problemas já conhecidos. Cada vez mais os acordos de comércio internacional estabelecem regras e padrões para a produção e o comércio de alimentos inócuos e de qualidade (FAO, 1998).

A abordagem moderna inclui o conceito de proatividade, prevenção, responsabilidade compartilhada, integração, controle do processo de produção e aplicação da análise de risco, pois seus princípios e técnicas permitem o diagnóstico de problemas e a definição de soluções mais específicas e eficientes (FAO; WHO, 2005).

A análise de risco instrumentaliza os processos de tomada de decisão, contribuindo para a definição de metas e de estratégias para a redução da ocorrência das doenças transmitidas por alimentos e pela água, com embasamento científico, para o planejamento e a implementação de intervenções adequadas, bem como para o monitoramento de resultados (FAO; WHO, 2005). O Acordo sobre Medidas Sanitárias e Fitossanitárias (SPS) estabelece que os países-membros devem garantir que utilizam medidas de sanidade e fitossanidade definidas através de análises de risco nas quais são empregadas técnicas desenvolvidas por organizações internacionais relevantes. Risco, em qualquer campo de saber científico ou tecnológico, é a probabilidade da ocorrência de um evento adverso. Nessa teoria, a previsibilidade do evento é possível pelo conhecimento dos parâmetros de distribuição de probabilidades de acontecimentos futuros.

Na área de segurança alimentar e do meio ambiente, a partir do início do século XX, foi adotado o uso de microrganismos indicadores, como as bactérias do grupo coliforme, para a avaliação e o controle da qualidade higiênico-sanitária dos alimentos e da água. A metodologia de análise de risco contribui para a produção de alimentos seguros, pois dispõe de ferramentas para o gerenciamento e a definição de medidas específicas, transparentes e coerentes, e para a avaliação de perigos específicos e técnicas para uma comunicação e discussão eficientes entre os profissionais e com a sociedade.

Seguem-se as definições consagradas pelo *Codex Alimentarius* para "perigo" e "risco".

Perigo (*hazard*) refere-se ao agente biológico, químico ou físico, ou propriedade do alimento com potencial de causar efeito adverso à saúde. Exemplos de ocorrência de perigos químicos incluem frutas e hortaliças que, no ponto de consumo, possam conter resíduos de pesticidas (perigo químico) não permitidos e/ou em níveis superiores aos estabelecidos como seguros, em virtude da não observância, pelo produtor, dos corretos procedimentos de uso de pesticidas para as culturas em questão; ou ainda laticínios e produtos cárneos que apresentem níveis de antibióticos, hormônios ou promotores de crescimento superiores aos limites estabelecidos no ponto de consumo, devido a controles inadequados no uso dessas substâncias no rebanho. Exemplos de perigos biológicos incluem a presença de bactérias entéricas patogênicas em vegetais, devido ao uso de água de irrigação contaminada, em virtude da não observância das Boas Práticas Agropecuárias. Fica claro que as águas de irrigação não devem conter matéria fecal humana nem animal, pois podem veicular bactérias entéricas graves em vegetais consumidos em geral crus.

Risco (*risk*) constitui função da probabilidade de ocorrência de um efeito adverso à saúde e da gravidade desse efeito, causado por um ou mais perigos existentes no alimento. Exemplificando, a entrada indesejada de uma praga vegetal inexistente no país, claramente um desvio de processo com alta capacidade de disseminação (alto impacto), representa perdas financeiras sustentadas ao longo dos anos para a agricultura e sugere um risco inaceitável ao agronegócio.

De modo similar, focos de enfermidades como a febre aftosa, doença altamente contagiosa em grupos específicos de animais, podem ter origem diversa, incluindo desvios como descontrole no trânsito de animais, ausência de vacinação ou vacinação inadequada do rebanho, mutação viral que comprometa a eficácia da vacina ou ainda a ocorrência de fatores ambientais e biológicos em nível suficiente para diminuir de modo substancial a resposta imune do rebanho. Cumpre ressaltar que em nenhum dos casos mencionados existe comprometimento da saúde do consumidor pela ingestão de alimentos advindos de tais processos em desvio. Entretanto, os prejuízos econômicos, sociais, operacionais e ambientais para o agronegócio são patentes.

Segundo uma conceituação mais específica de risco, aplicada ao campo da ciência de alimentos e saúde do consumidor, a comissão do *Codex Alimentarius*, mediada pela FAO, define "risco" como a probabilidade ou função da probabilidade de ocorrência de um perigo. Já a incerteza é a possibilidade da existência de erro em uma mensuração ou cálculo. O erro pode ser gerado, por exemplo, na determinação de variáveis, no uso de métodos de resolução de problemas, na tomada de decisão (Vieira, 1978). No caso da incerteza, não se conhece a função de probabilidade de ocorrência do evento.

Em muitos casos, as incertezas existem porque a informação científica simplesmente não está disponível. Nas atividades analíticas, adota-se o conceito metrológico de incerteza. Neste, os parâmetros são conhecidos, mas não a distribuição das probabilidades. Assim, a estimativa é feita, porém existe uma possibilidade de erro. Como todo tipo de previsão, a análise de risco envolve a "mensuração de algo não totalmente estabelecido" e, assim, agrega incertezas (Andrade, 2000; FAO; WHO, 2005). As incertezas devem ser reconhecidas e incluídas na estimativa do risco. O nível de incerteza sugere a qualidade do conhecimento gerado, do resultado da avaliação.

De acordo com O'Brien (2000), quando as relações de causa e efeito sobre determinada exposição a um efeito adverso à saúde ainda não estão cientificamente bem estabelecidas, deve ser aplicado o princípio da precaução, pelo qual, mesmo na ausência da certeza científica formal em relação a um risco que envolve dano sério ou irreversível, devem ser aplicadas medidas preventivas. A análise de risco identifica um problema potencial, avalia a probabilidade da sua ocorrência, estima o seu impacto e sugere as medidas para solucioná-lo. É um processo formado por três componentes: gerenciamento de risco, avaliação de risco e comunicação de risco (*Codex, Procedural Manual*, 13th, 2003), para a coleta e avaliação sistemática e transparente de informações científicas relevantes relativamente a um perigo e definição da melhor opção de gerenciá-lo (FAO; WHO, 2005).

A análise de risco é uma ferramenta para o processo de tomada de decisão em questões de segurança dos alimentos. Por meio da sua aplicação, são identificados os diferentes pontos de controle na cadeia alimentar, as opções de intervenção e os custos e benefícios de cada medida, permitindo o gerenciamento eficiente dos riscos (FAO; WHO, 2006).

5.4.1. Princípios da análise de risco[2]

A análise de risco é um processo estruturado, constituído por três componentes: avaliação de risco, gerenciamento de risco e comunicação de risco (Figura 5.4.). Estes três componentes devem ser abordados de forma integrada e complementar, mas devem ser praticados de modo a garantir a independência de execução de cada um, assegurando a transparência do processo e evitando conflitos de interesse.

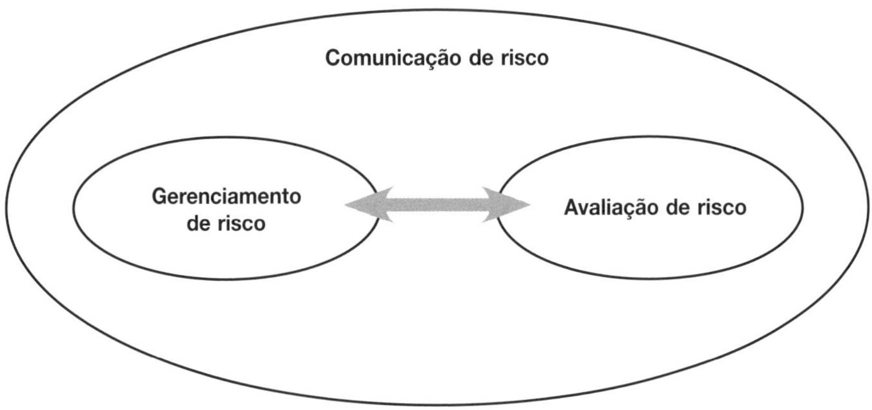

Figura 5.4. Componentes da análise de risco.

- Devem ser baseados em todos os dados científicos disponíveis.
- Devem apresentar consistência.
- Devem constituir um processo aberto, transparente e totalmente documentado.
- Quando novas evidências científicas forem encontradas após a conclusão da análise, é necessário reavaliá-la e, quando indicado, fazer modificações.
- As incertezas e variabilidades devem ser consideradas e explicitadas com clareza.

2. *Codex Alimentarius* Commission (CAC), 2003.

Para que seja possível realizar a análise de risco, faz-se necessária a existência de um sistema de segurança de alimentos operante, no qual devem ser contemplados quesitos básicos: legislação, serviços de inspeção, laboratórios, capacitação técnica/científica. Além disso, há a necessidade imperiosa do processo de capacitação e atualização constantes de todos os profissionais envolvidos e da participação/suporte dos *stakeholders*, ou seja, de representantes dos grupos da sociedade implicados nos riscos e/ou responsáveis pelas ações de controle, formadores de opinião etc. A análise de risco só pode ser bem-sucedida se realizada em um ambiente em que se reconhecem sua importância e os benefícios que traz.

5.4.2. Gerenciamento de risco

Processo de ponderação para seleção de diretrizes e, quando necessário, de medidas de prevenção e controle de problemas, baseado nas conclusões de uma avaliação de risco, em fatores relevantes para a saúde e para a promoção de práticas justas de comércio e na consulta às partes interessadas (FAO; WHO, 1997) (Tabela 5.1.). O objetivo principal do gerenciamento de risco na segurança dos alimentos é a proteção da saúde pública, por meio do controle de riscos, com a maior efetividade possível, e da seleção e aplicação de medidas apropriadas (FAO; WHO, 1997) (Figura 5.5.).

Tabela 5.1. Estrutura geral do processo de análise de risco adotada pela FAO e WHO (1997).

Gerenciamento de risco	Processo de ponderação para seleção de diretrizes e, quando necessário, de medidas de prevenção e controle de problemas, baseado nas conclusões de uma avaliação de risco, em fatores relevantes para a saúde e para a promoção de práticas justas de comércio e na consulta às partes interessadas.
Avaliação de risco	Processo científico que envolve as seguintes etapas: a) identificação do perigo; b) caracterização do perigo; c) avaliação da exposição; d) caracterização do risco.
Comunicação de risco	Troca de informações e de opiniões, que ocorre durante toda a análise de risco, entre gestores de risco, avaliadores, consumidores, indústria, comunidade científica e outros interessados, a respeito dos perigos, riscos, resultados da avaliação e decisões do gerenciamento.

Fonte: Autores da pesquisa.

5.4.3. Avaliação de risco

O objetivo principal da avaliação de risco é fornecer aos gestores de risco as informações científicas necessárias para a compreensão da natureza e extensão do risco em segurança alimentar e para o planejamento de ações de mitigação, controle ou prevenção, quando necessário. Os princípios da avaliação de risco podem ser caracterizados conforme se segue.

1° Princípio: formulação clara da questão da avaliação de risco.
2° Princípio: base científica, objetividade e transparência.
3° Princípio: trabalho colaborativo e multidisciplinar.
4° Princípio: inclusão de todos os riscos relevantes.
5° Princípio: obtenção e análise de dados de qualidade.
6° Princípio: documentação completa do processo.
7° Princípio: reavaliação.
8° Princípio: revisão independente.

De acordo com o *Codex Alimentarius* (FAO; WHO, 2005), a avaliação de risco é composta de quatro etapas: a) identificação do perigo; b) caracterização do perigo; c) avaliação da exposição; d) caracterização do risco (Figura 5.6.).

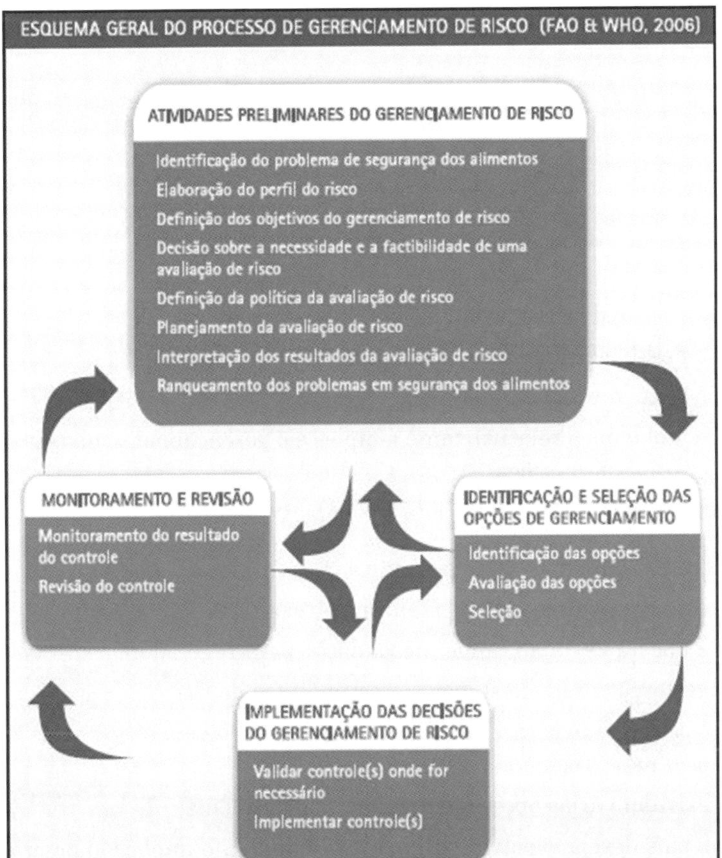

Figura 5.5. Esquema ilustrativo de gerenciamento de risco adotado pela FAO e pelo WHO, 2006.

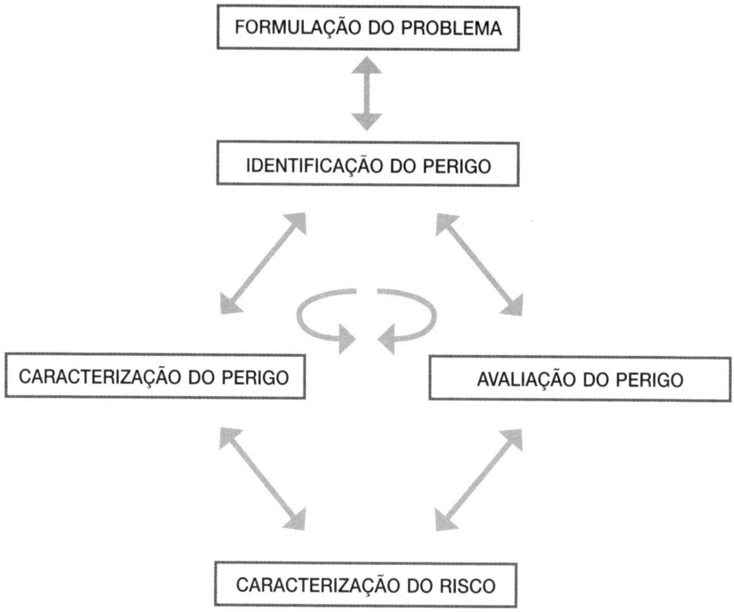

Figura 5.6. Etapas da avaliação de risco.

A avaliação de risco pode não ser necessária se:

- o problema exige uma ação imediata;
- o risco já está bem definido;
- o problema é relativamente simples e o gerenciamento não necessita de outras informações;
- o problema não está sujeito a regulação.

A avaliação de risco pode ser indicada nos casos em que:

- existem poucos dados e muita incerteza;
- a questão é uma grande preocupação para reguladores ou *stakeholders*;
- gestores desejam estabelecer estimativas de risco;
- o perigo é um patógeno emergente ou um problema sério de saúde pública e/ou para o comércio de alimentos;
- existem várias opções para abordar o problema;
- o país deseja exportar ou importar o alimento implicado no problema;
- existem múltiplas formas de exposição ao perigo;
- a legislação exige a avaliação de risco.

A política de avaliação de risco é uma série de guias documentadas que orientam as tomadas de decisão realizadas na avaliação, seguindo critérios científicos (Codex, 2003). Essa orientação normalmente define os elementos do sistema de produção de alimentos, a população, as áreas geográficas e o período que deve ser examinado. Pode incluir critérios para o ranqueamento dos riscos e procedimentos, para lidar com os fatores de incerteza.

Como existem numerosos perigos que ameaçam o consumo seguro dos alimentos, uma estratégia fundamental do gerenciamento é ranqueá-los para estabelecer prioridades e otimizar os recursos. Em geral, o primeiro critério para o ranqueamento é o risco relativo de cada perigo para a saúde do consumidor. Outros critérios são: restrições ao comércio internacional, a dificuldade de solucionar o problema e demandas políticas ou públicas.

5.4.4. Comunicação de risco

A comunicação de risco é um processo interativo de intercâmbio de informações (dados, opiniões e sensações) entre indivíduos, grupos e instituições (membros da equipe de análise de risco, *stakeholders* externos e população) sobre as ameaças à saúde, à segurança ou ao meio ambiente, com o propósito de ampliar o conhecimento sobre a natureza e os efeitos de riscos e promover o trabalho colaborativo em busca de soluções (FAO; WHO, 2005). Os objetivos principais da comunicação de risco, de acordo com FAO e WHO (1999), incluem:

- promover o conhecimento e o entendimento dos temas de interesse da análise de risco;
- promover a consistência e a transparência na definição e implementação de decisões de gerenciamento de risco;
- desenvolver uma base para o entendimento das decisões do gerenciamento de risco;
- aumentar a efetividade e a eficiência da análise de risco;
- contribuir para a criação e a disseminação de informações efetivas e para o planejamento e a execução de programas educacionais incluídos entre as opções de gerenciamento;
- fomentar a confiança pública na segurança de alimentos;
- fortalecer as relações de trabalho e o respeito mútuo entre todos os participantes;
- promover o envolvimento de todas as partes interessadas no processo de comunicação do risco;
- promover a troca de informações a respeito dos conhecimentos, atitudes, valores, práticas e percepções sobre o risco em segurança alimentar em questão e tópicos relacionados.

5.5. ANÁLISE DE RISCO E O PLANO DE CONTROLE DE RESÍDUOS DO BRASIL

O Plano Nacional de Controle de Resíduos e Contaminantes em Produtos de Origem Animal (PNCRC/Animal) foi instituído pela Portaria Ministerial nº 51, de 6 de maio de 1986, adequado pela Portaria Ministerial nº 527, de 15 de agosto de 1995, e alterado pela Instrução Normativa nº 42, de 22 de dezembro de 1999, que está em revisão. O PNCRC/Animal prevê a adoção de programas setoriais para as diversas espécies animais contempladas no plano, que anualmente devem ser reavaliados e republicados segundo os resultados estatísticos encontrados e as atualizações necessárias (Brasil, 1999).

Está prevista na legislação federal a tomada de ações de caráter preventivo e corretivo em todos os estabelecimentos sob Inspeção Sanitária Federal (SIF), nas propriedades onde ocorrem violações de limites máximos de resíduos (LMRs) ou teores máximos de contaminantes (TMCs) e onde é detectada a utilização de medicamentos veterinários de uso proibido, para os quais não há limite de tolerância. A figura a seguir apresenta um demonstrativo da distribuição dos estabelecimentos sob o SIF no território brasileiro (Figura 5.7.).

O PNCRC é um programa de inspeção e fiscalização oficial, baseado em análise de risco, que objetiva verificar, avaliar e validar o emprego das Boas Práticas Agropecuárias (BPA), das Boas Práticas de Fabricação (BPF) e os autocontroles implementados ao longo das etapas das cadeias agroalimentares, verificar os fatores de qualidade ligados à segurança higiênico-sanitária e à inocuidade química dos produtos de origem animal e vegetal, seus subprodutos e derivados de valor econômico, nacionais ou importados, por meio do gerenciamento e da comunicação de risco, bem como o controle dos respectivos perigos e riscos químicos e biológicos, evidenciando as garantias do sistema com relação à segurança e à inocuidade dos alimentos fornecidos aos consumidores, de forma a adequar-se aos requisitos sanitários internacionalmente reconhecidos.

Assim, uma não conformidade evidenciada no PNCRC/Animal indica, primariamente, deficiências ou falhas no cumprimento e no respeito às boas práticas e aos autocontroles nas cadeias agroalimentares, assim como, secundariamente, produtos potencialmente não conformes e impróprios ao consumo humano e animal, devendo ser adotadas medidas de gerenciamento de risco e um procedimento de revisão sistemática dos autocontroles e das boas práticas já implementadas, a fim de estabelecer as origens e as possíveis causas das não conformidades, assim como as ações corretivas e preventivas cabíveis e os procedimentos específicos em relação a produtos potencialmente não conformes ao consumo, a critério da autoridade sanitária competente.

Nesse sentido, a qualificação de fornecedores em toda a cadeia agroalimentar é de fundamental importância para a estruturação de um sistema de garantia de segurança dos alimentos segundo o PNCRC, uma vez que promove e determina

Fonte: Dipoa/SDA/Mapa.

Figura 5.7. Distribuição dos estabelecimentos sob o Serviço de Inspeção Federal (SIF).

a melhoria dos autocontroles e a maior integração fornecedor-cliente, tendo como resultados evidentes melhor qualidade, mais higiene e maior rastreabilidade em toda a cadeia agroalimentar, promovendo, portanto, a minimização de riscos de ocorrência de não conformidades nos processos produtivos e em seus respectivos produtos.

O PNCRC está subdividido em: 1) Subprograma de Monitoramento (os estabelecimentos sob SIF são monitorados via amostragem aleatória anual distribuída semanalmente); 2) Subprograma de Investigação (amostragem dirigida segundo não conformidades encontradas no Subprograma de Monitoramento); 3) Subprograma Exploratório (amostragem dirigida ou aleatória, segundo necessidade específica, com o objetivo principal de realizar estudo da prevalência e fazer um diagnóstico de situação quando não se conhece o comportamento de uso de determinado ativo na espécie alvo e o risco potencial do consumidor a esse ativo); 4) Subprograma para Produtos Importados (monitoram-se os produtos importados pelo país nos moldes do PNCRC, segundo o Princípio da Não Discriminação da Organização Mundial do Comércio – OMC). Nesse contexto, as cadeias produtivas são monitoradas e existem controles específicos no que tange ao uso de medicamentos, segundo as Boas Práticas Veterinárias, as Boas Práticas de Fabricação e de Acondicionamento. Uma vez identificados e investigados individualmente os desvios, as causas dessas não conformidades podem ser identificadas e quantificadas, mitigando-se riscos posteriores.

5.6. MEDICAMENTOS VETERINÁRIOS PARA ANIMAIS DESTINADOS À PRODUÇÃO

As substâncias químicas possuem importante papel na produção, na conservação e na distribuição dos alimentos. Utilizadas como aditivos alimentares, prolongam a vida útil dos alimentos e, como realçadores das cores e dos sabores, podem torná-los mais atrativos. Outros produtos químicos farmacologicamente ativos são usados para tratamento e prevenção de doenças em animais nas fazendas ou nas colheitas (UE, 2007).

A legislação a respeito da segurança química dos alimentos deve visar o estabelecimento do contrapeso direto entre riscos e benefícios das substâncias usadas intencionalmente nos sistemas produtivos e na redução dos contaminantes, de acordo com o mais alto nível de proteção ao consumidor. Para conseguir esse nível elevado de proteção da saúde para o consumidor, deve-se utilizar um procedimento da análise de risco baseado na avaliação científica e que considere outros fatores, como a praticabilidade do controle (UE, 2007).

Com referência às substâncias químicas presentes nos alimentos, a legislação está dividida na área dos aditivos alimentares – realçadores de cor e sabor, contaminantes, resíduos de medicamentos veterinários usados nos animais produtores de alimentos, resíduos de produtos para proteção de plantas (pesticidas/agrotóxicos) – e na de materiais de contato com os alimentos (UE, 2007).

Durante a vida, os animais podem receber medicamentos veterinários para a prevenção ou o tratamento de doenças. Em animais produtores de alimentos, como os bovinos, os suínos, as aves domésticas e o pescado, podem formar-se resíduos das substâncias usadas para o tratamento nos produtos derivados desses animais (por exemplo, carne, leite, ovos). Da mesma forma, na produção de plantas e vegetais, estes podem ser tratados com produtos para sua proteção (pesticidas/agrotóxicos), que também podem deixar resíduos nos alimentos (UE, 2007).

Os possíveis resíduos não devem, entretanto, ser prejudiciais/nocivos ao consumidor. Para garantir um nível elevado da proteção ao consumidor, as legislações requerem que a toxicidade de potenciais resíduos seja avaliada antes da autorização do uso de um pesticida no campo ou de um medicamento veterinário nos animais produtores de alimentos. Se necessário, é estabelecido o limite máximo de resíduo (LMR) e, em alguns casos, o uso das substâncias é proibido (UE, 2007).

Os contaminantes são substâncias que não foram adicionadas intencionalmente aos alimentos. Podem estar presentes neles em consequência dos vários estágios de sua produção, transformação, embalagem, transporte ou armazenagem. Também podem resultar da contaminação ambiental. Como a contaminação em geral tem impacto negativo na qualidade dos alimentos e pode implicar risco à saúde humana, fazem-se necessárias medidas a fim de minimizar os contaminantes nos gêneros alimentícios. As medidas devem ser tomadas para que sejam examinados principalmente os seguintes contaminantes: micotoxinas (aflatoxinas, ocratoxina A, *Fusarium* – toxinas, patulina), metais pesados (cádmio, chumbo, mercúrio, contaminantes inorgânicos), dioxinas e PCBs, hidrocarbonetos aromáticos policíclicos (PAHs), 3-MCPD e nitratos (UE, 2007).

É importante frisar que nem todos os produtos de uso veterinário, agrotóxicos e compostos químicos aos quais os animais e as plantas são expostos deixam ou produzem resíduos perigosos à saúde humana e animal. Além disso, mesmo aqueles reconhecidos como potencialmente nocivos apenas tornam-se perigosos quando é ultrapassado o valor de concentração conhecido como limite de tolerância, limite de segurança ou limite máximo de resíduo (LMR) que o alimento pode conter, sem prejuízo da integridade orgânica de seres humanos e animais (Brasil, 1999).

Esses limites são determinados em centros de comprovada idoneidade científica, a partir de apurados estudos toxicológicos, de curto, médio e longo prazo, realizados por pesquisadores experientes com animais de laboratório, microrganismos e genomas celulares. Após a conclusão desses estudos, organizações internacionais envolvidas com a saúde pública analisam os resultados e, posteriormente, recomendam os LMRs dos diferentes compostos aprovados à consideração dos países-membros do *Codex Alimentarius* – Programa das Nações Unidas sobre Harmonização de Normas Alimentares gerenciado pela FAO/WHO (Brasil, 1999).

Somente em casos nos quais exista comprovação científica de alto risco à saúde do consumidor é que se torna proibido o uso dessas substâncias nos animais de produção ou nas culturas vegetais, como ocorre com a proibição da fabricação, manipulação, fracionamento, comercialização, importação e uso de cloranfenicol e nitrofuranos para espécies animais produtoras de alimentos, alimentação animal e insetos, visto que resíduos e metabólitos desses medicamentos podem causar câncer, aplasia de medula, leucemia etc. mesmo em concentrações muito baixas (Brasil, 2003). Assim, "resíduo de um medicamento veterinário é fração do medicamento, seus metabólitos, produtos de conversão ou reação e impurezas que permanecem no alimento originário de animais tratados – *Codex Alimentarius* FAO/WHO" (Brasil, 1999, p. 2).

A garantia da inocuidade de grande parcela dos alimentos ofertada ao consumo quanto à presença de resíduos decorrentes do emprego de medicamentos veterinários, agroquímicos e contaminantes ambientais é possibilitada pelo controle de resíduos e contaminantes. Dessa forma, devem ser monitorados os resíduos de produtos de uso veterinário, agrotóxicos e contaminantes de interesse e que possuam potencial de risco à saúde do consumidor, via monitoramento oficial tanto dos produtos de origem animal quanto dos produtos de origem vegetal produzidos no Brasil (Brasil, 1999).

Portanto, todos os componentes do *continuum* produtivo de uma cadeia agroalimentar possuem, independentemente do seu porte, responsabilidades primárias intransferíveis de garantia da qualidade, segurança e inocuidade dos seus produtos, segundo o PNCRC, e devem assumir, adicionalmente, responsabilidades partilhadas. São corresponsáveis pela garantia de qualidade, segurança e inocuidade dos produtos em toda a cadeia produtiva, até o consumidor final. Cabe às autoridades sanitárias competentes, uma vez que são responsáveis pela regulamentação, pelas verificações, pelas auditorias e pelos controles oficiais no âmbito do PNCRC, a corresponsabilidade pela garantia de sistemas de segurança de alimentos e pela equivalência sanitária internacional, devendo implementar suas ações e cumprir com suas responsabilidades com o máximo possível de eficiência, eficácia e inteligência.

REFERÊNCIAS BIBLIOGRÁFICAS

ANDRADE, E. L. *Introdução à pesquisa operacional:* métodos e modelos para análise de decisão. 2. ed. Rio de Janeiro: LTC, 2000.

ATHAYDE, A. Sistemas GMP e HACCP garantem produção de alimentos inócuos. *Engenharia de Alimentos*, v. 5, n. 23, jan./fev. 1999.

BARENDZ, A. W. Food safety and total quality management. *Food Control*, v. 9, n. 2-3,1998.

BENNET, W. L.; STEED, L. L. An integrated approach to food safety. *Quality Press*, v. 32, n. 2, fev. 1999.

BRANDIMARTI, L. Comer é questão de vida ou de morte. *Banas Qualidade*, jun. 1999.

BRASIL. Ministério da Agricultura, Pecuária e Abastecimento. *Regimento Interno da Secretaria de Defesa Agropecuária*. Portaria nº 45, de 22 de março de 2007. Disponível em: <http://extranet.agricultura.gov.br/sislegis- consulta/servlet/VisualizarAnexo?id=13106>. Acesso em: 28 fev. 2010.

BRASIL. Ministério da Agricultura, Pecuária e Abastecimento. *Plano Nacional de Resíduos em Produtos de Origem Animal*. Instrução Normativa nº 42, de 22 de dezembro de 1999. Disponível em: <http://extranet.agricultura.gov.br/ sislegisconsulta/consultarLegislacao.do?operacao=visualizar&id=16717>. Acesso em: 28 fev. 2010.

BRASIL. Ministério da Agricultura, Pecuária e Abastecimento. Proíbe a fabricação, a manipulação, o fracionamento, a comercialização, a importação e o uso dos princípios ativos cloranfenicol e nitrofuranos e dos produtos que contenham estes princípios ativos, para uso veterinário e suscetível de emprego na alimentação de todos os animais e insetos. Instrução Normativa nº 09, de 27 de junho de 2003. Disponível em: http://extranet.agricultura.gov.br/sislegis-consulta/consultarLegislacao.do.

CODEX ALIMENTARIUS COMMISSION. Appendix IV. Working principles for risk analysis for application in the framework of the *Codex Alimentarius*. In: *Report of the Twenty-Sixty session of the Codex Alimentarius Commission*, 2003, 30 June-7 July, Rome. Disponível em: <http://www.fao.org/docrep/006/y4800e/y4800e0o.htm>. Acesso em: 28 fev. 2010.

EDWARDS, G. Economics, Government and The Food Industry. In: WALLACE & SCHRODER. *Government and The Food Industry: Economic and Political Effects of Conflict and Co-operation*. Boston: Kluwer Academic Publichers, 1997.

FIGUEIREDO, V.; NETO, P. L. O. C. Implantação do HACCP na indústria de alimentos. *Gestão & Produção*, Santa Catarina, v. 8, n. 1, p. 100-11, 2001. Disponível em: <www.cca.ufscar.br>. Acesso em: 28 fev. 2010.

FOOD AND AGRICULTURE ORGANIZATION – FAO. *Food quality and safety systems:* a training manual on Food Hygiene and the Hazard Analysis and Critical Control Point (HACCP) System. Rome: FAO, 1998.

FOOD AND AGRICULTURE ORGANIZATION – FAO. *Investir na agricultura para garantir a segurança alimentar:* o mundo todo sai lucrando. Temas do Dia Mundial da Alimentação, 2006. Disponível em: <https://www.fao.org.br/ dma.asp>. Acesso em: 28 fev. 2010.

FOOD AND AGRICULTURE ORGANIZATION – FAO ; WORLD HEALTH ORGANIZATION – WHO. *Risk management and food safety:* report of FAO/WHO Consultation, Food and Nutrition, 1997, Jan 27-31, Rome. Rome: FAO, 1997. (PAPER#65, FAO, 1997)

FOOD AND AGRICULTURE ORGANIZATION – FAO; WORLD HEALTH ORGANIZATION – WHO. *Food safety risk analysis:* an overview and framework Manual. Part I. Provisional Edition. Rome: FAO, 2005. Disponível em: <http://www.fsc.go.jp/sonota/foodsafety_riskanalysis.pdf>. Acesso em: 28 fev. 2010.

INTERNATIONAL LIFE SCIENCE INSTITUTE – ILSI. *A simple guide to understanding and applying the Hazard Analysis Critical Control Point Concept*. 2nd ed. 1997. Disponível em: <http://www.ilsi.org/pubs/ilsihace.pdf>. Acesso em: 28 fev. 2010.

JAFFEE, S. M.; HENSON, S. Agro-food exports from developing countries: the challenges posed by standards. In: *Global Agricultural Trade and Developing Countries*. Washington, DC: The Word Bank, 2005. Disponível em: <http://siteresources.worldbank.org/INTGAT/Resources/GATfulltext.pdf>. Acesso em: 28 fev. 2010.

O'BRIEN, M. *Making better environmental decisions:* an alternative to risk assessment. Massachusetts: MIT Press, 2000.

UNIÃO EUROPEIA. *White paper on food safety*. Bruxelas: Commission of the European Communities, 2000. Disponível em: <http://ec.europa.eu/food/food/intro/white_paper_en.htm>. Acesso em: 28 fev. 2010.

UNIÃO EUROPEIA. *Chemical safety of food, residues of veterinary medicinal products and food contaminants:* Introduction. 2007. Disponível em: <http://ec.europa.eu/food/food/chemicalsafety/index_en.htm>, <http:// ec.europa.eu/food/food/chemicalsafety/residues/index_en.htm> e <http://ec.europa.eu/food/food/chemicalsafety/ contaminants/index_en.htm>. Acesso em: 28 fev. 2010.

VIEIRA, V. P. B. *Risk assessment in the evaluation of water resources projects*. Tese. Colorado: Colorado State University, 1978. Disponível em: http://catalog.library.colostate.edu/record=b1055494~S0. Acesso em: 10 maio 2008.

ZYLBERSZTAJN, D. *Papel do Estado nos agronegócios:* mecanismos para indução da qualidade nos alimentos. IV SemeAd. Política de Negócios e Economia de Empresas, 1999. Disponível em: <http://www.ead.fea.usp.br/ semead/4semead/artigos/pnee/Zylbersztajn.pdf>. Acesso em: 28 fev. 2010.

6

Pragas de Alerta Máximo: Conceito, Prevenção e Controle

Wilson José Mello Silva Maia[1]

6.1. INTRODUÇÃO

A performance positiva do setor agropecuário brasileiro não é novidade, visto que, nas duas últimas décadas (1989-2009), o agronegócio manteve sua balança comercial positiva, em comparação com a balança comercial total, a qual, no período de 1995 a 2000, sofreu uma retração, variando de –0,7 a –6,8. Essa performance contribuiu para minimizar os efeitos da crise financeira internacional, apesar da redução superior a cinco pontos percentuais, em comparação com 2008 (Brasil, 2009a).

O superávit da balança comercial do agronegócio alcançou 54,9 bilhões de dólares, 5 bilhões inferior ao superávit registrado em 2008. A queda das exportações dos demais produtos exportados pelo Brasil foi de 30%. Mesmo com a diminuição dos preços médios dos principais produtos exportados, como soja (–10%), óleo de soja (–32,9%), carne de frango *in natura* (–17,2%), carne bovina *in natura* (–16,7%), carne suína *in natura* (–28%), álcool (–13,4%), café em grãos (–13%), a participação do agronegócio nas exportações totais brasileiras aumentou de 36,3%, em 2008, para 42,5%, em 2009 (Brasil, 2009b).

1. Engenheiro agrônomo, D.Sc., Ufra/ICA, CEP 66077-530, Belém – PA. wilson.maia@ufra.edu.br

Do total de importações da balança comercial do agronegócio brasileiro em 2009, destacaram-se os cereais, as farinhas e as preparações (com 26%), o trigo (12,3%), produtos florestais (17,7%), fibras e produtos têxteis (7,7%), produtos hortícolas, leguminosas, raízes e tubérculos (6%), produtos oleaginosos – excluindo a soja (5,8%), frutas – incluindo nozes e castanhas (4,7%), demais produtos de origem vegetal, inclusive sementes (4,2%), cacau e seus produtos, com 2,8% (Brasil, 2008). Da mesma maneira, o país ocupa a primeira posição como maior produtor e/ou exportador de vários produtos, destacando-se o complexo soja, com cerca de 26%; o complexo sucroalcooleiro, com 15%; e produtos florestais, com 11,2%. Do total de 2,7% de suco de frutas, 2,5% corresponde a suco de laranja, do qual o Brasil é o maior produtor.

O Estado de São Paulo foi o maior exportador, com 23% do total, seguido de Rio Grande do Sul (14%), Mato Grosso (13%), Paraná (12,5%), Minas Gerais (8,7%), Santa Catarina (6,6%), Bahia (4,9%), Goiás (4,3%), Mato Grosso do Sul (2,5%) e Espírito Santo (com cerca de 2,2%). O Estado do Pará, em décimo primeiro lugar, destaca-se, na Região Norte, na produção de vários produtos e subprodutos vegetais, como açaí-fruto (97%), castanha de caju (100%), palmito (99%) e madeira em tora (75%).

Porém, o incremento nos transportes, a facilidade de comercialização e a grande demanda por esses produtos, em escala global, formam um complexo e importante corredor de mão dupla para a entrada e a saída de pragas. Foi assim para a mosca-negra-dos-citros, *Aleurocanthus woglumi* Ashby, 1915 (Hemiptera: Aleyrodidae); a ferrugem-da-soja, *Phakopsora pachyrhizi* Sydow e Sydow, em 2006-2007, safra referência de condições de epidemia; o ácaro-vermelho-das-palmeiras, *Raoiella indica* Hist, em 2009; e a ferrugem-alaranjada na cana-de-açúcar, *Puccinia kuehnii Butler*, em 2009. São alguns exemplos recentes de introdução de pragas.

Define-se como praga, do ponto de vista quarentenário, qualquer espécie, raça, biótipo de vegetais, animais ou agentes patogênicos nocivos aos vegetais e/ou seus produtos. Somente a classe Insecta, o maior grupo de animais, possui cerca de um milhão de espécies descritas; as ordens Coleoptera, Lepidoptera e Hymenoptera correspondem, juntas, a mais de 50% das espécies. Apesar de pequeno número de espécies ser considerado praga, ainda assim o número de coleópteros insetos-praga, por exemplo, torna essa ordem de grande importância agrícola. O município de Caroebe, RR, constitui hoje um exemplo nada agradável no que se refere ao agronegócio da bananicultura, pois, com a entrada de *R. indica*, a exportação de banana para o mercado manauara (Manaus, AM), o qual concentra toda a economia de Caroebe, foi suspensa, juntamente com a de coco.

O Ministério da Agricultura, Pecuária e Abastecimento (Mapa), ao considerar a importância da manutenção do patrimônio fitossanitário nacional para a preservação da competitividade da agricultura brasileira e a garantia dos procedimentos de certificação fitossanitária, tanto interna quanto externamente, entre outras considerações, estabeleceu a lista de pragas quarentenárias A1, A2 e das não quarentenárias regulamentadas, declarando alerta máximo para pragas dos dois primeiros grupos. Dessa forma, o Mapa demandou atenção especial de todos os integrantes do Sistema de Defesa Sanitária Vegetal do país, destacando as pragas de alto risco potencial, para as quais fica estabelecido o alerta máximo, que se caracteriza como o conjunto de ações que devem ser implementadas no sentido de prevenção, contenção ou controle desses organismos.

6.2. PRAGAS DE ALERTA MÁXIMO

Para entender o que é uma praga de alerta máximo, deve-se compreender o que são pragas quarentenárias A1, A2 e não quarentenárias regulamentadas, que demandam atenção especial de todos os integrantes do sistema de defesa fitossanitário do país. Destacam-se as pragas de alto risco potencial, para as quais fica estabelecido o alerta máximo, caracterizado pelo conjunto de ações que devem ser implementadas no sentido de prevenção, contenção ou controle.

Entende-se por pragas quarentenárias A1 aquelas que não estão presentes no país, porém possuem a característica de serem potenciais causadoras de importantes danos econômicos, se introduzidas; por pragas quarentenárias A2, entende-se aquelas de importância econômica potencial, já presentes no país, mas que não se encontram amplamente distribuídas e possuem programa oficial de controle; pragas não quarentenárias regulamentadas são entendidas como aquelas cuja presença em plantas ou em partes destas para plantio influi no seu uso proposto, com impactos econômicos inaceitáveis. Dessa maneira, pragas de alerta máximo são aquelas incluídas nos dois primeiros grupos, quais sejam: pragas quarentenárias A1 e pragas quarentenárias A2.

Com a confirmação da presença da mosca-negra-dos-citros, *A. woglumi,* no Estado da Paraíba (Maia, 2006), mais precisamente nos municípios de Matinhas, Esperança e Lagoa Seca, no Rio Grande do Norte e em Pernambuco, os estados vizinhos estão tomando medidas para a manutenção da condição sanitária estadual, devido ao alto risco potencial para fruteiras como citros, manga e caju, por exemplo, por serem hospedeiros primários da praga. Nesse caso, *A. woglumi* constitui uma praga de alerta máximo.

Vale ressaltar a importância da atualização da relação de pragas quarentenárias A1 e A2, pois esta pode ser alterada com a entrada no país e/ou a mudança de *status* de A1 para A2: ácaro-vermelho-das-palmeiras e hindu-dos-citros, mosca-negra-dos-citros.

Recentemente, em janeiro de 2010, foi detectada no Brasil mais uma praga quarentenária A1. Conhecida como ferrugem, é considerada uma das mais importantes pragas da cultura da cana-de-açúcar. Pode causar severos danos econômicos aos produtores e ao Brasil. Duas espécies de fungos conhecidas como patógenos causadores de ferrugens em cana-de-açúcar são a *Puccinia melanocephala* Syd. et P. Syd., agente causador da ferrugem marrom, que apresenta grande área de dispersão no mundo (Índia, China, Indonésia, África, Austrália, América do Norte e América do Sul), e a *Puccinia kuehnii* Butler, patógeno causador da ferrugem alaranjada, que apresentava distribuição mais limitada (Indonésia, Austrália, Índia e China) e menor importância econômica, por ocorrer de forma esporádica e nunca ter atingido proporções epifíticas. Dessa forma, está lançado um alerta máximo para essa praga em todo o território nacional, visando impedir sua introdução no Brasil, o que certamente retardará sua entrada e os consequentes prejuízos, havendo um tempo maior para que se conheça o comportamento de nossas variedades, para as devidas recomendações de manejo.

6.3. CRITÉRIOS PARA UM PROGRAMA DE ALERTA MÁXIMO

A Organização Nacional de Proteção Fitossanitária (ONPF) de um país normalmente responde às preocupações com a introdução ou a expansão da área de estabelecimento de uma nova praga por meio de sua regulamentação, que pode ser a sua caracterização como quarentenária (presente ou ausente) ou mesmo não quarentenária regulamentada. Existem circunstâncias em que o risco de dispersão ou a eminência de sua introdução, aliados ao potencial de dano, são de tal magnitude que a ONPF, além de caracterizar a praga como regulamentada, também passa a usar a classificação adicional de "praga de alerta máximo".

Portanto, voltando aos conceitos de pragas quarentenárias A1 (não presentes) e de pragas quarentenárias A2 (presentes), para incluir uma praga no programa de alerta máximo no mínimo cinco critérios são fundamentais: 1) não estar presente, mas possuir importância econômica potencial para o país; 2) ser potencial causadora de importantes danos econômicos às culturas; 3) estabelecer índices de tolerância; 4) hospedeiros; 5) formas principais de disseminação, principalmente por meio de comércio internacional e interestadual de produtos e/ou subprodutos vegetais. O fato de não haver nenhum produto (defensivo agrícola) liberado para a utilização de seu controle e/ou o não conhecimento de seus inimigos naturais também é levado em conta na definição e inclusão da praga em programa de alerta máximo.

A mosca-negra-dos-citros, *A. woglumi*, ilustra esses critérios. Antes de meados de 2001, era considerada praga quarentenária A1, ou seja, ausente, porém com potencial econômico elevado. Com sua detecção, por causar importantes danos econômicos à citricultura e à mangueira possuir variada gama de hospedeiras, com cerca de 300 plantas, ser de fácil disseminação (aproximadamente 190 metros por dia), esse aleirodídeo foi classificado como praga de alerta máximo, sobretudo para estados vizinhos de não ocorrência.

A presença desse fungo (*Capnodium* sp.) causador da fumagina (*sooty mould*) reduz a fotossíntese, impedindo a respiração e reduzindo o nível de nitrogênio nas folhas. O ataque de *A. woglumi* pode provocar a redução da frutificação em até 80% e perdas de 20 a 80% na produção, afetando a exportação não apenas dos citros, como também de outras frutíferas. Para micro e pequenos agricultores familiares, o problema social é agravado com a rápida infestação e redução de mais de 90% na produção de frutos *in natura*.

Alguns alertas máximos registrados no Brasil: alerta fitossanitário 1, prevenção e controle da mosca-branca, *Bemisia argentifolli* (Hemiptera, Aleyrodidae); alerta quarentenário 1, mosca-da-carambola, *Bactrocera carambolae* Drew & Hancock; alerta quarentenário 5, besouro-do-arroz e outros grãos, *Trogoderma granarium* (Everts); alerta quarentenário 6, cochonilha-rosada, *Maconellicoccus hirsutus* (Green), praga polífaga de hortaliças, frutíferas, ornamentais e essências florestais, entre outros. Esses são alertas para organismos considerados pragas potenciais e, por isso, de risco eminente, daí classificá-los como "alerta máximo".

Porém, para a categorização de uma praga quarentenária ausente ou presente, devem ser atendidas as exigências estabelecidas pela Instrução Normativa nº 41, de 1 de julho de 2008, cujas diretrizes e critérios para a categorização de uma praga quarentenária têm como base a realização de análise de risco de praga (ARP), segundo as orientações das Normas Internacionales para Medidas Fitosanitarias (NIMFs) nº 2 e nº 11, relacionadas ao tema.

- NIMF nº 2: diretrizes para análises de risco de pragas, 1996. FAO, Roma.
- NIMF nº 11: análises de risco de pragas para pragas quarentenárias, incluindo as análises de riscos ambientais e organismos vivos modificados, 2004. FAO, Roma.

6.4. PREVENÇÃO E CONTROLE DE PRAGAS

O monitoramento das pragas é técnica-chave para a melhor prevenção ao longo de áreas de risco, como fronteiras secas onde o trânsito é mais intenso. A presença de pontos de vigilância sanitária em entrepostos comerciais, rodovias principais, secundárias e vicinais pode reduzir a entrada direta e indireta desses organismos. Medidas preventivas e de contenção devem ser adotadas para pragas de alerta máximo, como: 1) destruir restos culturais; 2) utilizar plantas-armadilhas; 3) eliminar plantas hospedeiras alternativas, como plantas daninhas ou espontâneas; 4) cuidar da cultura de interesse econômico, não a abandonando; 5) não transportar restos culturais de plantas infestadas de um lugar para outro; 6) utilizar armadilhas adesivas para monitoramento de populações; 7) exigir documentação para o trânsito, permissão de trânsito vegetal (PTV) e produção vegetal, certificação fitossanitária de origem (CFO); 8) remover e destruir vegetal; 9) utilizar tratamento fitossanitário e quarentenário; 10) usar material resistente às pragas; 11) observar vestuário e utensílios quando deslocar-se de um local infestado para outro não infectado; 12) manter vigilância constante em seu Estado ou região; 13) atentar para os ventos dominantes e para a rota de migração de populações de áreas infestadas (PQ A2) para não infestadas (PQ A1); 14) consultar imediatamente a Agência de Defesa Agropecuária do Estado e/ou o Serviço de Extensão Rural, no caso de detectar a presença de indivíduos. A combinação de práticas culturais, o uso de barreiras físicas, a utilização de detergentes e óleos neutros e mesmo o uso racional de inseticidas são medidas efetivas que contribuem para a diminuição das populações da mosca-branca e, portanto, evitam prejuízos à produção.

6.5. PRINCIPAIS PRAGAS EM ALERTA MÁXIMO

A Instrução Normativa nº 41, de 1 de julho de 2008, alterou os Anexos I e II da Instrução Normativa nº 52, de 20 de novembro de 2007. A Lista de pragas quarentenárias ausentes, A1, e a Lista de pragas quarentenárias presentes, A2, nomenclatura incluída nos anexos da Instrução Normativa nº 41, aparecem nos anexos I e II a seguir.

REFERÊNCIAS BIBLIOGRÁFICAS

BARBOSA, F. R.; SANTANA, M. R. S. P.; SILVA, C. S. B.; PARANHAS, B. J. *Aleurocanthus woglumi* (Hemiptera: Aleyrodidae): uma ameaça à fruticultura do Vale do São Francisco. In: CONGRESSO BRASILEIRO DE ENTOMOLOGIA, 20., 2004, Gramado. *Anais...*

BRASIL. Ministério da Agricultura, Pecuária e Abastecimento. *Intercâmbio comercial do agronegócio:* principais mercados de destino. Brasília, DF: Mapa/ACS, Secretaria de Relações Internacionais do Agronegócio, 2009a. 469p.

BRASIL. *Plano agrícola e pecuário 2009-2010*. Brasília, DF: Mapa/SPA, 2009b. 72p.

BRASIL. *Produtos do negócio:* exportações, importações mundiais e inserção brasileira. Brasília, DF: Mapa/ACS, Departamento de Promoção Internacional do Agronegócio, 2008. 136p.

COMITÊ DE SANIDADE VEGETAL DO CONE SUL – COSAVE. *Standard regional sobre proteção fitossanitária:* Seção III. Medidas fitossanitárias: 3.3, Listas de pragas de importância quarentenária, 1995. 38p.

FOOD AND AGRICULTURE ORGANIZATION – FAO. *International standards for phytosanitary measures.* Ispm nº. 5: *Glossary of phytosanitary terms*. 2008. 22p.

GALLO, D. et al. *Entomologia agrícola.* Piracicaba: Fealq, 2002. 920p.

LOPES, C. M. D.; RONCHI-TELES, B. *Evite a introdução da mosca-negra,* Aleurocanthus woglumi, *no Amazonas*. Manaus: Delegacia Federal de Agricultura no Amazonas DFA-AM, 2003. (Fôlder técnico).

LOPES, E. B.; ALBUQUERQUE, I. C.; MOURA, F. T. *Diagnóstico da citricultura de Matinhas, PB*. João Pessoa: Emepa-PB, 2006. 31p.

LOPES, E. B.; ALBUQUERQUE, I. C.; COSTA, F. R.; BORGES, J. A. M. *Relatório técnico--fitossanitário*. João Pessoa: Emepa-PB, 2009. 17p.

MAIA, W. J. M. S. Mosca negra de los cítricos: aspectos biológicos de la mosca de los citrus, *Aleurocanthus woglumi* Ashby 1913, y ocurrencia de enemigos naturales em el Estado de Pará, Proyecto de control biológico coordinado por el Dr. Wilson José Melo e Silva Maia, Universidad Rural Federal de Amazônia, Belém, Brazil. *IOBCSRNT Boletín*, p. 17-8, 2006.

NGUYEN, R.; HAMON, A. B. *Citrus blackfly, Aleurocanthus woglumi Ashby (Homoptera: Aleyrodidae)*. Gainesville: University of Florida, 2003. (CIR, 360).

OLIVEIRA, M. R. V.; SILVA, C. C. A.; NÁVIA, D. *Praga quarentenária 1, a mosca-negra-dos--citros*, Aleurocanthus woglumi *Ashby (Hemiptera: Aleyrodidae)*. Brasília, DF: Ministério da Agricultura, Pecuária e Abastecimento, 1999. p. 1-7.

OLIVEIRA, M. R. V.; SILVA, C. C. A.; NÁVIA, D. *Mosca-negra-dos-citros* Aleurocanthus woglumi: *alerta quarentenário*. Brasília, DF: Ministério da Agricultura, Pecuária e Abastecimento, 2001. 12p.

PARRA, J. R. P.; OLIVEIRA, H. N.; PINTO, A. S. *Guia ilustrado de pragas e insetos benéficos dos citros*. Piracicaba: [s.n.], 2003. 140p.

PENA, M. R.; SILVA, N. M. Sugadora negra. *Revista Cultivar:* Hortaliças e Frutas, Pelotas, n. 41. p. 16-8, 2007.

Anexo I

Pragas quarentenárias ausentes – A1

ACARINA

Acarus siro
Aceria oleae
Aculus schlechtendali
Aleuroglyphus beklemishevi
Amphitetranychus viennensis
Brevipalpus chilensis
Brevipalpus lewisi
Calacarus citrifolii
Cheiracus sulcatus
Eotetranychus carpini
Eutetranychus orientalis
Halotydeus destructor
Penthaleus major
Raoiella indica
Rhizoglyphus echinopus
Steneotarsonemus panshini
Steneotarsonemus spinki
Tarsonemus cuttacki
Tetranychus mcdanieli
Tetranychus pacificus
Tetranychus truncatus
Tetranychus turkestani

COLEOPTERA

Acalymma vittatum
Aegorhinus phaleratus
Agriotes mancus
Alaus oculatus
Ampedus collaris
Anoplophora spp.
Anthonomus spp. (exceto *A. grandis*)
Brachycerus spp.
Bruchidius spp.
Bruchus pisorum
Callidiellum rufipenne
Conoderus vespertinus
Caryedon serratus
Chaetocnema basalis
Conotrachelus nenuphar
Cryptorhynchus lapathi
Dendroctonus spp.
Diabrotica balteata
Diabrotica barberi
Diabrotica undecimpunctata howardi
Diabrotica virgifera virgifera
Diocalandra taitense

Epicaerus cognatus
Heterobostrychus aequalis
Holotrichia serrata
Hylobius abietis
Hylobius pales
Hylotrupes bajulus Ips spp.
Latheticus oryzae
Leptinotarsa decemlineata
Limonius californicus
Lissorhoptrus oryzophilus
Lophocateres pusillus
Melanotus communis
Monochamus spp.
Monolepta australis
Odoiporus longicollis
Ootheca bennigseni
Ootheca mutabilis
Oryctes rhinoceros
Otiorhynchus cribricollis
Otiorhynchus ovatus
Otiorhynchus sulcatus
Palorus ratzeburgi
Plocaederus ferrugineus
Popillia japonica
Premnotrypes spp.
Prostephanus truncatus
Rhabdoscelus obscurus
Rhizotrogus majalis
Rhyparida caeruleipennis
Rhyparida clypeata
Rhyparida discopunctulata
Saperda spp.
Sinoxylon spp. (exceto *S. conigerum*)
Sphenophorus venatus
Stegobium paniceum
Sternochetus mangiferae
Tetropium fuscum
Thorictodes heydeni
Tomicus piniperda
Trogoderma spp.

DIPTERA
Acanthiophilus helianthi
Anastrepha ludens
Anastrepha suspensa
Atherigona soccata
Bactrocera spp. (exceto *B. carambolae*)
Ceratitis spp. (exceto *C. capitata*)
Chromatomyia horticola
Contarinia tritici
Dacus spp.
Delia spp. (exceto *D. platura*)
Liriomyza bryoniae
Mayetiola destructor
Ophiomyia phaseoli
Orseolia oryzae
Orseolia oryzivora
Prodiplosis longifila
Rabdophaga saliciperda (= *Helicomyia saliciperda*)
Rhagoletis spp.
Sitodiplosis mosellana
Toxotrypana curvicauda

HEMIPTERA
Aleurocanthus spp. (exceto *A. woglumi*)
Ceroplastes destructor
Ceroplastes japonicus
Ceroplastes rubens
Cicadulina mbila
Diuraphis noxia
Eurygaster integriceps
Fiorinia nephelii
Helopeltis antonii
Homalodisca coagulata
Icerya seychellarum
Leptocoris rufomarginata
Leptocoris tagalica
Maconellicoccus hirsutus
Metcalfa pruinosa
Myndus crudus
Perkinsiella saccharicida
Planococcus lilacinus
Planococcoides njalensis
Prosapia bicincta
Rastrococcus invadens
Scaphoideus titanus

HYMENOPTERA
Cephus cinctus
Cephus pygmaeus
Megastigmus spp.
Nematus desantisi
Neodiprion spp.
Systole albipennis
Tremex spp.

LEPIDOPTERA
Agrius convolvuli
Agrotis lineatus
Agrotis segetum
Amyelois transitella
Anarsia lineatella
Archips spp.
Argyrogramma signata
Carposina niponensis (= *Carposina sasakii*)

Cephonodes hylas
Chilecomadia valdiviana
Chilo partellus
Chilo supressalis
Choristoneura spp.
Conogethes punctiferalis
Conopomorpha cramerella
Copitarsia naenoides
Cossus cossus
Cryptophlebia leucotreta
Cryptophlebia ombrodelta
Cydia spp. (exceto *C. molesta; C. araucariae; C. pomonella*)
Deilephila elpenor
Diaphania indica
Dyspessa ulula
Earias biplaga
Ectomyelois ceratoniae
Eldana saccharina
Erionota thrax
Eudocima fullonia (= *Othreis fullona*)
Gortyna xanthenes
Helicoverpa armigera
Hippotion celerio
Hyphantria cunea
Ichneumenoptera chrysophanes
Lampides boeticus
Leucinodes orbonalis
Leucoptera meyricki
Lobesia botrana
Lymantria dispar
Lymantria monacha
Malacosoma spp.
Mocis repanda
Mythimna separata
Mythimna loreyi
Nacoleia octasema
Ostrinia furnacalis
Ostrinia nubilalis
Paranthrene tabaniformis
Parasa lepida
Pectinophora scutigera
Platynota stultana
Prays citri
Rhyacionia spp.
Scirpophaga incertulas
Sesamia inferens
Spodoptera albula
Spodoptera littoralis
Thaumetopoea pityocampa
Vitaceae polistiformis
Zeuzera pyrina

THYSANOPTERA
Drepanothrips reuteri
Frankliniella bispinosa
Frankliniella cestrum
Frankliniella intonsa
Limothrips cerealium
Limothrips denticornis
Scirtothrips aurantii
Scirtothrips dorsalis
Scirtothrips mangiferae

FUNGI
Atelocauda digitata
Alternaria gaisen
Alternaria mali
Alternaria triticina
Alternaria vitis
Apiosporina morbosa
Armillaria luteobubalina
Armillaria ostoyae
Armillaria tabescens
Arthuriomyces peckianus
Balansia clavula
Balansia oryzae-sativae (= *Ephelis oryzae*)
Bipolaris australiensis
Botrytis fabae
Bremiella sphaerosperma
Ceratobasidium cereale (= *Rhizoctonia cerealis*)
Chondrostereum purpureum
Cladosporium cladosporioides f.sp. *pisicola* (= *Cladosporium pisicola*)
Cladosporium gossypiicola
Colletotrichum kahawae
Cronartium spp.
Curvularia uncinata
Curvularia verruculosa
Davidiella populorum (= *Mycosphaerella populorum*)
Diaporthe tanakae
Dichotomophthoropsis safeeulaensis
Discosia maculicola
Drepanopeziza populi-albae (= *Marssonina castagnei*)
Drepanopeziza populorum (= *Marssonina populi*)
Drepanopeziza punctiformis (= *Marssonina brunnea*)
Endocronartium harknessii
Fusarium camptoceras
Fusarium circinatum
Fusarium oxysporum f.sp. *radicis-lycopersici*
Fusarium paspali

Ganoderma orbiforme (= *Ganoderma boninense*)
Gibberella xylarioides
Gloeotinia granigena
Glomerella manihotis
Grovesinia pyramidalis
Gymnosporangium spp.
Haplobasidion musae
Helicobasidium longisporum (= *Helicobasidium mompa*)
Helicoceras spp.
Hemileia coffeicola
Hendersonia oryzae
Heterobasidion annosum
Hymenoscyphus scutula
Hymenula cerealis (= *Cephalosporium gramineum*)
Kabatiella lini (= *Polyspora lini*)
Leptosphaeria libanotis
Metasphaeria aulica
Monilinia vaccinii-corymbosi
Moniliophthora roreri
Monosporascus eutypoides
Mycocentrospora acerina
Mycosphaerella dearnessii
Mycosphaerella gibsonii
Mycosphaerella zeae-maydis
Nectria cinnabarina
Neonectria galligena (= *Nectria galligena*)
Neottiosporina paspali (= *Stagonospora paspali*)
Neotyphodium coenophialum
Oncobasidium theobromae
Oospora oryzetorum
Periconia circinata
Peronosclerospora sacchari
Peronospora farinosa
Peronospora impatientis
Peronospora viciae
Phaeosphaerella paspali
Phoma andigena
Phoma exigua var. *foveata*
Phoma tracheiphila
Phomopsis impatientis
Phyllosticta brassicae
Phyllosticta solitaria
Phymatotrichopsis omnivora
Physopella ampelopsidis
Phytophthora erythroseptica
Phytophthora ramorum
Plasmopara halstedii (exceto raça 2)
Plasmopara obducens
Podosphaera balsaminae
Podosphaera fusca (= *Sphaerotheca fusca*)
Polyscytalum pustulans
Pseudopezicula tracheiphila (= *Pseudopeziza tracheiphila*)
Puccinia erianthi
Puccinia impatientis (= *Puccinia argentata*)
Puccinia komarovii
Puccinia kuehnii
Puccinia rubigo-vera var. *impatientis*
Pyrenochaeta glycines (= *Dactuliochaeta glycines*)
Pythium paroecandrum
Ramularia collo-cigni
Septoria noli-tangere
Sphacelotheca sacchari
Stagonospora sacchari
Synchytrium endobioticum
Synchytrium impatientis
Taphrina populina
Teichospora fulgurata
Thecaphora solani (= *Angiosorus solani*)
Tilletia indica
Tilletia laevis
Trematosphaeria pertusa
Urocystis agropyri
Valsa nivea
Venturia populina
Verticillium nigrescens

NEMATODA

Anguina agrostis
Anguina pacificae
Anguina tritici
Belonolaimus longicaudatus
Bursaphelenchus mucronatus
Bursaphelenchus xylophilus
Criconema mutabile
Ditylenchus africanus
Ditylenchus angustus
Ditylenchus destructor
Ditylenchus dipsaci (todas as raças, exceto as do alho)
Globodera pallida
Globodera rostochiensis
Heterodera avenae
Heterodera cajani
Heterodera ciceri
Heterodera goettingiana
Heterodera mediterranea
Heterodera oryzae
Heterodera oryzicola
Heterodera punctata

Heterodera sacchari
Heterodera schachtii
Heterodera trifolii
Heterodera zeae
Meloidogyne chitwoodi
Meloidogyne fallax
Nacobbus aberrans
Nacobbus dorsalis
Pratylenchus crenatus
Pratylenchus fallax
Pratylenchus goodeyi
Pratylenchus scribneri
Pratylenchus thornei
Punctodera chalcoensis
Radopholus citrophilus
Rotylenchulus parvus
Subanguina radicicola
Xiphinema diversicaudatum
Xiphinema italiae
Xiphinema rivesi

PROCARIONTES
Apple chat fruit phytoplasma
Apple proliferation phytoplasma
Burkholderia glumae
Candidatus liberibacter africanus
Clavibacter michiganensis subsp. *insidiosus*
Clavibacter michiganensis subsp. *nebraskensis*
Clavibacter michiganensis subsp. *sepedonicus*
Erwinia amylovora
Erwinia salicis
Grapevine flavescence dorée phytoplasma
Palm lethal yellowing phytoplasma
Pantoea stewartii
Peach X-disease phytoplasma
Peach rosette phytoplasma
Peach yellows phytoplasma
Pear decline phytoplasma
Pectobacterium rhapontici
Pseudomonas syringae pv. *atrofaciens*
Rhodococcus fascians
Spiroplasma citri
Xanthomonas axonopodis pv. *aurantifolii* raça B
Xanthomonas campestris pv. *cassavae* (= *Xanthomonas cassavae*)
Xanthomonas oryzae pv. *oryzae*
Xanthomonas oryzae pv. *oryzicola*
Xanthomonas populi
Xanthomonas vasicola pv. *musacearum*
Xylophilus ampelinus

VÍRUS E VIROIDES
African cassava mosaic virus (ACMV)
Andean potato latent virus (APLV)
Arabis mosaic virus (ArMV)
Arracacha virus B (AVB)
Artichoke Italian latent virus (AILV)
Artichoke latent virus (ArLV)
Artichoke mottled crinkle virus (AMCV)
Artichoke yellow ringspot virus (AYRSV)
Banana bract mosaic virus (BBrMV)
Banana bunchy top virus (BBTV)
Barley stripe mosaic virus (BSMV)
Beet curly top virus (BCTV)
Blueberry leaf mottle virus (BLMoV)
Broad bean wilt virus (BBWV)
Cacao swollen shoot virus (CSSV)
Coconut Cadang-cadang viroid (CCCVd)
Citrus impietratura virus
Citrus leaf rugose virus (CiLRV)
Citrus variegation virus (CVV)
Clover yellow vein virus (ClYVV)
Impatiens necrotic spot virus (INSV)
Lily symptomless virus (LSV)
Melon necrotic spot virus (MNSV)
Peach rosette mosaic virus (PRMV)
Peanut stripe virus (PStV)
Peanut stunt virus (PSV)
Pepino mosaic virus (PepMV)
Perlargonium zonate spot virus (PZSV)
Plum pox virus (PPV)
Poplar mosaic virus (PopMV)
Potato mop-top virus (PMTV)
Potato spindle tuber viroid (PSTVd) (= *Tomato bunchy top viroid*)
Potato virus A (PVA)
Potato virus T (PVT)
Potato yellowing virus (PYV)
St. Augustine decline virus (SAD)
Strawberry latent ringspot virus (SLRSV)
Fiji disease virus (FDV)
Tobacco black ring virus (= Tomato Black Ring Virus) (TBRV)
Tobacco rattle virus (TRV)
Tomato bushy stunt virus (TBSV)
Tomato ringspot nepovirus (ToRSV)
Tulip breaking virus (TBV)

PLANTAS INFESTANTES E PARASITAS
Acroptilon repens
Alopecurus myosuroides
Amaranthus albus
Amaranthus blitoides
Amaranthus graecizans
Apera spica-venti

Arceuthobium spp.
Arctotheca calendula
Asphodelus tenuifolius
Brachiaria paspaloides
Brassica tournefortii
Bromus rigidus
Cardaria draba
Carduus acanthoides
Carduus pycnocephalus
Centaurea diffusa
Chondrilla juncea
Cleome viscosa
Cirsium arvense
Corchorus aestuans
Crassocephalum crepidioides
Cuscuta australis
Cuscuta campestris
Cuscuta epithymum
Cuscuta europaea
Cuscuta reflexa
Descurainia sophia
Elymus repens
Emex australis
Euphorbia esula
Euphorbia helioscopia
Fumaria bastardii
Fumaria densiflora
Fumaria muralis
Galeopsis speciosa
Heliotropium europaeum
Hibiscus trionum
Hieracium pilosella
Hirschfeldia incana
Hordeum leporinum
Imperata cylindrica
Lactuca serriola
Leptochloa chinensis
Lindernia antipoda
Lindernia ciliata
Lindernia procumbens
Lolium rigidum
Ludwigia adscendens
Melochia corchorifolia
Monochoria vaginalis
Myagrum perfoliatum
Orobanche spp.
Phalaris paradoxa
Polygonum barbatum
Polygonum nepalense
Polygonum scabrum
Senecio vulgaris
Setaria pumila
Setaria viridis
Sisymbrium loeselii
Sisymbrium orientale
Sonchus arvensis
Solanum rostratum
Striga spp.
Taeniatherum caput-medusae
Vulpia ciliata

Anexo II

Pragas quarentenárias - A2

Insetos	Hospedeiros	Ocorrência da praga
Aleurocanthus woglumi	Abacate (*Persea americana*), álamo (*Populus* spp.), amora (*Morus* spp.), ardísia (*Ardisia* Swartz), bananeira (*Musa* spp.), buxinho (*Buxussemper virens*), café (*Coffea arabica*), caju (*Anacardium occidentale*), carambola (*Averrhoa carambola*), cherimoia (*Annona cherimola*), citros (*Citrus* spp.), dama-da-noite (*Cestrum nocturnum*), gengibre (*Zingiber officinale*), goiaba (*Psidium guajava*), graviola (*Annona muricata*), grumixama (*Eugenia brasiliensis*), hibisco (*Hibiscus rosasinensis*), jasmim-manga (*Plumeria rubra*), lichia (*Litchi chinensis*), louro (*Laurus nobilis*), mamão (*Carica papaya*), manga (*Mangifera indica*), maracujá (*Passiflora edulis*), marmelo (*Cydonia oblonga*), murta (*Murraya paniculata*), pera (*Pyrus* spp.), pinha (*Annonas quamosa*), romã (*Punica granatum*), rosa (*Rosa* spp.), sapoti (*Manilkara zapota*) e uva (*Vitis vinifera*)	Amapá, Amazonas, Goiás, Maranhão, Pará, Paraíba, Pernambuco, São Paulo e Tocantins
Bactrocera carambolae	**Hospedeiros primários:** carambola (*Averrhoa carambola*), goiaba (*Psidium guajava*), jambo--vermelho (*Syzygium malaccensis*), laranja-caipira, laranja-da-terra, laranja-amarga, laranja (*Citrus aurantium*), maçaranduba, arapaju, mararaju (*Manilkarazapota*) e manga (*Mangifera indica*) **Hospedeiros secundários:** acerola (*Malpighia puncifolia*), amendoeira (*Terminalia catappa*), bacupari (*Garcinia dulcis*), bilimbi, carambola--amarela, caimito ou abiu (*Chrysophyllum caimito*), cajazeiro ou taperebá (*Spondias lutea*), caju (*Anacardium occidentale*), fruta-pão (*Artocarpus altilis*), gomuto (*Arenga pinnata*), jaca (*Artocarpus integrifolia*), jambo-branco (*Syzygium samarangese*), jambo-branco ou d'água (*Sypygium aqueum*), jambo-rosa (*Syzygium jambos*), jujuba (*Ziziphus mauritiana* e *Z. jujuba*), laranja-doce (*Citrus sinensis*), limão-de-caiena (*Averrhoa bilimbi*), pimenta-picante, pimenta-do--diabo (*Capsicum annuum*), pitangueira-vermelha (*Eugenia uniflora*), pomelo, toranja (*Citrus paradisi*), tangerina (*Citrus reticulata*) e tomate (*Licopersicum esculentum*)	Amapá
Cydia pomonella	Ameixa (*Prunus* sp.), damasco (*Prunus armeniaca*), maçã (*Malus* sp.), marmelo (*Cydonia oblonga*), nectarina (*Prunus persica* var. *nucipersica*), pera (*Pyrus* sp.) e pêssego (*Prunus persica*)	Rio Grande do Sul e Santa Catarina

Insetos	Hospedeiros	Ocorrência da praga
Dactylopius opuntiae	Palma forrageira (*Opuntia* sp.)	Ceará, Paraíba e Pernambuco
Sinoxylon conigerum	Bálsamo (*Myroxylon balsamum*), caju (*Anacardium occidentale*), flamboyant (*Delonix regia*), mandioca (*Manihot esculenta*), manga (*Mangifera indica*), mogno (*Switenia macrophyla*), seringueira (*Hevea brasiliensis*) e teca (*Tectona grandis*)	Mato Grosso
Sirex noctilio	*Pinus* sp.	Minas Gerais, Paraná, Rio Grande do Sul, Santa Catarina e São Paulo
Fungos	**Hospedeiros**	**Ocorrência da praga**
Guignardia itricarpa (= *Phyllosticta citricarpa*)	Citros (*Citrus* spp.)	Amazonas, Espírito Santo, Mato Grosso, Mato Grosso do Sul, Minas Gerais, Paraná, Rio de Janeiro, Rio Grande do Sul, Santa Catarina e São Paulo
Mycosphaerella fijiensis	Bananeira (*Musa* spp.) e *Heliconia* spp. Exceto: *Heliconia rostrata*, *H. bihai*, *H. augusta*, *H. chartaceae*, *H. spathocircinada*, *H. librata*, *H. psittacorum* cultivar Red Opal e *H. stricta*	Acre, Amapá, Amazonas, Mato Grosso, Mato Grosso do Sul, Minas Gerais, Pará, Paraná, Rio Grande do Sul, Rondônia, Roraima, Santa Catarina e São Paulo
Procariontes	**Hospedeiros**	**Ocorrência da praga**
Candidatus *Liberibacter* spp.	Citros (*Citrus* spp.), *Fortunella* spp., *Poncirus* spp. e murta (*Murraya paniculata*)	Minas Gerais, Paraná e São Paulo
Ralstonia solanacearum raça 2	Bananeira (*Musa* spp.) e *Heliconia* spp.	Amapá, Amazonas, Pará, Pernambuco, Rondônia, Roraima e Sergipe
Xanthomonas axonopodis pv. *Citri*	Citros (*Citrus* spp.), *Fortunella* spp. e *Poncirus* spp.	Mato Grosso, Mato Grosso do Sul, Minas Gerais, Paraná, Rio Grande do Sul, Roraima, Santa Catarina e São Paulo
Xanthomonas campestris pv. *Viticola*	Videira (*Vitis vinifera*), *Vitis labrusca* cultivar Isabel, híbridos de *Vitis vinifera* x *Vitis labrusca* cultivares Niágara Branca e Niágara Rosada, híbrido de *V. berlandieri* x *V. rupestris* x *V. riparia* cultivar Paulsen 1103	Bahia, Ceará e Pernambuco

7

Avaliação da Conformidade no Agronegócio

Roberta Mara Züge[1]

7.1. INTRODUÇÃO

O comércio de produtos, nos tempos atuais, envolve diversas regiões. Não acontece apenas dentro de um Estado ou de um país, mas entre estados e países de diferentes partes do planeta. Esta é uma consequência da globalização, em que as fronteiras são fáceis de transpor, desde que atendam a requisitos específicos do comprador.

Em épocas anteriores às facilidades nos transportes, que proporcionaram um amplo comércio, praticamente sem divisas, a comercialização de produtos era mais regionalizada. No que tange aos alimentos, essa regionalização era mais intensa. O custo para transportar mercadorias alimentares deveria se justificar pela dificuldade de encontrar um produto em uma região ou país, como o açúcar de cana. Diversos alimentos, como frutas, leite, frango, carnes, hortícolas, entre outros, sobretudo os perecíveis, eram provenientes do mercado local ou adjacente. Muitas vezes, a origem do alimento era bem conhecida: sabia-se quem eram os produtores da região, ou ele era produzido na residência, como frutas, frangos, ovos, verduras e legumes.

1. Médica veterinária, mestre e doutora pesquisadora do Instituto de Tecnologia do Paraná.

Essa identificação da origem da produção dos alimentos tem se perdido largamente nas últimas décadas. Supõe-se que isso venha ocorrendo por causa do aumento de volume de alimentos produzidos, do êxodo rural, do maior ingresso da mulher no mercado de trabalho, da ampliação de produtos na mesa do consumidor e da setorização da produção de determinados alimentos em regiões específicas, buscando, na maioria das vezes, a competitividade produtiva.

Nos últimos anos, com as crises alimentares, o consumidor descobriu que possuía poucas informações sobre os alimentos que adquiria. Desconhecia completamente a origem dos produtos, assim como eram manipulados e o processo produtivo empregado. Isso gerou desconfiança por parte de parcela de consumidores mais esclarecidos, pois esses alimentos poderiam provocar enfermidades severas, como a encefalopatia espongiforme bovina (BSE), que acometeu diversas pessoas na Europa, ocasionada pela ingestão de carne bovina contaminada.

Com essas ocorrências, pôde-se evidenciar que os sistemas de gerenciamento da qualidade e da segurança dos alimentos estavam frágeis. Mostravam-se mais debilitados ainda os sistemas de informação entre os diferentes segmentos das cadeias produtivas alimentares, o que desencadeou uma pressão dos consumidores por melhorias no processo e significou um custo extra, para garantia da qualidade, da segurança e das informações sobre os produtos (Vinholis et al., 2009). Além desses aspectos, devem ser apontados outros, como preservação ambiental, bem-estar dos animais, a saúde e a segurança do trabalhador envolvido na produção. Pouco a pouco, o consumidor também vem acrescentando exigências não apenas em relação aos produtos alimentares, mas a quase todos os produtos que adquire, obviamente aliadas ao menor custo possível. Assim, a descrição do processo de produção, as garantias de sanidade e qualidade, os princípios de conservação ambiental e o respeito social têm se tornado exigências sobretudo para a exportação de produtos agroalimentares.

Mesmo quando se considera o mercado nacional, verifica-se uma evolução no país quanto à conscientização em relação à sustentabilidade, não ainda como ocorre com a população de diversos países da Europa. No entanto, preocupações como aquecimento global, emissões de gases de efeito estufa provenientes da pecuária, manejo animal, conservação de recursos hídricos, entre outras, têm ganhado destaque nos sites de relacionamento, nas escolas, em *blogs*, na mídia em geral. Isso tem moldado a nova geração que vem se escolarizando. Por outro lado, no momento da compra ou comercialização dos produtos agroalimentares, existe a dificuldade de identificar as características não tangíveis, por exemplo, os resíduos de agrotóxicos nas frutas e legumes e de antibióticos no leite.

Com o aumento da demanda e da consciência do consumidor, em sintonia com o processo de globalização da informação, a preocupação com a qualidade dos produtos agropecuários tem se mostrado mais presente (difundida, tem se tornado cosmopolita), resultando em demandas semelhantes tanto no mercado europeu quanto no americano e de outras partes do mundo. De maneira geral, o foco da preocupação tem sido a composição final dos produtos oferecidos. Devido ao processo de produção ou mesmo à busca intensa por maior produtividade, há ampla possibilidade de contaminação por elementos químicos, físicos e biológicos. Na modernização do processo de produção, novos elementos têm sido incorporados, cuja inocuidade, muitas vezes, ainda não está comprovada.

Atualmente, podemos apontar como principais preocupações dos consumidores: a presença de resíduos de agroquímicos, a contaminação dos produtos agropecuários por microrganismos e a alteração da composição genética do produto por meio da introdução de genes de outras espécies. Essas preocupações tornaram-se o elemento motivador preponderante para a criação e implementação de normas técnicas, regulamentos e padronização dos produtos agropecuários.

Nesse cenário de incertezas e desconhecimentos, após a BSE, a Comunidade Europeia passou a exigir garantias legais de seus fornecedores quanto à origem e aos processos de produção de alimentos. Assim, eles deveriam demonstrar, por meio de medidas eficazes, melhorias na transparência das condições de produção e comercialização dos produtos, principalmente no aspecto do conhecimento dos antecedentes, estabelecendo para o setor produtivo um regime de identificação e registro de bovinos, a chamada rastreabilidade bovina. Essa legislação criou um sistema eficaz de rotulagem específico para o setor de carne bovina na Europa, com base em critérios objetivos na fase de comercialização, para que o consumidor possa ter todas as informações consideradas importantes para a garantia de um produto seguro.

Para atender a essa demanda, a consolidação de marcas ou de selos de garantia de qualidade do produto e do processo produtivo tem se tornado um diferencial. Em alguns mercados, eles já são uma exigência. O consumidor tem como premissa para a compra a garantia escrita por algum processo reconhecido pelos mercados de que o produto atende aos requisitos especificados. Para tanto, há a necessidade de documentos normativos que identifiquem os requisitos que devem ser cumpridos para o atendimento de qualidade, tanto de produto quanto de sistemas, os quais são apresentados a seguir.

7.2. NORMALIZAÇÃO

Muitas vezes, a terminologia norma é usada de forma inadequada. É necessário que os conceitos estejam balizados, de preferência reconhecidos internacionalmente, para evitar erros de entendimento e definições. Alguns episódios ocorridos no setor agropecuário, relativos à assimetria de conceitos, a entendimentos diferentes por parte de outros setores, como a indústria ou o comércio, ocasionaram danos ao setor, pois foram difundidos de modo inadequado. Assim, o ideal é utilizar termos conceituados internacionalmente, como aqueles definidos pela ISO.

Conforme o documento ABNT ISO/IEC Guia 2 (1998), **norma** é um "documento estabelecido por consenso e aprovado por um organismo reconhecido, que fornece, para uso comum e repetitivo, regras, diretrizes ou características para atividades ou resultados, visando à obtenção de um grau ótimo de um dado contexto". No mesmo sentido, segundo Dantas Filho, norma é um "documento disponível para o público (especificação técnica, código de prática etc.) derivado de um determinado esforço de normalização, estabelecido com a cooperação e o consenso ou aprovação geral de todas as partes interessadas, baseado nos resultados consolidados da ciência, tecnologia e experiência, visando à promoção do benefício ótimo para a comunicação e aprovado por um organismo reconhecido".

Ainda, segundo a ABNT ISO/IEC Guia 2, um **organismo** é uma entidade de direito público ou privado, com funções e composição específicas, e o **consenso** é um "acordo geral, caracterizado pela ausência de oposição fundamentada e aspectos significativos por qualquer parte importante dos interesses envolvidos, através de um processo que busca levar em conta as posições de todas as partes interessadas e conciliação das opiniões conflitantes."

Segundo o ISO Guia 2, ainda, há diferentes tipos de normas, a saber:

- **Norma básica:** de abrangência ampla, ou que contém prescrições gerais para um campo específico.
- **Norma de terminologia:** estabelece termos, em geral acompanhados de suas definições e, algumas vezes, de notas explicativas, ilustrações, exemplos etc.
- **Norma de ensaio:** estabelece métodos de ensaios, suplementados algumas vezes com outras prescrições relacionadas com o ensaio, tais como amostragem, uso de métodos estatísticos, sequência de ensaios.
- **Norma de produto:** especifica requisitos a serem atendidos por um produto ou um grupo de produtos, para estabelecer sua adequação ao propósito.
- **Norma de processo:** especifica requisitos a serem atendidos por um processo para estabelecer sua adequação ao propósito.
- **Norma de serviço:** especifica requisitos a serem atendidos por um serviço para estabelecer sua adequação ao propósito.
- **Norma de interface:** especifica os requisitos relativos à compatibilidade de produtos ou sistemas em seus pontos de interligação.
- **Norma sobre dados a serem fornecidos:** contém uma lista de características na qual valores ou outros dados são indicados, a fim de especificar um produto, processo ou serviço.

As normas também podem ser classificadas conforme sua abrangência. Segundo a ABNT, elas podem conter quatro níveis distintos:

- **Internacional:** normas destinadas a uso internacional, resultantes da ativa participação das nações com interesses comuns. Exemplos: ISO (International Organization for Standardization) e IEC (International Eletrotechnical Commission).
- **Regional:** normas destinadas a uso regional, elaboradas por um grupo limitado de países de um continente. Exemplos: CEN (Comitê Europeu de Normalização) e AMN (Associação Mercosul de Normalização).
- **Nacional:** normas destinadas a uso nacional, elaboradas por consenso entre os interessados em uma organização nacional reconhecida como autoridade no respectivo país. Exemplos: ABNT (Associação Brasileira de Normas Técnicas); PI (Produção Integrada) – Brasil; ANSI (American National Standards Institute) – Estados Unidos; DIN (Deutsches Institut für Normung) – Alemanha; JISC (Japanese Industrial Standards Committee) – Japão; BSI (British Standards Institution) – Reino Unido.
- **Empresarial:** normas destinadas ao uso interno nas empresas.

No setor agropecuário, ainda são adotadas muitas normas de âmbito nacional ou regional. Um dos artifícios utilizados são os processos de reconhecimento de normas nacionais em outros países, quando há semelhanças entre elas. Outro é a exigência, por parte do país importador, da compra de produtos com a certificação apenas da sua norma, o que muitas vezes faz que o produtor tenha várias certificações para atender a mercados distintos e, consequentemente, há incremento de custo para tanto.

A Comunidade Europeia (CE) tem trabalhado na unificação de normas de processo de produção agropecuária, fundamentada na produção integrada. No entanto, existem diversos entraves, como a consolidação de processos por países, sobretudo as normas com histórico mais avançado nessas certificações. A assimetria entre os países da CE ainda é grande nesse contexto.

7.3. ISO GUIAS 65 e 62

As ISO Guias 65 e 62 são documentos de referência para os organismos de avaliação da conformidade. Essas normas conduzem o modo pelo qual devem ser realizados os processos de acreditação dos organismos de avaliação da conformidade (certificadoras) pelo organismo de reconhecimento internacional, para credenciamento delas para realizar as atividades especificadas.

A ABNT ISO/IEC/Guia 65 é uma norma que estabelece os "requisitos gerais para organismos que operam sistemas de certificação de produtos". Esse documento, denominado norma técnica, delibera como o sistema de avaliação da conformidade por terceira parte-certificação de produtos deve ser realizado.

Estabelece, igualmente, que o organismo de certificação seja independente dos laboratórios e que estes também não estejam subordinados aos organismos de avaliação da conformidade (OACs), assim como não tenham conflitos de interesse em relação aos processos que estão acreditados.

Em outra esfera, a ABNT ISO/IEC/Guia 62 é o documento que define os "requisitos gerais para organismos que operam sistemas de certificação de sistemas", tanto da qualidade (9001) quanto do ambiente (14001). Tal documento é utilizado como embasamento para os processos de acreditação de organismos de avaliação da conformidade que são responsáveis pela certificação dos processos mais comuns de certificação de qualidade.

7.4. AVALIAÇÃO DA CONFORMIDADE

Para dar garantias de que o que se está adquirindo atende a requisitos específicos, há sistemas que avaliam se o produto ou mesmo o processo encontram-se em conformidade com os itens especificados em algum documento de referência. Dentre esses processos, a avaliação da conformidade é amplamente utilizada na indústria ou no comércio. Trata-se de um método de confrontação dos requisitos estabelecidos por uma norma, regulamento técnico ou outro documento de referência que verifica o atendimento de um produto, serviço ou mesmo de pessoas. É um processo sistematizado, com regras preestabelecidas, devidamente acompanhado e avaliado, que deve ser realizado de forma a garantir a regularidade e a constância de atendimento dos requisitos descritos. Existem três modalidades de avaliação da conformidade, como se segue.

7.4.1. Primeira parte

O fornecedor, por meio de norma regulamentadora, declara que o produto ou processo atende aos requisitos estabelecidos pelo documento de referência. De modo geral, para cada processo há regulamentações que estabelecem os ensaios que devem ser realizados, a sistemática a ser adotada, os documentos e portarias de referência e a rastreabilidade empregada. Diversos desses processos são compulsórios, ou seja, o fabricante, para poder comercializar seus produtos, é obrigado a realizá-los. Alguns exemplos de produtos que exigem declaração do fornecedor compulsória (Inmetro, 2010) incluem: dispositivos elétricos de baixa tensão para uso residencial; pó para extintor de incêndio; reservatório de água potável e potência sonora de aparelhos de som e similares.

Nessa mesma modalidade de avaliação da conformidade há a declaração do fornecedor voluntária. Esta se torna uma estrutura de marketing frente a compradores e consumidores, de modo a promover os produtos ou processos. Normalmente, nessa modalidade, os fornecedores referenciam-se a normas estrangeiras ou regionais, no intuito de melhor aceitação dos seus produtos nesses mercados.

Em determinados processos compulsórios de avaliação da conformidade de primeira parte, há exigências adicionais feitas por organismos regulamentadores. De modo geral, tais informações relacionam-se a requisitos que garantam a segurança do produto, que não haja riscos para a saúde e o ambiente. No mesmo sentido, deve-se garantir a capacidade da qualidade da organização do fornecedor do produto. Tal processo de avaliação da conformidade deve ser fidedigno, correspondendo exatamente ao que está descrito, e deve ser apresentado de modo a não induzir a erros ou dúvidas. E o fornecedor/produtor que declara tais características deve estar apto a substanciar o que está declarado.

7.4.2. Segunda parte

O referido processo, também conhecido como qualificação do fornecedor, é caracterizado pela avaliação dele de acordo com critérios estabelecidos pelo comprador (segunda parte). Nesse sistema, a organização deve evidenciar o cumprimento estabelecido por um documento, que pode ser uma norma internacional, um regulamento técnico ou um documento privado que garanta que o produto, o processo ou o serviço estejam em conformidade com a referência.

A qualificação do fornecedor é a modalidade de avaliação da conformidade normalmente mais custosa para o comprador. De modo geral, também há a exigência de ensaios, inspeções ou auditorias, mas costuma-se utilizar uma combinação dessas três ferramentas. No entanto, a empresa compradora deve realizar as auditorias/inspeções nos seus clientes; quando é grande o número de fornecedores, há também intenso esforço da empresa para realizar a avaliação da conformidade em todos eles. Em outro sentido, o fornecedor que atende a esses requisitos muitas vezes qualifica-se para atender também a outros clientes, pois recebeu um diferencial, uma comprovação de atendimento a alguma norma ou regulamento. Isto pode ampliar suas possibilidades de comercialização.

7.4.3. Terceira parte

Mais conhecida como certificação, é realizada por organização terceira, sem vínculo com nenhuma das partes interessadas. Auditores externos realizam a avaliação para verificação de atendimento dos requisitos descritos no documento de referência que se está auditando.

De modo geral, as organizações de terceira parte devem possuir acreditação por organismo reconhecido para esse fim. No Brasil, o organismo reconhecido para acreditação dos processos de certificação, tanto de sistemas de gestão quanto de produtos e pessoas, é o Instituto Nacional de Metrologia, Normalização e Qualidade Industrial (Inmetro). Esse processo é concebido em avaliações que possuem como base guias e normas internacionais ou processos aprovados internacionalmente, com reconhecimento no Sistema Brasileiro de Certificação. Em alguns processos, pode haver critérios adicionais estabelecidos pelo Inmetro, com o respectivo aval do setor envolvido ou mesmo por meio de documentos formalmente reconhecidos pelo organismo acreditador (Inmetro, 2010).

O Inmetro acredita os organismos de avaliação da conformidade em sistemas de gestão com base nos códigos do International Accreditation Forum (IAF). Ele é signatário do acordo de reconhecimento multilateral para a atividade de acreditação de organismos de certificação de sistemas de gestão da qualidade e ambiental. Em outro âmbito, a acreditação de organismos de avaliação da conformidade para produtos é concedida por escopo (produto específico) ou família de produtos. Quando o processo é compulsório, são utilizados regulamentos técnicos; para a avaliação da conformidade de produtos no setor voluntário, devem-se adotar normas brasileiras, estrangeiras, internacionais ou regionais, desde que atendam aos conceitos de normalização.

No setor agropecuário, a certificação é importante, pois oferece informações não visualizáveis no momento da compra sobre a segurança e a qualidade do alimento ao consumidor. Esse processo não é compulsório no Brasil para produtos agroalimentares. Tem sido apenas um diferencial de mercado ou utilizado para atender a exigências de compradores. A certificação voluntária cresceu devido a fatores como falta de confiança da sociedade nas marcas provadas e na fiscalização, exigência de novos requisitos e novas formas de garantia de qualidade dos alimentos, por motivo de estratégia empresarial e pressão do mercado internacional. O resultado é uma melhor organização de empresas preocupadas com a aceitação de seu produto, objetivando maior credibilidade e confiabilidade na sua marca.

Atualmente, as diversas crises alimentares trouxeram consequências sérias para o setor. Dentre tantos efeitos, o mais complexo é a perda de confiança do consumidor nos produtos agropecuários, o que abriu espaço para especuladores que manipulam as informações e questionam a qualidade nutricional dos produtos brasileiros, muitas vezes induzindo a população a diminuir o consumo ou mesmo suprimir a ingestão de produtos de origem animal, por exemplo. Retaliações ou sanções estão sendo impostas aos produtos agroalimentares brasileiros, pois não há comprovação da realização de diversas práticas exigidas. Muitas vezes, essas barreiras estão fundamentadas em divulgações localizadas de processos inadequados, ou servem como fonte de depreciação do produto e, em consequência, do preço de comercialização.

7.5. AUDITORIAS

Segundo a ABNT ISO 9001, auditoria é um “processo sistemático, documentado e independente para obter evidências de auditoria e avaliá-las objetivamente para determinar a extensão na qual os critérios de auditoria são atendidos”. As auditorias de qualidade devem, preferencialmente, seguir a norma ISO ABNT

19011 – 2002 – Diretrizes para auditorias de Sistema de Gestão da Qualidade e/ou Ambiental, que recomenda condições a serem seguidas para a realização e a condução de auditorias tanto na esfera comportamental do auditor como na coleta de evidências de auditorias, para sustentação do relatório que será emitido, tendo em conta os itens a seguir.

- Os procedimentos de auditoria são formados por um conjunto de verificações e comprovações que permitem impetrar e analisar os subsídios necessários à formulação da apreciação do auditor. Comumente, são feitas listas de pontos a serem verificados no transcorrer da auditoria.
- Recomenda-se o estabelecimento da metodologia antes da execução da auditoria.
- Evidências de auditoria são fatos relevantes observados pelo auditor ao executá-la. Em geral estão associadas a erros e desvios, no entanto podem apontar aspectos positivos da instituição auditada ou oportunidades de melhoria. Para que constem do relatório, as evidências devem ser relevantes e baseadas em fatos e proeminências irrefutáveis.
- Durante a elaboração do relatório, são realizadas recomendações da auditoria. São descritas as não conformidades encontradas e todos os não atendimentos, assim como as oportunidades de melhoria. Também podem ser fixados prazos de correção das não conformidades, que de modo geral são acordados com o responsável pela organização. De acordo com as não conformidades encontradas, pode ser necessária nova auditoria para verificação das correções e ações corretivas.

A natureza da auditoria, quanto ao organismo, pode ser classificada como se segue.

- **Auditoria interna:** realizada por departamento interno responsável pela verificação e avaliação dos sistemas e procedimentos internos de uma organização. Um dos objetivos é a redução de fraudes, erros, práticas ineficientes ou ineficazes, verificação de atendimentos de requisitos de normas etc. O setor responsável pela auditoria deve ser independente e responder diretamente à direção da instituição. As auditorias internas podem ser conduzidas por terceiros, mas têm a função de emitir os resultados para a própria instituição contratante ou para as avaliações da conformidade de primeira parte, para declaração do fornecedor.
- **Auditoria externa:** realizada por organização externa e independente da entidade auditada, com o objetivo de emitir um parecer sobre a gestão de recursos da entidade, sua situação financeira, a legalidade, a regularidade de suas operações, o atendimento a normas etc. No âmbito da qualidade, essas auditorias podem ser para avaliação de segunda ou de terceira parte.

A norma NBR ISO 19011, Diretrizes para auditorias de Sistema de Gestão da Qualidade e/ou Ambiental, é usada como referência para diversas normas de certificação. Por ser uma norma ISO, suas diretrizes são reconhecidas em todos os países signatários do IAF, órgão que congrega todos os organismos acreditadores. É de suma importância que as auditorias sejam conduzidas de forma semelhante em diferentes países, para o reconhecimento da certificação por autoridades de países distintos, facilitando a exportação dos produtos e o livre comércio. Essas diretrizes são seguidas por diversos países, incluindo o Brasil; normas como a NBR ISO 9001 e a NBR ISO 14001 possuem reconhecimento internacional, sendo o certificado emitido no Brasil, por meio de organismo de avaliação da conformidade acreditado pelo Inmetro, reconhecido em todos os países signatários do IAF.

7.6. RASTREABILIDADE

A rastreabilidade no setor agropecuário brasileiro foi amplamente difundida pela exigência da Comunidade Europeia em identificar e conhecer a procedência da carne bovina consumida em seu território, após os episódios da BSE. Diante dessa demanda, o Brasil buscou atender a esse requisito. No entanto, o conceito de rastreabilidade muitas vezes foi difundido como certificação. Atualmente, ainda é comum ouvir-se que são bovinos certificados os animais identificados pelo sistema oficial brasileiro. Esses conceitos, disseminados de forma inadequada, provocam grandes problemas para a transmissão correta dos julgamentos dos demais processos, como a avaliação da conformidade.

A rastreabilidade é condição essencial em todos os sistemas de gestão da qualidade ou certificação de produtos. Apenas o processo de rastreabilidade não incrementa a segurança de alimentos. No entanto, ajusta o estabelecimento da diafaneidade, ou seja, a transparência, necessária às medidas de controle eficientes na produção de alimentos.

Conforme a norma NBR ISO 9000: 2000, rastreabilidade é definida "como a capacidade de recuperar o histórico, a aplicação ou a localização daquilo que está sendo considerado". Quando se considera um produto, ela pode estar relacionada com:

- a origem dos materiais e as peças;
- o histórico do processamento;
- a distribuição e a localização do produto depois da entrega.

A rastreabilidade também envolve a recomposição do histórico do produto. Assim, para produtos alimentícios, também se deve estabelecer:

- a origem exata de uma produção dos animais domésticos ou do vegetal, com os vários fatores que incorporam seu desenvolvimento;
- o histórico dos processos aplicados ao produto;
- a distribuição e a localização do produto acabado.

7.7. SELOS DE ORIGEM

A indicação geográfica (IG) pode ser definida, em uma visão mais simplista, como uma marca específica de um território. Nos países da Europa, em especial, há um longo histórico de proteção do local de produção. Esses países utilizam-no como uma forma de desenvolvimento local e competitivo e também para a proteção de uma identidade cultural da região e usada dos produtos dela oriundos. A indicação geográfica é usada para produtos com particularidades únicas, tendo em vista as características naturais, como o mesoclima da origem, e humanas, como o processamento manual e artesanal para a sua produção, o que atribui características diferenciadas aos produtos. A indicação geográfica pode ser de dois tipos:

- **indicação de procedência:** refere-se ao nome geográfico de um país, de uma cidade, de uma região ou de uma localidade de seu território que se tornou conhecido como centro de produção, fabricação ou extração de determinado produto ou de prestação de determinado serviço;
- **denominação de origem:** refere-se ao nome geográfico do país, cidade, região ou localidade de seu território que designa produto ou serviço cuja qualidade se deva exclusiva e essencialmente ao meio geográfico, incluídos os fatores naturais e humanos.

Os processos de identificação de origem são usuais na Europa. Pelo seu histórico de séculos de desenvolvimento de produtos agroalimentares, com diferentes culturas e características peculiares de manejo e produção, além dos padrões de fabricação, as questões regionais permitem diferenciações específicas que atribuem padrões de sabor, consistência e odor típicos aos produtos.

O *Saber Fazer* possui reconhecimento entre a população, pela região de produção de determinados alimentos. Diversos produtos são conhecidos pela sua cidade ou região de origem, como Parma, Champanhe, Brie, Porto, entre vários outros. Essas denominações são utilizadas para valorizar e proteger os produtos alimentares europeus contra imitações indevidas. Nesse sentido, também ajudam os consumidores nas suas escolhas, por fornecerem informações sobre as especificações desses produtos. O Parlamento europeu recomenda que o registro seja publicado na internet e que os símbolos sejam diferenciados por meio de códigos de cores (site do Parlamento europeu).

Apesar de serem muito antigos, os produtos com indicações geográficas europeias somente foram regulamentados em épocas mais recentes – em 1989, no caso dos vinhos, e em 1992, para outros produtos. Essas indicações, de modo geral, são compostas por três selos:

- Apelação de Origem Protegida (AOP);
- Indicação Geográfica Protegida (IGP);
- Especialidade Tradicional Garantida (STG).

A Comunidade Europeia, por meio do seu Parlamento, possui um sistema de reconhecimento que agora envolve um registro aberto, por pressão da OMC, de qualquer outro país que não faz parte da Comunidade. A União Europeia concede, por meio dos regulamentos nº 2081/92 e nº 2.082/92, proteção especial aos produtores alimentares de "especialidades regionais". O regime possibilita a esses produtores registrar-se em um sistema comunitário de proteção obrigatória de determinados produtos agrícolas e gêneros alimentícios, com denominação de origem. O café da Colômbia foi o primeiro registro de produtos não componentes da UE. O mercado dessas IGPs ainda é muito limitado: 74 delas foram reconhecidas, englobando 25 mil produtores e faturamento da ordem de um bilhão de dólares, portanto muito menos que as IGPs desenvolvidas por países como Itália, Espanha e França.

Na França, os produtos certificados como Apelação de Origem Controlada (AOC) movimentam elevadas quantias e são líderes na economia dos produtos de qualidade, com aproximadamente dois terços de participação. As outras certificações são relativas a Certificações de Conformidade de Produtos (CCPs) e selos de qualidade superior: produção orgânica ou ao ar livre/verde. Os produtos AOC representam, em certas regiões, até 60% da área cultivada e do valor da produção. Isso tem grande valor na movimentação econômica no país, em especial nas áreas rurais, o que facilita a fixação do homem no campo e a continuidade dos negócios familiares.

Para o consumidor, a identificação dos produtos certificados, em particular quando a instituição certificadora ou a norma já são bem conhecidas, agrega novo valor a eles, proporcionando maior aceitação pela declaração de qualidade e segurança oferecidas, de acordo com os requisitos da norma. Por outro lado, nem sempre o valor agregado reflete em incremento do preço, mas, de modo geral, na decisão de compra do produto em relação a outro similar, recomenda-se a sua utilização em razão da satisfação obtida pelo atendimento às expectativas. Esse é o principal atributo agregado pelo produto que adquire o direito de utilização de um selo ou marca: maior visibilidade no mercado, diferenciado visualmente dos demais produtos similares por exibir a representação gráfica do padrão de qualidade.

No Brasil há a Lei de Propriedade Industrial, Lei Nacional nº 9.279, de 14 de maio de 1996. No entanto, ela não define indicação geográfica; estabelece apenas suas modalidades, a indicação de procedência e a denominação de origem. Por essa legislação, não há hierarquia legal entre esses itens, abrindo-se possibilidades paralelas à seleção dos produtores ou prestadores de serviços que buscam essa modalidade de proteção, atendidos os requisitos da lei e de sua regulamentação. Para solicitar a indicação de procedência, deve-se caracterizar o produto pelo nome geográfico conhecido pela sua produção, extração ou fabricação, ou pela prestação de um serviço, de forma a possibilitar a agregação de valor quando indicada a sua origem, independente de outras características. Essa indicação protegerá a relação entre o produto ou o serviço e sua reputação, em razão de sua origem geográfica específica, condição que deverá ser, indispensavelmente, preexistente ao pedido de registro.

Os produtores ou processadores, por intermédio de sua entidade representativa, deverão fazer prova dessa reputação, ao pleitear o reconhecimento no Instituto Nacional da Propriedade Industrial (Inpi) da indicação de procedência, juntando documentos hábeis. Outra modalidade aceita no Brasil é a denominação de origem (DO), que especifica o nome geográfico "que designe produto ou serviço cujas qualidades ou características se devam exclusiva ou essencialmente ao meio geográfico, incluídos fatores naturais e humanos". Nessa modalidade, a origem geográfica deve interferir no resultado final do produto ou no processamento, de forma identificável e mensurável, o que deverá ser objeto de prova quando formulado no Inpi um pedido de registro enquadrado nessa classe, por meio comprovado de estudos técnicos e científicos. Assim, é uma modalidade mais complexa do que a exigida para as indicações de procedência.

O primeiro processo de identificação de procedência no Brasil foi o do vinho do Vale dos Vinhedos. Esse produto é oriundo de uma região produtora de vinhos da Serra Gaúcha, no Rio Grande do Sul. A região demográfica é delimitada entre os municípios de Bento Gonçalves, Garibaldi e Monte Belo do Sul. O Vale dos Vinhedos conquistou a IP com o Selo de Controle em vinhos e espumantes elaborados pelas vinícolas associadas da região. Esse selo teve origem na criação, em 1995, das vinícolas associadas, após a adesão de seis delas. Com essas ações, foi concebida a Associação dos Produtores de Vinhos Finos do Vale dos Vinhedos (Aprovale).

Após a criação da associação e o fortalecimento do grupo, em 1988 foi enviada uma solicitação para o reconhecimento geográfico da região ao Inpi. Para cumprir os trâmites, foi necessário um prazo e, assim, apenas em 2001 o pedido foi aceito. Esse reconhecimento é importante, pois dificulta as ações de oportunistas que utilizam a terminologia sem atender aos requisitos especificados e impede que outros produtos utilizem a mesma nomenclatura. No Inpi encontram-se diversos pedidos de reconhecimento, no Brasil, de produtos estrangeiros, por exemplo, da Itália, como presuntos de Parma. O registro do selo garante ao consumidor a procedência do produto, com suas características pertinentes. E a qualidade é reconhecida por características organolépticas, físicas e químicas, intrínsecas somente ao produto daquela região específica.

7.8. PRODUÇÃO INTEGRADA

Na década de 70, após a revolução verde, resultado da tecnologia agrícola que deu início ao uso de produtos químicos para combate a pragas nas lavouras, algumas ações foram realizadas para controlar seu uso. Primeiramente, inclusive devido ao desconhecimento dos impactos provocados pelo emprego desmedido e inadequado desses produtos, os impactos negativos foram verificados após alguns anos de cultivo com o uso desse sistema. Com a descoberta de problemas decorrentes da utilização imprópria de tais insumos, percebeu-se a necessidade de redução do uso de pesticidas como forma de respeitar o meio ambiente, garantir riscos mínimos de existência de resíduos nos alimentos e causar menor impacto à saúde do trabalhador rural. Nesse cenário, mesmo em uma perspectiva mais prática, ainda sem resultados científicos, foi idealizado o conceito de produção integrada, compreendido como uma expansão do manejo integrado de pragas (MIP).

Em razão dos problemas enfrentados no campo pelos produtores, foi desenvolvida uma técnica que permitia minimizar a utilização desses insumos, aliada ao uso sistêmico e associado, e possibilitava atingir os objetivos, mas de forma sustentável. Um dos primeiros problemas solucionados foi o dos produtores de maçãs do Norte da Itália. Com o auxílio de pesquisadores, foi concebido um sistema eficaz para controle de ácaros resistentes aos compostos químicos utilizados e que comprometiam a produção. Posteriormente, ao utilizarem com sucesso um sistema baseado no manejo integrado de ácaros, combinado com monitoramento e técnicas alternativas de controle, que foi efetivo na solução dos problemas, os produtores perceberam que a utilização dos antigos métodos acarretava queda de produtividade, ao contrário do manejo integrado. Assim, em consonância, esses produtores optaram por alterar o processo produtivo, pois as práticas isoladas para o controle de uma praga ou enfermidade não eram satisfatórias para o controle da doença.

Nesse contexto, foi consenso a necessidade de unificar as práticas culturais e de produção. Com essas ações, iniciou-se o estabelecimento das bases para a produção integrada. Ainda nesse cenário, a Organização Internacional para a Luta Biológica e Integrada (OILB) promoveu uma discussão sobre as práticas do manejo de culturas de fruteiras e a proteção integrada de plantas, evidenciando a eminente necessidade de adoção de um preceito que aliasse as particularidades do sistema integrado a técnicas benéficas de cultivo, como o manejo e a proteção das plantas. Assim, surgiu a preocupação com a aquisição de artigos de alta qualidade, produzidos em um sistema ambientalmente sustentável. Essas discussões foram iniciadas em 1976, mas apenas em 1993 a OILB promulgou os princípios e as normas técnicas que costumam ser empregados como alicerce para diretrizes gerais de composição para a produção integrada.

Nas décadas de 80 e 90 ocorreu um incremento na utilização dessas práticas, impulsionado pelo desejo de diferentes mercados, em especial os mais exigentes, de consumir alimentos saudáveis, de qualidade e sem resíduos de agroquímicos. Aliado a isso, houve também grande esforço dos setores científico e de extensão rural, que buscaram estimular a preservação dos recursos naturais e a biodiversidade. Por conta dessa demanda, aumentou a restrição ao uso de agrotóxicos e também aos princípios fertilizantes, que poderiam poluir o solo, a água e o ar, na tentativa de produzir alimentos em conformidade com os critérios requeridos pelos consumidores.

O continente europeu foi pioneiro na aplicação das práticas de produção integrada. Países como Espanha, Alemanha e Suíça introduziram esse sistema por conta da demanda de substituir práticas dispendiosas de plantação por outras que abrandassem as despesas relacionadas ao processo produtivo, aprimorasse as características dos produtos e amortizasse os agravos ambientais. Recentemente, as principais nações da Comunidade Europeia e outras, como Chile e Austrália, adotam um sistema que tem como base os princípios de produção integrada. A prioridade é dada principalmente às frutas de clima temperado, como maçã, e também a alguns produtos derivados de frutas, como os vinhos.

No Brasil, as primeiras iniciativas para a construção de sistemas de produção integrada foram realizadas pela Embrapa no ano de 1996. As discussões iniciaram-se tendo como referência as probabilidades de implementação do sistema para a produção integrada na vinicultura. No ano seguinte, outra cadeia produtiva, mas ainda da fruticultura, tomou a iniciativa de concepção e validação de uma norma brasileira de produção integrada. Em 1998, foi publicado o primeiro documento referente ao processo de PI Maçã no Brasil. Esse documento foi construído tendo como princípios os conceitos instituídos nas normas europeias para produção integrada, juntamente com dados científicos de produção de maçãs, tanto internacionais quanto originados da pesquisa no Brasil. Esse processo foi decorrente de um empenho conjugado do setor de produção de maçãs, da Embrapa, da Epagri, da Universidade Federal do Rio Grande do Sul (UFRGS), do Instituto Biológico de São Paulo (IBSP) e da Associação Brasileira dos Produtores de Maçã (ABPM).

Os resultados foram avaliados, e a vantagem da utilização do sistema de produção integrada foi evidenciada. Os benefícios proporcionaram aos estabelecimentos de ensino e de pesquisa no Brasil acatar esse sistema de produção como uma escolha para outras culturas. Outras culturas frutíferas foram contempladas com projetos para elaboração e validação de normas de certificação de produção integrada.

Atualmente, os projetos de concepção e validação de normas de produção integrada transcenderam a fruticultura. Essas normas estão sendo aplicadas a outras culturas e mesmo à pecuária. De modo geral, os projetos são financiados pelo Mapa, em parceria com o Conselho Nacional de Desenvolvimento Científico e Tecnológico (CNPq), e permitem que grupos de pesquisa, juntamente com instituições do setor, viabilizem a construção da norma e sua posterior validação no campo. Do mesmo modo, viabilizam a difusão e a formação de técnicos habilitados nesse sistema. Os documentos publicados estão disponíveis gratuitamente no portal do Mapa e em outros sites.

O processo de avaliação da conformidade é realizado pela modalidade de terceira parte. O Inmetro é a organização acreditadora, e diversos organismos de avaliação da conformidade (OACs) estão acreditados em várias culturas para avaliar a conformidade de sistemas de produção e produtos PIF. Tal proposta, no modelo que está sendo elaborado e validado, apesar de demandar mais tempo, é de suma importância, pois permite a participação do setor produtivo, que na maioria das vezes se vê excluído de decisões cruciais para a sustentabilidade e a rentabilidade de sua produção.

As metodologias de concepção de normas das cadeias da pecuária apresentam maior dificuldade, em especial pela assimetria entre as diferentes regiões do Brasil. Algumas regiões são extremamente tecnificadas e avançadas em termos de produtividade e adoção de métodos que garantam a qualidade do alimento e do processo de produção como um todo. Por outro lado, há outras muito rudimentares, que demandam muitos investimentos no setor para atender aos requisitos especificados. Outro aspecto importante é a garantia de inocuidade, muitas vezes referendada por ensaios laboratoriais custosos, que para garantir a segurança do produto exigem uma amostragem severa, onerando em demasia o processo.

Muito ainda deve ser feito para a difusão dos conceitos de produção integrada nos distintos elos da cadeia, em especial no setor produtivo, e também em relação ao consumidor, que desconhece a possibilidade de aquisição de alimentos com garantia de qualidade e segurança, alinhada à saúde e segurança do trabalhador, ao respeito ao meio ambiente e, no setor da pecuária, também ao bem-estar animal. Tais iniciativas ainda devem ser difundidas. Há um mercado desassistido no Brasil para o comércio de produtos certificados. Outra medida importante que deve ser tomada é o reconhecimento do processo e seu selo em outros países. No Brasil, para a exportação de algumas frutas, por exemplo, o produtor muitas vezes precisa ter três ou mais certificados de distintos processos, para atender a todos os seus compradores.

7.9. PRODUTOS ORGÂNICOS

Também no segmento da garantia da segurança dos alimentos, especialmente no que concerne aos resíduos de agrotóxicos, os produtos orgânicos ganharam mercado, pois tornaram-se a escolha de muitos consumidores. Quando se avalia a aquisição de alimentos, sobretudo no que diz respeito à nutrição infantil, o consumo de alimentos de origem orgânica tem crescido de modo exponencial. Outro aspecto importante de decisão, na escolha do alimento orgânico, é a conscientização ambiental, pois a produção orgânica usa de modo limitado produtos químicos, apresentando-se ao consumidor como uma alternativa de escolha consciente. Os orgânicos são produzidos por meio da utilização de sistemas que, diferentemente da agricultura convencional, excluem ou minimizam a utilização de fertilizantes solúveis e agrotóxicos nas intervenções de produção.

Há uma valorização da utilização de matéria orgânica e de práticas culturais partidárias dos processos biológicos.

Esse mercado, muito mais antigo e conhecido do consumidor, já possui uma parcela significativa de consumidores que reconhecem esses alimentos como diferenciados e mais saudáveis. Muitos deles já possuem preço diferenciado, de modo geral agregado ao valor. A disponibilidade desses mercados para pagar pelas características de proteção ambiental dos produtos orgânicos está ligada, primeiramente, a sua condição econômica. Por outro lado, a observação das propriedades dos alimentos oriundos de processos orgânicos na ocasião da aquisição apresenta riscos, pois elas estão pautadas no sistema de produção. Com isso, as ações de oportunistas são recorrentes. São lesados os consumidores, que adquirem um produto de qualidade diferente ou inferior àquela que estão buscando, e o produtor de orgânicos, pela competição desleal à qual está sendo submetido.

Para minimizar esses eventos, desde dezembro de 2003 todos os produtos comercializados no território nacional como orgânicos devem ser submetidos a um processo de avaliação da conformidade-certificação. Apesar disso, ainda se observa, principalmente nos pontos de venda mais distantes, muitos artigos distribuídos como orgânicos sem a devida identificação do processo de certificação. Esses produtos ainda estão conquistando mercado, tanto no Brasil como em outros países emergentes. Países mais antigos, nos quais já existia a cultura do consumo de produtos de qualidade, estabeleceram uma porcentagem considerável no comércio de alimentos orgânicos e têm venda garantida no mercado no qual estão inseridos.

7.10. GLOBALGAP

A Norma Globalgap, antes denominada Europgap, foi criada com o intuito de atender a uma demanda dos varejistas europeus. A norma foi concebida por meio de um comitê que tem como premissa o atendimento às boas práticas agropecuárias e a Análise de Perigos e Pontos Críticos de Controle (APPCC). Essa norma é um conjunto de Boas Práticas para a Agropecuária, agrupado em níveis crescentes de requisitos técnicos, que proporciona ao produtor rural o planejamento e a adaptação da infraestrutura e do manejo da propriedade no grau adequado a cada nível previsto pela norma. O Globalgap possui requisitos para um procedimento autônomo de avaliação da conformidade de terceira parte para os produtos oriundos da produção agropecuária, que são sustentados pela acreditação dos OACs sob a ISO Guia 65.

O sistema de avaliação da conformidade considera por completo o processo produtivo do produto a ser certificado, abrangendo desde a seleção de reprodutores, a origem e o controle das sementes, até o produto final não processado. As etapas de abate e processamento não são consideradas. Outro aspecto importante, e para alguns restritivo na utilização da norma, é a não comercialização dos produtos com o selo de certificação. Com isso, o consumidor não tem como reconhecer os atributos deles. Essa metodologia é adotada pelos gestores da norma porque seu foco é o atendimento das demandas dos varejistas, precursores e idealizadores da norma, para dar garantias aos produtos comercializados nos pontos de venda.

Do mesmo modo que outras normas de certificação de alimentos, a adesão é voluntária, fundamentada em critérios objetivos descritos na norma. A avaliação da conformidade de acordo com os critérios da norma Globalgap na propriedade é obtida por meio de auditorias e/ou inspeções e tem como objetivo buscar evidências do cumprimento dos requisitos. Nas auditorias, essas evidências são verificadas por meio de entrevistas com os colaboradores, da avaliação dos registros exigidos, da metodologia aplicada aos dados e ao manejo empregado, dos laudos de ensaios laboratoriais e da verificação visual de instalações, conduta e manejo dos animais. Além disso, são avaliados os controles executados na propriedade para evitar a proliferação de pragas, roedores e outros vetores de enfermidades. Os princípios do Globalgap estão sustentados nas seguintes premissas:

- segurança do alimento;
- critérios de segurança do alimento derivados dos princípios da APPCC;
- proteção ao meio ambiente;
- Boas Práticas Agropecuárias para minimizar os impactos proibitivos da produção agropecuária ao meio ambiente;
- saúde e segurança ocupacional, assim como o bem-estar do trabalhador;
- critérios para responsabilidade social;
- Bem-estar Animal (quando aplicável).

A norma foi concebida de forma modular do processo, o que permite aos produtores convencionar múltiplos escopos de auditorias a diferentes produtos em uma mesma auditoria, para acatar os níveis de requisição dos mercados de destino.

7.11. PROTOCOLO TESCO NATURE'S CHOICE (TNC)

O Protocolo Tesco Nature's Choice foi concebido no ano de 1992 e é de propriedade da Tesco. Foi desenvolvido para afiançar que todos os tipos de frutas, legumes e hortícolas comercializados pela cadeia Tesco sejam oriundos de produtores que utilizem as Boas Práticas Agrícolas, que atuem de maneira responsável no que se refere a aspectos ambientais, assim como aos requisitos pertinentes à saúde e à segurança do trabalhador. O protocolo é conduzido por um comitê formado por representantes de fornecedores, um especialista acadêmico independente, um auditor, assim como pelos diretores da Tesco.

A Tesco, para garantia de sua marca, exige dos fornecedores e produtores rurais auditorias sistemáticas, que devem ser efetuadas por organismos de avaliação da conformidade, com auditores certificados para garantir uma avaliação independente dos critérios do protocolo. Este é comum a todos os produtores, independente de seu país, e está preconizado de modo a incentivar o processo de melhoria contínua. Os produtores rurais são incentivados a progredir, ascendendo do nível básico "Bronze" até o nível superior "Ouro". A validade do certificado é diferenciada entre as distintas classificações de selo; a do certificado Ouro é de dois anos, e a dos certificados Prata e Bronze, de um ano. No processo de certificação Tesco Nature's há distintos níveis de cumprimento, classificados pelo grau de atendimento. São qualificados como Certificado Ouro, Certificado Prata e Certificado Bronze, como especificado a seguir.

- **Certificado Ouro:** nesta classificação, o produtor deve cumprir 100% dos requisitos técnicos pertinentes à cultura considerados críticos, 100% dos requisitos técnicos considerados obrigatórios e 95% dos requisitos técnicos considerados *stand*.
- **Certificado Prata:** para atingir esta categoria, o produtor deve cumprir 100% dos requisitos técnicos considerados críticos, 95% dos requisitos técnicos considerados obrigatórios e de 75 a 94% dos requisitos técnicos classificados *stand*.
- **Certificado Bronze:** a obtenção deste selo tem como obrigatoriedade cumprir 100% dos requisitos técnicos considerados críticos, 75% dos requisitos técnicos classificados como obrigatórios e de 50 a 74% dos requisitos técnicos considerados *stand*.

A marca Tesco, lançada no Reino Unido no ano de 1924, foi uma das primeiras marcas próprias negociadas. Ultimamente, ao lado da marca Tesco Value, usualmente identificada por faixas azuis e brancas, a organização Tesco também detém uma marca de qualidade premium, a Tesco Finest, igualmente presente na maior parte das cestas de produtos das redes comerciais.

- A linha Tesco Organics, distribuída há mais de dez anos, oferece uma gama variada de alimentos produzidos sob o sistema orgânico.
- Para atender a uma demanda crescente de pessoas com alergias ou intolerâncias, a série Tesco Free From compreende mais de 150 produtos isentos de glúten, trigo ou lactose.
- Para atender a uma demanda de alimentos menos calóricos e mais saudáveis, a linha Tesco Healthy Living oferece mais de 500 produtos com teores reduzidos de gordura, açúcar e sódio.
- Para nutrição com restrição de carboidratos, a linha Tesco Carb Control foi produzida sobretudo para atender aos consumidores que adotam uma dieta alimentar com baixas porcentagens de carboidratos.

- Seguindo uma tendência ética, a Tesco Fair Retail tem uma certificação de "comércio justo" que estabelece que agricultores familiares e pequenos fornecedores oriundos de países em desenvolvimento sejam remunerados por um valor justo pelos produtos fornecidos.
- Para atender a uma demanda infantil, a série Tesco Kids contém de produtos de higiene a minimaçãs.

7.12. CERTIFICAÇÃO BRITISH RETAIL CONSORTIUM (BRC)

A certificação pelo BRC Food Standard também é um processo do Reino Unido, o qual tem como foco a qualificação de fornecedores para os grandes retalhistas que desejam comercializar na região. A partir desse processo, houve uma tendência, entre as grandes indústrias de alimentos ou empresas de serviços alimentícios, de também exigir que seus fornecedores apresentem o processo BRC Food Standard. Este se tornou usual e reconhecido no Reino Unido e em outros países da Europa. Em 1998, o British Retail Consortium (BRC) desenvolveu um referencial com caráter imperativo para todos os fornecedores dos retalhistas do Reino Unido.

O protocolo BRC Food Standard é uma norma de certificação bastante utilizada para selecionar e qualificar fornecedores na área de alimentos. Com essa harmonização de critérios de seleção, pode-se ter uma redução de gastos na gestão da cadeia de suprimento, ao mesmo tempo que há um incremento no padrão de segurança para clientes, fornecedores e também para o consumidor. Como ocorre a importação de alimentos de diversos países, inclusive de fora da Europa, vários compradores começaram a exigir a certificação como critério de seleção de fornecedores.

O BRC Global Standard Food apresenta diversas exigências, muitas delas congruentes com as demais normas descritas anteriormente. Entre os requisitos estabelecidos, pode-se citar:

- sistema HACCP implementado;
- Sistema de Gestão da Qualidade documentado;
- controle de infraestruturas, produtos, processos e recursos humanos.

7.13. CERTIFICAÇÃO DE PRODUTOS AGROALIMENTARES

Os mercados agroalimentares são bastante distintos. Em âmbito planetário, as diferenças educacionais e culturais são cruciais no entendimento da sanidade, inocuidade e qualidade dos produtos. De modo geral, o mercado possui assimetria informacional, o que significa que uma das partes concentra mais informações a respeito de um produto do que a outra, e o fabricante detém maior conhecimento do produto do que o consumidor. Nesse cenário, a certificação se torna importante, por apresentar um aspecto de isenção e, em consequência, de confiabilidade em relação ao que se atesta. Como exemplo, pode ser citado o comportamento de grande parte dos consumidores europeus, que foi modificado após o episódio de BSE e do advento e da propagação dos alimentos transgênicos, o que causa temor em grande parte dos consumidores, pelo desconhecimento do produto fruto dessa tecnologia.

Como consequência da informação assimétrica, verifica-se que produtos de qualidade distinta são comercializados pelo mesmo preço, pois os consumidores não possuem informações suficientes para identificar a qualidade real deles na ocasião da aquisição. Nesse âmbito, exige-se que os fabricantes que fornecem produtos com incremento de qualidade deixem claro aos consumidores que seus produtos são realmente distintos dos demais em algum aspecto importante para a seleção no momento da compra. O fornecedor distingue muito mais a qualidade de seu produto do que o comprador, pois conhece tecnicamente seu processamento e sua produção.

No que tange ao mercado de alimentos, as dificuldades têm aumentado por causa de uma convergência de fatores, como: industrialização e aumento da escala das empresas, tendência de fornecimento globalizado dos supermercados e das indústrias, ansiedade dos consumidores em relação à saúde e crescente enredamento das cadeias de produção e distribuição. Esses fatores acarretam aumento da distância entre fornecedor e consumidor, que passa a não ter acesso a informações primárias sobre como o alimento consumido foi produzido e processado. Nesse sentido, ninguém melhor do que o próprio fornecedor, que conhece a qualidade de seu produto e tem interesse em passar ao consumidor as informações sobre o produto, diminuindo a distância entre os elos da cadeia produtiva.

Pela existência de assimetria de informação no setor de produção, processamento e comercialização de alimentos, há uma demanda, sobretudo dos consumidores, por mecanismos que reduzam as incertezas em relação à qualidade dos alimentos. Nesse cenário, são criados mecanismos de garantia da qualidade, como a certificação, sistema que tem como escopo restabelecer a limpidez de mercados em que a informação não é repartida igualmente entre fornecedores e produtores, e a averiguação dos requisitos relevantes, que é custosa ou árdua. Nesse sentido, a qualidade pode ser determinada como características e/ou atributos que os alimentos devem possuir para atender às demandas e às necessidades dos consumidores.

7.14. CONCLUSÕES

De modo geral, as normas de certificação de produtos agropecuários possuem alguns pilares de sustentação, como a rastreabilidade dos processos e a identificação animal (quando aplicável), a garantia de segurança do alimento, o respeito ao meio ambiente, ao trabalhador rural e ao bem-estar animal, assim como a sustentabilidade produtiva.

Algumas normas são mais restritivas em alguns itens, ou exigem um sistema de qualidade mais complexo. No entanto, todos os sistemas requerem que sejam mantidos registros das ações executadas. Em outro âmbito, há normas com mais requisitos pertinentes às questões ambientais, como exigências de planos de manejo de fauna e flora; outras normas estrangeiras podem ser menos restritivas do que a legislação brasileira, quando se considera o Código Florestal brasileiro.

Determinadas normas estão ganhando espaço em cadeias específicas de produtos, como o café. Mas, mesmo nesses protocolos consagrados nessas culturas, há uma tendência a expandir as cadeias assistidas, pois o atendimento em apenas uma cultura restringe muito o produtor que possui diversidade em sua propriedade.

Vale ressaltar que, mesmo que os requisitos da norma a ser implementada sejam menos rigorosos do que a legislação local, esta é soberana. A norma pode ser mais restritiva do que a legislação, caso contrário os requisitos mais proibitivos desta última devem ser cumpridos. Nos processos de certificação, parte-se da premissa de que o cumprimento da legislação já é realizado, e a certificação de uma norma de qualidade constitui um diferencial no processo e/ou no produto.

O Brasil ainda está engatinhando nos processos de certificação de produtos agropecuários. Poucos produtos certificados são ofertados aos consumidores brasileiros. Basicamente, visam à exportação. Apesar da maior conscientização dos nossos consumidores, há um potencial de comercialização pouco explorado. Mesmo aqueles que demonstram preocupação com a qualidade dos alimentos têm poucas opções de escolha de produtos com garantias. Assim, esta deve ser uma trilha a ser percorrida pelos produtores no curto prazo.

REFERÊNCIAS BIBLIOGRÁFICAS

ABNT ISO/IEC. *Guia 2:1998 – Normalização e atividades relacionadas – Vocabulário geral.* Rio de Janeiro: ABNT, 1998.

ABNT. *NBR 19.011:2002 – Diretrizes para auditorias de Sistema de Gestão da Qualidade e/ ou Ambiental.* Rio de Janeiro: ABNT, 2002.

ACREDITAÇÃO. Disponível em: <http://www.inmetro.gov.br/credenciamento/>. Acesso em: 28 mar. 2010.

ANDRIGUETO, J. R.; KOSOSKI, A. R. (orgs.). *Marco legal da produção integrada de frutas do Brasil.* Brasília, DF: Mapa-Sarc, 2002. 60p.

ANDRIGUETO, J. R.; KOSOSKI, A. R. (orgs.). *Documento de estruturação e composição da política de PI e do sistema agropecuário de produção integrada.* 2004-2005. Brasília, DF: Mapa, 2004.

ANDRIGUETO, J. R.; NASSER, L. C. B.; TEIXEIRA, J. M. A. Avanços da produção integrada no Brasil. In: SEMINÁRIO BRASILEIRO DE PRODUÇÃO INTEGRADA DE FRUTAS, 5., 2006, Vitória. *Anais...*

ASSOCIAÇÃO BRASILEIRA DE NORMAS TÉCNICAS – ABNT. *Sistemas de gestão da análise de perigos e pontos críticos de controle*: segurança de alimentos. Rio de Janeiro, 2002. 9p.

ASSOCIAÇÃO BRASILEIRA DE PRODUTORES DE MAÇÃ – ABPM. *Informações sobre a situação da PIM e comercialização de maçãs em PIF – com selo de qualidade*. 2003.

BRASIL. Ministério das Relações Exteriores. Embassy of Brazil in Washington, DC. *Barreiras aos produtos e serviços brasileiros*. 2002. Disponível em: <http://www.ruralnet. com.br/utilidades/Downloads/barreiras.PDF>. Acesso em: 22 jul. 2005.

GLOBALGAP. Disponível em: <http://www.globalgap.org>. Acesso em: 25 mar. 2010.

INSTITUTO NACIONAL DE METROLOGIA, NORMALIZAÇÃO E QUALIDADE INDUSTRIAL – INMETRO. Disponível em: http://www.inmetro.gov.br. Acesso em 12 dez. 2010.

LAZZAROTTO, N. F. Estudo sobre o mercado de certificações de alimentos no Brasil. In: SEMINÁRIO INTERNACIONAL PENSA EM AGRIBUSINESS, 9., 1999, Águas de São Pedro. *Anais...*

ORGANISATION FOR ECONOMIC CO-OPERATION AND DEVELOPMENT – OECD; FOOD AND AGRICULTURAL ORGANIZATION – FAO. *Agricultural Outlook 2007-2006*. Paris: OCDE publications, 2007.

PARLAMENTO EUROPEU. Disponível em: <http://www.europarl.europa.eu/sides/getDoc.do?pubRef=-//EP// TEXT+IM-PRESS+20060309IPR06041+0+DOC+XML+V0//PT>. Acesso em: 7 mar. 2010.

PRODUTOS DE DECLARAÇÃO DO FORNECEDOR COMPULSÓRIO. Disponível em: <http://www.inmetro.gov.br/qualidade/prodDeclaracao.asp>. Acesso em: 7 mar. 2010.

SPERS, E. E. Qualidade e segurança em alimentos. In: ZYLBERSTAJN, D. *Economia e gestão dos negócios agroalimentares*. São Paulo: Pioneira, 2000, cap. 13.

VINHOLIS, M. de M. B.; TOLEDO, J. C. de; SOUZA FILHO, H. M. de. A questão da assimetria da informação e da incerteza da qualidade na indústria de alimentos: soluções possíveis. In: XVI SIMPÓSIO DE ENGENHARIA DE PRODUÇÃO – SIMPEP, Bauru, SP, 2009. *Anais...* Bauru, SP: Unesp, 2009.

ZAMBOLIM, L. (org.) et al. *Produção integrada no Brasil*. Brasília: Mapa, 2008.

ZÜGE, R. M.; OLIVEIRA, G. J. S.; LUZ, G. M. S.; OLIVEIRA, S. M. M.; MARTINEZ, A. C. *Avaliação da conformidade nas cadeias produtivas. Sistema de qualidade nas cadeias agroindustriais*. São Paulo: Abag, 2007. v. 1.

ZÜGE, R. M. Certificação no agronegócio In: CONGRESSO DE METROLOGIA, Recife, 2003.

8

Pecuária de Precisão e Rastreabilidade

Pedro Paulo Pires[1]
Valery Gond[2]
Kepler Euclides Filho[3]
Alain Viau[4]

8.1. INTRODUÇÃO

A pecuária de corte brasileira é desenvolvida em todas as unidades da federação e engloba aproximadamente 225 milhões de hectares, distribuídos em 2,2 milhões de propriedades, segundo o Instituto Brasileiro de Geografia e Estatística (IBGE, 2010), que abrigam 180 milhões de animais, de acordo com o Conselho Nacional de Pecuária de Corte (CNPC) e o Fórum Nacional Permanente para a Pecuária de Corte. Ainda, segundo essas fontes, essa é uma das cadeias produtivas que mais emprega mão de obra, responsável por 7,2 milhões de empregos diretos.

O agronegócio da carne bovina tem crescido anualmente no Brasil, ao mesmo tempo que tem se estruturado de forma competitiva. Na última década, o crescimento médio foi de cerca de 30%, enquanto o crescimento das exportações foi superior a 200%. Nos últimos anos, em especial em decorrência dos efeitos

1. Pesquisador da Embrapa Gado de Corte.
2. Pesquisador do Cirad, França.
3. Pesquisador da Embrapa Sede.
4. Professor da Universidade Laval, Quebec, Canadá.

colaterais prejudiciais da chamada revolução verde, iniciaram-se, em diferentes partes do mundo, movimentos orientados para a redução dos danos causados ao ambiente. Esses movimentos exigiram novos mecanismos reguladores de qualidade que incorporassem aspectos relacionados ao meio ambiente como componentes do processo produtivo.

Foram criadas muitas normas, protocolos de certificação e leis ambientais a partir da década de 1970. Surgiram, assim, os rótulos para identificação de produtos orgânicos e fortaleceram-se os preceitos de segurança alimentar pela utilização da Análise de Perigos e Pontos Críticos de Controle (APPCC). Foi ainda nessa década que se intensificaram, na Europa, as atividades para o controle integrado de pragas, o que deu origem à definição mais geral de produção integrada. A partir da década de 1980, surgiu o paradigma da sustentabilidade e da busca pela qualidade total. Nos anos 1990, cresceu também a preocupação da população com os problemas relacionados à ingestão de alimentos contaminados.

Isso faz que o consumidor exija o rastreamento do alimento dentro da cadeia produtiva e que o processo seja transparente. Nesse contexto, a padronização de conceitos e sobretudo de ações constitui-se em tema de importância estratégica para o país, viabilizando a disponibilização de alimentos certificados, ou seja, com garantia de origem, de qualidade ambiental e de qualidade de produto. Atualmente, com a intensificação dos manejos sanitário, reprodutivo e nutricional de bovinos e com a utilização de programas de melhoramento genético e de gerenciamento de rebanhos, há uma demanda aumentada pela utilização de softwares. Esta demanda, associada à necessidade de um controle rígido que permita a rastreabilidade, implica, cada vez mais, a necessidade de identificação correta e rápida dos bovinos. Tais processos devem estimular o controle da produção de cada animal, aumentando os lucros.

A rastreabilidade tornou-se foco de atenção tanto dos consumidores quanto da indústria da carne, em anos recentes. Toda a população tem sido afetada por problemas relativos à segurança dos alimentos. No caso específico da carne bovina, com o diagnóstico da BSE (encefalopatia espongiforme bovina) em março de 1996, foi aventada a possibilidade de relação entre essa doença do gado e a CJD (doença de Creutzfeld Jacob), como uma nova variante de distúrbio similar em seres humanos. Essa ocorrência provocou, na época, redução no consumo de carne bovina em cerca de 25% na Europa. Desde então, para recuperar a confiabilidade dos consumidores, os participantes da cadeia de suprimento de gado e de carne estão trabalhando para elevar os padrões de segurança.

A União Europeia, através da resolução CE 820/97, exige que todo o processo de produção da carne esteja inserido em um programa de identificação e registro que possibilite o levantamento de todas as informações pertinentes ao animal, desde o seu nascimento até o consumo do produto final. Essa resolução atinge tanto os produtores e as indústrias da Europa quanto seus fornecedores. Por outro lado, países como a Coreia do Sul e o Japão também adotam essa exigência. E, com o advento irreversível da globalização, verifica-se uma tendência mundial nesse sentido. No entanto, essa exigência não pode ser totalmente satisfeita sem a identificação precisa do animal.

A utilização de tatuagens na face interna do pavilhão auricular, as marcas a ferro quente e, ultimamente, o emprego de brincos numerados têm sido os métodos mais usados na identificação dos bovinos. No entanto, a diversidade de raças e manejos, além da constante ocorrência de erros na transcrição manual, tem levado à procura por métodos mais eficientes de identificação, uma vez que a numeração marcada com ferro quente na pele ou com tatuagem na orelha é, muitas vezes, invisível em animais de pelagem escura ou com excesso de pelos, tornando sua verificação excessivamente trabalhosa e inútil para o gerenciamento por softwares em tempo real.

Tal demanda de identificação dos animais para o rastreamento solicitado pelo mercado mundial, devido à ocorrência dos surtos de febre aftosa no Brasil, despertou maior interesse pelo uso da identificação eletrônica de bovinos, garantindo a melhora da eficiência de fiscalização das exigências das barreiras internacionais. Os surtos da doença, devido ao lucro cessante no Estado do Mato Grosso do Sul no período, divulgado nos jornais, causaram prejuízo de bilhões de dólares. Houve o fechamento de mercados, devido às barreiras sanitárias dos mercados compradores. De início, a identificação eletrônica, associada ao gerenciamento dos rebanhos, permite o controle rápido e confiável deles, pois realiza todas as anotações exigidas para o rastreamento dos animais e certificação da carne. Tudo deve, obrigatoriamente, garantir o aumento da produtividade, o engajamento de produtores e trabalhadores em novas técnicas de produção, a manutenção dos mercados já conquistados e a conquista de novos mercados.

Neste capítulo serão tratados os seguintes temas: processos e artefatos para identificação de bovinos; artefato para coleta eletrônica de informações em campo; software "Pecuarius" para a gerência da bovinocultura de carne; desenvolvimento da balança de pesagem; desenvolvimento de transponder termômetro; desenvolvimento do portal eletrônico e-Sapi (Cardoso, 2006); uso da pecuária de precisão e rastreamento da bovinocultura; certificação de origem e qualidade na cadeia da carne bovina.

8.2. PROCESSOS E ARTEFATOS PARA IDENTIFICAÇÃO DE BOVINOS

Um estudo dos processos e artefatos usados na identificação dos bovinos, realizado por Meirelles et al. (2002), serviu de base para algumas decisões relativas ao uso de diferentes identificadores. Foram testadas maneiras de identificação de bovinos de corte com a adoção dos seguintes procedimentos:

- brincos numerados;
- tatuagem na face interna do pavilhão auricular;
- marca com ferro incandescente;
- implante de transponder intrarruminal.

De um total de 336 bovinos de ambos os sexos da raça Nelore e cruzados, em 252 foi identificada a desmama com idade de 7 a 8 meses, seguindo as orientações dos fabricantes e de acordo com conhecimentos prévios desenvolvidos em projeto piloto pela Embrapa Gado de Corte, tendo sido usados os identificadores: brincos, tatuagem e ferro incandescente; outros 84 animais, com idade de 18 a 24 meses, receberam o bolus intrarruminal. As identificações foram feitas pelos pesquisadores, auxiliados pelos funcionários das propriedades envolvidas.

Os animais eram de quatro propriedades escolhidas, dentre aquelas assistidas pelos pesquisadores, que tinham o número de animais necessários para a pesquisa, além de estrutura de manejo: invernadas divididas, possibilidade de observação dos animais, funcionários à disposição, local com tronco para contenção, diversidade de pastagens e condições ambientais adequadas. As propriedades foram assim divididas:

- **Propriedade 1** – município de Naviraí; pasto cultivado; foi implantado brinco em 42 animais e tatuagem em 42 animais com idade de 7 a 8 meses.
- **Propriedade 2** – município de Porto Murtinho; pasto cultivado com invasoras; foi implantado brinco em 42 animais e feita tatuagem em 42 animais com idade de 7 a 8 meses.
- **Propriedade 3** – município de Aquidauana; pasto nativo (Pantanal); foi feita marca com ferro incandescente em 84 bezerros com idade de 7 a 8 meses.
- **Propriedade 4** – Centro Nacional de Pesquisa de Gado de Corte (Embrapa), Campo Grande, MS; pasto cultivado; foi implantado bolus intrarruminal com transponder em 84 bezerros com idade de 18 a 24 meses.

Para avaliação da confiabilidade, praticabilidade e eficiência dos diferentes tipos de identificação, foram levados em conta estes critérios:

- facilidade de implantação (medida pelo tempo, em segundos);
- taxas de perda ou quebra em seis meses após a implantação (%);
- taxa de ocorrências de alterações clínicas (através das alterações e de doenças relacionadas aos diferentes tipos de identificação);
- facilidade e rapidez da leitura (medida pelo tempo, em segundos);
- taxa de erro na transcrição da leitura (medida tomada comparando-se todas as leituras feitas);

- distância de leitura (medida em centímetros);
- possibilidade de reaproveitamento dos artefatos (%);
- análise dos custos, em reais, envolvidos nas diversas metodologias, divididos em custo fixo (equipamentos para implantação e gestão de rebanho) e custo variável (artefatos e mão de obra).

A amostra total do estudo foi composta por 336 bovinos, a maioria Nelore, com 252 animais desmamados, de 7 a 8 meses de idade, e 84 animais com idade de 18 a 24 meses, divididos em quatro grupos correspondentes aos quatro métodos de identificação.

Em relação à facilidade de implantação, obtiveram-se as seguintes médias de tempo: na propriedade 1, gastaram-se 8,74 segundos para aplicação de brincos e 22,23 segundos para tatuar; na propriedade 2, gastaram-se 16,25 segundos para implantação de brincos e 27,33 segundos para tatuar; na propriedade 3, despenderam-se 44,82 segundos para numerar com ferro incandescente e 73,83 segundos para a implantação de bolus intrarruminal.

Quanto às variáveis taxa de perda ou quebra após seis meses, taxa de ocorrência de alterações clínicas e taxa de recuperação dos artefatos instalados nos bovinos, não foram encontrados resultados relevantes, apenas a ocorrência de miíase na orelha de um animal, com a perda do brinco e de uma tatuagem na propriedade 2 e a perda de uma tatuagem na propriedade 1, o que equivale a 2,38% para as tatuagens e 1,19% para os brincos.

No que diz respeito à facilidade e rapidez da leitura, foi gasto um segundo, na propriedade 4, para fazer a leitura do bolus intrarruminal, 6,38 segundos para a leitura dos brincos e 12,24 segundos para a das tatuagens na propriedade 1; foram gastos 5,76 segundos para a leitura dos brincos e 8,88 segundos para a das tatuagens na propriedade 2; e foram gastos 5,88 segundos para a leitura das marcas a fogo na propriedade 3. Ao analisar a taxa de erro na transcrição da leitura, constatou-se que, no caso do bolus intrarruminal, dos brincos e da marca com ferro incandescente, não houve erro; a tatuagem apresentou dificuldade de leitura em 2,38% dos animais.

De acordo com os métodos de identificação utilizados, houve uma boa leitura a 60 centímetros de distância para as tatuagens, a 70 centímetros para a marca com ferro incandescente, a 80 centímetros para os brincos e 1 metro para o bolus intrarruminal; todas as leituras foram feitas com os animais em tronco de contenção. Segundo o fabricante do bolus intrarruminal, ele pode ser lido a uma distância de até 1,5 metro; o brinco e a marca com ferro incandescente podem ser lidos a uma distância maior se os animais estão soltos, e a tatuagem deve ser lida sempre com o animal contido.

Ante o reaproveitamento dos artefatos utilizados, constatou-se que tanto para a marca a ferro incandescente como para a tatuagem não há possibilidade de reaproveitamento, por se tratar de um tipo de identificação fixa. Os brincos também não podem ser reaproveitados, pois, quando se tenta removê-los, eles são inutilizados; o bolus intrarruminal pode ser reaproveitado, mas até o final do ano de 2001 o governo federal não havia expedido nenhuma normativa regulamentando o assunto.

Para analisar os custos envolvidos nas diversas metodologias, foi necessário dividi-los em duas categorias: custo fixo, representado por equipamentos para implantação e gestão de rebanho; e custo variável, representado por artefatos e mão de obra. Com relação aos custos fixos, foi encontrado o valor de R$ 66,50 para o aplicador de brincos; o tatuador com o jogo de números ficou em R$ 224,00, o jogo de carimbos mais o fogareiro de marca incandescente teve custo de R$ 84,16 e o aplicador do bolus intrarruminal mais os equipamentos de leitura custaram R$ 5.000,00. Na utilização de qualquer método de identificação de rebanho para maior controle sanitário e gerencial, fica difícil trabalhar sem um computador, que não precisa ser muito sofisticado e custando em média R$ 1.620,00, uma impressora no valor de R$ 360,00 e o software, que custa cerca de R$ 283,00. No custo variável, os brincos custaram R$ 1,13/animal; a tinta para tatuagem, R$ 0,05/animal; o gás necessário para marcar um animal, R$ 0,34 e o transponder, R$ 7,52/animal. A mão de obra empregada por lote de 84 animais, levando em conta o salário mensal mais encargos no valor de R$ 418,30, representou, para a aplicação dos brincos, um custo de R$ 0,35; para a tatuagem, de R$ 0,66; para o ferro incandescente, de R$ 1,82, e para o bolus intrarruminal, de R$ 3,00. Para realizar a leitura, houve um custo de mão de obra de R$ 0,30 para os brincos, R$ 0,50 para as tatuagens, R$ 0,29 para a leitura da marca com ferro e R$ 0,04 para a leitura do bolus intrarruminal.

Na identificação de bovinos, ficou evidenciada a grande influência do fator mão de obra nos resultados. Como foi visto para os itens facilidade de implantação, rapidez na leitura, alterações clínicas e taxa de erro na transcrição, quanto mais treinada a equipe, melhor a qualidade do serviço. Quanto ao tempo gasto para implantação, o brinco apresentou o melhor desempenho, enquanto o bolus intrarruminal foi o mais demorado. Com relação ao tempo gasto na leitura, o bolus foi o mais eficiente, bem mais rápido, sem erro de transcrição, enquanto a tatuagem foi a mais demorada. Na análise das taxas de perda ou quebra e reaproveitamento, foi encontrada uma limitação do trabalho, pois seria necessário avaliar os métodos por um período maior que seis meses. Entretanto, o ideal seriam 36 meses, período em que, provavelmente, a taxa de perda ou quebra seria maior e também poderia ser verificado o reaproveitamento efetivo do bolus nos animais abatidos.

Quanto à distância de leitura, somente houve algum grau de dificuldade no caso da tatuagem, que exige melhor contenção do animal para maior aproximação da pessoa que fará a leitura. As alterações clínicas dificilmente ocorrem quando a implantação de qualquer método é feita de modo correto, sobretudo no caso do brinco, que exige cuidados com a higiene e o local de aplicação, e no da marca com ferro incandescente, pois o animal precisa estar com o pelo seco e o operador deve manter o ferro sobre o couro no tempo correto.

Após a análise dos custos, concluiu-se que, em termos de custo fixo, qualquer propriedade que queira adotar uma correta e eficiente identificação de bovinos terá de investir em equipamentos de informática ou terceirizar esse serviço. Quanto aos métodos utilizados, o mais seguro e eficiente é o bolus intrarruminal, porém o alto preço dos equipamentos limita o seu uso. Portanto, se os bolus realmente puderem ser reaproveitados, com a redução de tarifas (por ação do governo) e o aumento da concorrência, o seu preço com certeza cairá, tornando esse método mais econômico. O sistema mais barato, quando se somam os custos fixos e os custos variáveis, para o universo de 84 animais, foi a marca com ferro incandescente, com custo médio de R$ 120,50/animal; o segundo método mais econômico foi o brinco, com custo de R$ 180,11/animal; e o terceiro foi a tatuagem, com custo de R$ 230,24/animal.

Ao final do trabalho, concluiu-se que é necessária a associação de dois métodos de identificação, pois qualquer um dos quatro métodos apresenta limitações. No caso do brinco, pode-se perder o artefato; no caso da tatuagem e da marca com ferro incandescente, ocorrem casos em que os números praticamente desaparecem; o bolus e a tatuagem não podem ser lidos a olho nu, o que dificulta o uso no campo. Portanto, a escolha dos métodos a utilizar dependerá da necessidade de cada propriedade.

Com os resultados anteriores, decidiu-se desenvolver um método alternativo de identificação de bovinos. Foi desenhado um transponder que pudesse ser instalado no tecido subcutâneo da prega umbilical do animal. O momento do nascimento, ou algumas horas após, antes que ocorra a cicatrização da ferida umbilical, que nasce aberta, é o momento ideal para a instalação do transponder, permitindo o reconhecimento dos animais no rebanho imediatamente após o nascimento. Para tal desenvolvimento, foram utilizados vários modelos e técnicas e apresentadas as seguintes recomendações e conclusões: os transponders ou as etiquetas eletrônicas devem ser ativados a distância por transmissores-receptores que usem um princípio de pulso-eco em torno de 132 kHz. Esses métodos devem ser usados principalmente para a identificação, e a sua transmissão só deve ocorrer em resposta a um estímulo prévio (transponder). O sistema básico consiste em um transmissor, um ou vários transponders e um receptor. Em projetos piloto realizados na Embrapa Gado de Corte, nos anos de 1996, 1997 e 1998, chegou-se a algumas conclusões, descritas a seguir, para o caso de metodologia de identificação com implantes subcutâneos ou intrarruminais.

- O transponder utilizado deverá ser recoberto por substância biocompatível e que não deixe resíduos na carne. Além disso, deve ser resistente para não quebrar devido a impactos ou pressões provenientes dos manejos realizados cotidianamente. A utilização de transponders subcutâneos, recobertos apenas com vidro, já acarretou problemas internacionais de comércio entre Japão e Austrália, por causa de resíduos de vidro encontrados na carne do animal, originados de transponder quebrado.

- Deve ser potente (embora de pequena dimensão) o suficiente para ser "lido" a uma distância mínima de 1,5 metro e a uma velocidade compatível com o animal em marcha acelerada.
- Deve ser de fácil implante e colocado em local no corpo do animal de forma que não migre, para permitir a leitura confiável, e ser fácil de recuperar no abate (fundo de saco da prega umbilical).
- Os transponders devem ser do tipo "apenas para leitura" e "programados na fábrica", para que não seja possível a alteração dos números.
- Tanto os transponders como as leitoras estáticas ou portáteis deverão ser ISO compatíveis, ou seja, os transponders poderão ser lidos por qualquer uma das leitoras, independente da marca.

Devido à inclusão desses aparelhos na carcaça dos animais, eles podem ser considerados aditivos e, portanto, necessitam ser regidos por uma legislação especial, o que tem dificultado muito sua utilização. O conceito técnico da identificação eletrônica dos animais e a estrutura de código utilizada foram normatizados pelas normas internacionais ISO 11.784 e ISO 11.785. Outra preocupação tem sido o custo dessa identificação eletrônica. Entretanto, acredita-se que a alta eficiência do sistema e a possibilidade de reaproveitamento dos transponders após a recuperação no abate podem propiciar uma relação benefício/custo favorável, além de um sistema de controle inquestionável e rápido. Para a substituição do vidro que recobre os transponders, foi utilizada a resina de mamona que, por ser porosa, pode ser embebida com produtos bactericidas e repelentes, permitindo, ao mesmo tempo que se identifica o animal, tratar a ferida.

8.3. ARTEFATO PARA COLETA ELETRÔNICA DE INFORMAÇÃO NO CAMPO

Devido ao uso da identificação por radiofrequência para bovinos, foi necessário desenvolver uma ferramenta amistosa para colheita de informações. Isso porque ficava pouco producente o uso do sistema apenas para a identificação dos animais. Desse modo, era necessário o emprego de equipamentos pelos peões das fazendas, em ambientes sujos de poeira, que pudessem ser carregados em cavalos e permitissem a colheita eletrônica de informações sobre o manejo. Foi então criado o "teclado do peão", um conjunto de botões eletrônicos com transponders afixados em um pedaço de pano a uma distância de 20 cm entre eles. Cada botão, com um número eletrônico gravado, corresponde, no software, a uma função. Assim, quando se lê determinado botão em seguida ao número de um animal, o software faz anotar, na ficha zootécnica do animal, a função correspondente do botão. Com isso, não há a necessidade de levar o computador ao mangueiro. Todas as informações podem ser anotadas com a ajuda do "teclado do peão" na leitora dos transponders, que é à prova de água e poeira. Posteriormente, os dados armazenados nas leitoras são "descarregados" no computador que fica no escritório. Esse equipamento pode ser feito na fazenda e configurado com o uso do software desenvolvido para esse fim.

8.4. SOFTWARE "PECUARIUS" PARA GERÊNCIA DA BOVINOCULTURA DE CARNE

No que diz respeito ao desenvolvimento de software para a gerência de rebanho, a Embrapa Gado de Corte propôs-se desenvolver um software que possibilite o gerenciamento de todas as etapas do sistema produtivo de bovinos de corte, com o intuito de auxiliar o produtor nas tomadas de decisão e propiciar um ambiente amistoso para estruturação de sistemas de produção de bovinos e bubalinos certificados. Em ambiente Windows, o software possui ferramentas que permitem a gerência por módulos interdependentes. O banco de dados do sistema pode ser alimentado por meio eletrônico através da captação de dados por radiofrequência (RFID – *radio frequency identification of animals*), ou por inserção manual de dados, através de informações anotadas no campo.

Após a alimentação dos dados obtidos em campo, o sistema permite o acompanhamento das evoluções sanitárias do rebanho, como taxa de mortalidade, incidência de doenças e índices de abortos. Possibilita o acompanhamento das evoluções nutricionais, tais como: ganho de peso, produtividade das pastagens produzidas por ha/ano. Permite também o controle reprodutivo do rebanho, quer seja em sistema de monta natural ou de inseminação artificial. Com essa ferramenta, o produtor poderá descartar vacas ou touros improdutivos, avaliar o intervalo entre partos (IEP) e as taxas de serviço, concepção, desfrute e natalidade.

Outra opção de importância para o rebanho é a avaliação do progresso genético. Com o software, o produtor poderá implantar ou avaliar as variáveis genéticas do seu rebanho, tais como: diferenças esperadas na progênie (DEP), acasalamentos e outras. Ainda por meio de softwares interligados, o sistema permite a simulação da projeção do rebanho para os próximos dez anos. Com isso, a ferramenta é essencial para tomadas de decisões como compra e venda de gado, reforma ou novas formações de pastagens, compra e venda de terras.

Uma maneira de executar a boa prática na bovinocultura, usando as ferramentas eletrônicas é o Programa Vigilância Integrada da Agropecuária (Vida), converse com sua fazenda. Por meio desse programa de prática de pecuária de precisão, são possíveis algumas atividades, entre elas, as que se seguem.

- Controle individual ou em lotes:
  a. rastreabilidade – exportações e importações de dados para certificadoras – Sisbov;
  b. controle de engorda – ajuste de pesagens para idades padrão, ganho de peso diário e ganho de peso médio;
  c. desempenho de progênie de touros e vacas;
  d. controle e avaliação para programas de avaliação genética;
  e. controle de medidas com padronização própria (controle de até trinta medidas – conformação, umbigo, musculatura, precocidade);
  f. comunicações para associações;
  g. conexão com balanças eletrônicas;
  h. leitura de transponders (chip eletrônico).

- Controle reprodutivo:
  a. análise reprodutiva de vacas e touros;
  b. controle de coberturas – monta natural, monta controlada, regime de pasto e inseminação artificial (IA);
  c. avaliação da IA: doses por prenhes (índice de serviço), avaliação de inseminadores, baixa automática de estoque de sêmen, aproveitamento de sêmen por touro ou partida;
  d. controle de coletas e transferências de embriões;
  e. exame andrológico;
  f. cálculo de consanguinidade dos animais (por parentesco) e por acasalamentos;
  g. composição sanguínea (grau de sangue) automática.

- Controle de dietas:
  a. controle de confinamento;
  b. distribuição de alimentos.

- Controle sanitário:
  a. ocorrências sanitárias – doenças, tratamentos, exames, vacinações e vermifugações.

- Controle financeiro:
  a. plano de contas e centros de custo montados pelo usuário, estoque, fluxo de caixa e contas a pagar e a receber – totalmente interligado com os lançamentos zootécnicos;
  b. controle de fichas de coleta de dados e documentos (metodologia gerencial auditável);
  c. facilidade de lançamentos e análise de dados;
  d. selecionador de grupo de animais por critérios de produção e reprodução, facilitando a formação de lotes, comparações e operações diárias como apartação, mudança de pastos, controle sanitário e reprodutivo;

e. relatórios objetivos de tarefas do dia a dia da fazenda e fichas para coleta de informações no campo (vacas a diagnosticar, previsão de partos, situação reprodutiva), análises gerenciais (avaliação de inseminadores, estação de monta, composição do rebanho, índice de retorno), análises zootécnicas (controle do ganho de peso, desempenho de touros e matrizes);
f. exportação dos relatórios em formatos .txt, .xls, .csv, .htm, .qrp e .pdf, possibilitando que sejam abertos em softwares como o Word, o Excel, o Acrobat e outros;
g. grande variedade de relatórios, possibilitada pela combinação dos filtros de seleção;
h. gráficos para análises gerenciais – composição do rebanho, nascimentos, engorda e outros.

8.5. DESENVOLVIMENTO DA BALANÇA DE PASSAGEM

Com a identificação eletrônica dos animais em campo, foi necessário associar a produção individual de cada animal com seu ganho de peso. Para isso, foi desenvolvida a balança que pesa os animais quando passam, sozinhos, livres em campo, em corredores especiais para beber água. Essa “balança de passagem”, que fica ligada nos corredores especiais e é alimentada com energia elétrica gerada por painéis solares, faz as pesagens individuais diárias, transmite para o software o desenvolvimento corpóreo de cada animal, permite ao produtor tomar decisões como economizar esforços com animais que não apresentam capacidade de ganho de peso satisfatório e/ou decidir sobre a qualidade da alimentação para obter maior lucro, acelerando ou retardando a engorda do rebanho. Para os animais passarem sobre a balança, devem ser feitos corredores especiais nos lugares em que eles estão acostumados a passar para beber água ou lamberem sal mineral, por exemplo. Da balança, os dados são enviados ao banco de dados do software de maneira remota, por radiofrequência, por meio de equipamentos especialmente desenvolvidos para isso. No caso da bovinocultura, pode-se usar a WilBox, que fica instalada junto à balança de passagem e pode enviar os dados por radiofrequência até a distância máxima de 5 km.

8.6. DESENVOLVIMENTO DE TRANSPONDER TERMÔMETRO

O transponder umbilical, desenvolvido pela Embrapa (Pires et al., 2001), utiliza a tecnologia com frequência (134,2 kHz). Esta tecnologia pode ser operada em ambientes com alto ruído elétrico, umidade e grandes superfícies metálicas, o que costuma dificultar a transmissão de dados. O transponder pode ainda ser lido a aproximadamente 1,2 m de distância, dependendo da orientação dele em relação à antena. Nele foi instalado um termômetro que, no mesmo instante da leitura, mede a temperatura do animal. Esta informação não pode ser gravada na memória do transponder e deve ser retransmitida instantaneamente. Por isso, como ele tem a capacidade de medir a temperatura do corpo do animal quando é interrogado pela antena, pode-se utilizar o mesmo corredor especial criado para a balança de passagem.

O transponder deve ser inserido na prega umbilical, não havendo restrições para a implementação em relação ao peso e à idade do animal. Assim que os animais nascem, podem receber o transponder termômetro. Com este dispositivo, que permite conhecer as variações da temperatura corpórea, é possível, relacionando essa informação ao comportamento dos animais, diagnosticar febre e estresse térmico e, em consequência, realizar ações para sanar tais problemas. O diagnóstico precoce de doenças impede a sua disseminação quando os animais doentes dos rebanhos são separados e é iniciado o tratamento imediato.

8.7. DESENVOLVIMENTO DO PORTAL ELETRÔNICO e-Sapi

Devido ao contínuo desenvolvimento de ferramentas de hardware, que demandavam melhor integração, foi criado o portal eletrônico e-Sapi (Cardoso, 2006), uma plataforma Web de alta usabilidade que viabiliza a integração das informações relativas à produção pecuária nacional. O portal traz confiabilidade e agilidade a todos os envolvidos na cadeia de produção animal, no acompanhamento dessas informações, para prover a gestão de qualidade, com o fim de viabilizar a produção e a disponibilização de alimentos certificados, com garantia de origem, de qualidade ambiental e de qualidade de produto.

Um primeiro recurso oferecido é o acesso centralizado, disponível na internet, a informações dinâmicas sobre proprietários, propriedades produtoras, vacinação, abate e rastreabilidade de animais e produtos. Essas informações são disponibilizadas em módulos do portal, que também disponibiliza normas para produção, boas práticas de produção, lista de frigoríficos, lista de laboratórios, entre outras informações. O primeiro módulo do portal foi a implementação de um software de exportação de dados, denominado "Client", da propriedade rural para uma base de dados centralizada do portal. O software, durante o processo de exportação, filtra e valida os dados da propriedade rural, de forma a exportar apenas as informações relevantes e não replicadas para a base de dados integrada. Para exportar as informações relevantes, foi desenvolvido um formato de dados padronizado que permite a troca de informações entre os diversos sistemas de gestão heterogêneos e a base de dados centralizada.

Para a validação do formato de dados e do software, foi desenvolvido um sistema de gestão das propriedades rurais, de forma que todos os usuários gestores dessas propriedades possam enviar os dados para a base centralizada do portal. O banco de dados do sistema de rastreabilidade é atualizado automaticamente com o uso de softwares que fazem a estruturação do sistema de rastreabilidade mediante:

- bases/banco de dados centralizado, de grande porte, com acesso on-line e rapidez no acesso e processamento;
- sistema de gerenciamento relacionado com estrutura multissite, multiusuário, acesso remoto de qualquer local pela internet, com facilidade de troca de dados com qualquer outra base de dados, relacionada ao processo de identificação e registro de animais;
- estrutura para ampliar o registro de ações de controle veterinário (testes), vacinas, tratamentos;
- estrutura para identificação de estabelecimento com processos GIS;
- registro de dados de bovinos, ovinos, caprinos, suínos e plantéis avícolas;
- capacidade de pleno rastreamento em qualquer data de animais e rebanhos, reconstituição das movimentações e relacionamentos entre animais e rebanhos;
- adaptação de uso multilingual/internacional;
- armazenamento de dados de produtores, comerciantes, estabelecimentos, rebanhos e animais;
- eventos: nascimentos, importações, exportações diretas para abate, morte/abate do animal, movimentação/transferência do animal, desaparecimento, abate, ocorrência de enfermidades, vacinações, testes sanitários/resíduos, tratamentos.

A estruturação desses registros facilita a sua consulta/acesso para auditagem/certificação e emissão de relatórios/certificados/documentos especificados pelas legislações oficiais, nacionais e internacionais. A consulta ao banco de dados utiliza arquitetura cliente-servidor, baseada em um programa Common Gateway Interface (CGI). Considerando as diferenças na arquitetura dos equipamentos que compõem o ambiente do sistema e o inter-relacionamento entre eles, foi adotado o uso de browser World Wide Web (WWW) nesse processo. O uso da tecnologia Web garante que cada subsistema seja definido em formato de comunicação aos demais, de modo que seja possível a comunicação com diferentes tipos de plataformas, atendendo à restrição de integração em um ambiente heterogêneo. Por todas essas facilidades, foi possível colher informações de maneira remota, com os animais em campo, disponibilizá-las para análise por softwares especiais e permitir a tomada de decisão precoce pelos produtores.

8.8. PECUÁRIA DE PRECISÃO E RASTREAMENTO NA BOVINOCULTURA

Foi instalado um experimento em duas fazendas de demonstração. Uma das fazendas que serviu de "modelo" foi a da Embrapa Gado de Corte, em uma área experimental com pastagem cultivada e com instalações adequadas para bovinocultura comercial. A outra fazenda foi selecionada pelos participantes da equipe do projeto, visando a melhor abrangência e melhores condições para divulgação da pecuária de precisão. Nessas fazendas, foram instalados transponders termômetros nos animais e balanças eletrônicas nos mangueiros e na entrada de um dos bebedouros, de maneira a permitir a pesagem quando eles passassem para beber água. Para obrigar os animais a passar sobre a balança quando fossem beber água, cercas foram construídas em volta dos tanques bebedouros, onde foram deixadas abertas passagens para a instalação das balanças.

Juntamente com as balanças, na entrada do bebedouro e no mangueiro foram instaladas antenas de leitoras de transponder para identificar, por radiofrequência, o animal pesado e sua temperatura corporal. Essas informações de identificação e peso dos animais eram transmitidas, em momento posterior, para o software Pecuarius. Para permitir a anotação dos outros manejos executados no mangueiro e em campo, como vacinações, castrações, desmama, aparte etc., a estruturação desse software foi conduzida considerando sua utilização compartilhada com o "teclado do peão".

A utilização de identificadores eletrônicos nos animais e sua associação com os cuidados zootécnicos passados eletronicamente a um banco de dados com o auxílio do "teclado do peão" permitirão acompanhar o desenvolvimento zootécnico de cada animal de forma automatizada. Para a alimentação elétrica de todo o sistema, serão usados geradores de eletricidade a partir da iluminação solar. Em cada local onde estiverem instalados os sistemas de pesagem e identificação eletrônicas e onde estiver sendo manejado o software, deverá ser instalado um gerador de energia, conforme citado. Com o uso dessa ferramenta, será possível ter maior controle da produção e, em consequência, maior estímulo para o uso da precisão na pecuária. Além disso, a parte do rastreamento da produção fica atendida, totalmente disponível para as conferências, sendo o produtor o informante oficial dos dados, passando a autor do processo e com total responsabilidade. O esperado é que ele também seja reconhecido e beneficiado de modo adequado.

8.9. CERTIFICAÇÃO DE ORIGEM E QUALIDADE NA CADEIA DA CARNE BOVINA

As questões relacionadas com a saúde e as consequências ambientais relacionadas a atividades, produtos e serviços de quem disponibiliza alimentos, processados ou *in natura*, têm resultado na evolução dos conceitos e em maior conscientização do consumidor, induzindo à incorporação de estratégias que buscam o acompanhamento da produção em todo o seu processo. Esse novo comportamento resultou na incorporação de metodologias de Avaliação do Ciclo de Vida do Produto. Tais mudanças vêm sendo acompanhadas pelo maior acesso da população a programas de educação ambiental, que resultaram em alterações importantes na forma de pensar o desenvolvimento econômico e a convivência com o ambiente. Com isso, surgiram novos fatores que passaram a interferir no critério de escolha e na diferenciação de produtos, baseados no conhecimento da forma como ele foi elaborado, com preferência cada vez maior por produtos oriundos de cadeias produtivas ambientalmente corretas e socialmente justas. O trinômio saúde-ambiente-preço passa a ser sempre balanceado no momento da escolha, com tendência clara de favorecimento dos alimentos de boa aparência, de preferência sem conservantes, produzidos sem agrotóxicos e sem risco para o ambiente.

Nos últimos anos, especialmente em decorrência dos efeitos colaterais e prejudiciais da chamada revolução verde, iniciaram-se, em diferentes partes do mundo, movimentos orientados para a redução dos danos causados ao meio ambiente. Esses movimentos têm exigido novos mecanismos reguladores de qualidade, que incorporem a preocupação com o meio ambiente como componente do processo produtivo. Daí o crescimento, observado sob a forma de inúmeras normas e protocolos de certificação de gado e de leis ambientais voltadas para a produção animal, a partir da década de 1970.

Com as novas exigências, surgiram os rótulos para identificação de produtos orgânicos e fortaleceram-se os preceitos de segurança alimentar pela utilização da Análise de Perigos e Pontos Críticos de Controle (APPCC). Foi a partir dessa década que se intensificaram na Europa as atividades para controle integrado de pragas, que deram origem à definição mais geral do conceito de produção integrada. Assim, a partir da década de 1980, surgiu o paradigma da sustentabilidade e da busca pela qualidade total. Nos anos 1990, cresceu também a preocupação da população com os problemas relacionados com a ingestão de alimentos contaminados, aumentando a demanda por controle da produção.

A pesquisa em agropecuária tem sido orientada para viabilizar soluções tecnológicas que, além de serem capazes de incorporar novos conceitos voltados para a cadeia produtiva, consolidem e incrementem a participação do agronegócio brasileiro na formação do PIB e a inserção do país no mercado mundial de carne bovina.

É importante ressaltar que, em sua cadeia produtiva, a produção de carne está intimamente ligada à produção de couro, pois todos os processos são comuns até a chegada dos animais ao abatedouro/frigorífico. Por essa razão, esses arranjos produtivos devem ser trabalhados conjuntamente, de modo a trazer benefícios a toda a cadeia de produção de calçados e outros artefatos de couro.

Para a implantação de todo o sistema de controle da produção com rastreamento, garantia da qualidade e melhora do preço final, reconhece-se que o conhecimento técnico de cada parte do sistema é a base e que os trabalhadores de todos os segmentos da cadeia da carne devem ser conscientizados de que o produto terá maior produção (com qualidade) e procura mundial se passar a ser identificado como tendo melhorado de qualidade. Para isso, é fundamental o reconhecimento da mudança por parte de cada participante do processo produtivo antes de a carne ser oferecida ao comprador final.

REFERÊNCIAS BIBLIOGRÁFICAS

IBGE. *Anuário Estatístico do Brasil.* Rio de Janeiro: Instituto Brasileiro de Geografia e Estatística, 2010.

CARDOSO, E. *Sistema Agropecuário de Produção Integrada – Sapi.* Workshop em Atualização em Rastreabilidade de Bovinos, nov. 2006. Campo Grande, MS, 2006. Disponível em: http://www.cnpgc.embrapa.br/eventos/2006/programacao_workshoprastreabilidade.htm

MEIRELLES, M. B.; FERREIRA, L. C. L. *Avaliação da eficiência de quatro métodos para identificação de bovinos.* Campo Grande: UFMS, 2002.

PIRES, P. P.; CAMARGOS VAZ, E.; CANDAL GOMES, F.; GALVÃO SABION, A. Determinação de local ideal para implantação de *transponder* subcutâneo para a identificação eletrônica de bovinos. IV CONGRESSO BRASILEIRO DE BUIATRIA. *Anais*... Campo Grande, MS, 2001.

9

Segurança dos Alimentos: Uma Visão Sistêmica

Joaquim Eustáquio de Souza Amado[1]

9.1. INTRODUÇÃO

O sistema de segurança de alimentos no Brasil é multi-institucional e, portanto, depende da colaboração de várias instâncias governamentais para a sua execução. Os profissionais das ciências agrárias são, dentre os quadros de servidores do sistema de defesa agropecuária, e especificamente do sistema de segurança dos alimentos, a força motriz dessa grande engrenagem. É de extrema importância que esses profissionais que estão direta ou indiretamente ligados ao sistema compreendam os seus meandros.

Este capítulo trata a complexidade da relação entre o sistema de segurança de alimentos e os agentes etiológicos envolvidos em doenças transmitidas por alimentos. O texto não pretende esgotar todo o conhecimento sobre o assunto, mas sim reunir o máximo de conhecimento disponível, de forma a fomentar uma discussão construtiva sobre o sistema de segurança de alimentos no Brasil.

1. Médico veterinário, PhD., CEP 31170-450, Belo Horizonte, MG. amado.vet@gmail.com

9.2. CONCEITOS

A ciência dos alimentos tem recebido, nas últimas três décadas, grande atenção por parte do público em geral. Isto se deve sobretudo aos desafios surgidos em decorrência do grande crescimento populacional mundial, ao incremento no trânsito internacional de alimentos e ao paradoxo entre o crescimento dos índices de obesidade em alguns países e da fome em outros. Os termos "segurança alimentar", "segurança dos alimentos" e "qualidade dos alimentos" vêm sendo cada vez mais usados e suas definições tendem a se confundir. A distinção entre os três conceitos é importante para determinar as ações dos órgãos regulatórios de uma nação voltadas para a instituição de políticas públicas de fomento a uma nutrição adequada, como também para a fiscalização de produtos alimentares, com vistas a garantir a segurança e a idoneidade do produto final (FAO; WHO, 2010).

Segurança alimentar, traduzida do inglês *food security*, foi definida no World Food Summit e ratificada por 182 países na Declaração de Roma sobre a Segurança Alimentar Mundial e Plano de Ação da Cimeira Mundial da Alimentação (FAO, 1996a) como "o momento em que toda a população a qualquer tempo dispõe de acesso a alimentos suficientes, seguros, nutritivos para manter uma vida saudável e ativa".

Segurança de alimentos, assim comumente traduzida do inglês *food safety*, é "referente a todos os perigos, sejam eles crônicos ou agudos, que podem tornar o alimento danoso à saúde do consumidor" (FAO; WHO, 2010).

Qualidade de alimentos, por sua vez, inclui todos os outros atributos que influenciam o valor de um produto ao consumidor. Segundo a Organização Mundial de Saúde (OMS), a noção de qualidade pode incluir noções de gradação negativa na quantidade de contaminação, descoloração, odores estranhos e vida de prateleira aceitável, como também fatores positivos de origem, cor, sabor, textura e métodos de processamento (FAO; WHO, 2010).

A confusão entre os termos "segurança alimentar" e "segurança de alimentos" deve-se à equivalência entre as palavras "de alimentos" e "alimentar" e à semelhança de significado entre eles. Essa confusão perdura porque na tradução desses termos do inglês não costuma ser levada em consideração a definição internacionalmente aceita por grande parte dos países, tradução errônea que permeia textos oficiais do governo e também a literatura técnico-científica no Brasil. As recentes discussões sobre os riscos à saúde relacionados a uma alimentação desbalanceada somente agravam essa confusão, uma vez que o tema é discutido pelos mais variados níveis e profissionais, que utilizam os termos "qualidade", "segurança de alimentos" e "segurança alimentar" aleatoriamente, sem discerni-los.

A ambiguidade de compreensão dos termos "segurança" e "qualidade dos alimentos" tem origem nos diversos estágios de desenvolvimento e nas diferenças econômicas, culturais, tecnológicas, climáticas e ambientais entre a produção primária de alimentos realizada nos países desenvolvidos e nos países em desenvolvimento. É preciso primeiro entender que, para determinar a segurança mínima de um alimento, é necessário considerar a matéria-prima utilizada, o processo industrial da sua transformação em alimento, as características da embalagem e estocagem e, finalmente, a forma de consumo e a estocagem realizadas pelo consumidor final.

Para facilitar a compreensão, pode-se comparar o sistema de produção e comercialização do leite brasileiro com o norte-americano. Em média, o leite produzido no Brasil, após pasteurização, devido às suas características microbiológicas e físicas, não é capaz de exceder um período de vida de prateleira superior a sete dias, sob refrigeração de no máximo 10 °C; enquanto isso, o leite fluido pasteurizado, comercializado nos Estados Unidos, é capaz de chegar, em média, a catorze dias de vida de prateleira, a temperaturas de 10 °C. Essa diferença não constitui um problema sanitário para a população brasileira *versus* a norte-americana, mas sim uma questão de qualidade da matéria-prima e, em consequência, do produto final, o que inviabiliza o comércio do leite pasteurizado brasileiro nos moldes do norte-americano, vendido em recipientes de 2,8 litros. Sendo assim, o que para o mercado brasileiro pode ser considerado um simples incremento na qualidade do leite, em países desenvolvidos pode ser rotulado como requisito sanitário mínimo para a comercialização de alimentos.

Esforços de padronização do que é considerado intrínseco à segurança dos alimentos e do que pode ser considerado um incremento da qualidade são feitos em discussões realizadas na Comissão do *Codex Alimentarius* e servem de base para decisões tanto no comércio internacional de alimentos como em normas e regulamentos nacionais (FAO; WHO, 2010). Essas discussões são permeadas pela concepção de cada país do que deve ser considerado um alimento minimamente seguro.

9.3. PRIMÓRDIOS DA SEGURANÇA DE ALIMENTOS

A preocupação com o controle de alimentos é algo que permeou a história da humanidade, com foco inicial na adulteração deles. Em 1906, após 27 anos de discussões e propostas, o Congresso norte-americano aprovou a primeira legislação daquele país e do continente que tratava com riqueza de detalhes o controle de alimentos. O Ato de Alimentos e Drogas Puros, do inglês "Pure Food and Drug Act", e o Ato da Inspeção de Carne, do original "Meat Inspection Act", tornaram-se a pedra fundamental para as ações de controle de alimentos adotadas ao longo da história daquele país. Antes de 1906, foi estimado que o equivalente ao valor de 3 bilhões de dólares em produtos adulterados e artigos com rótulos enganosos entrava no mercado norte-americano por ano.

Alegações como essa, associadas a relatos de mortes relacionadas a tais produtos adulterados, além do eminente fechamento do mercado externo e da invasão de produtos estrangeiros, fizeram que essas peças regulamentares fossem rápida e majoritariamente aprovadas em 1906, nos Estados Unidos (Barkan, 1985). O Ato de Alimentos e Drogas Puros e o contexto de sua aprovação são um exemplo do escopo em que se enquadrava a segurança e a sanidade de alimentos, apresentando muito mais um entendimento afeito à defesa do consumidor quanto a possíveis fraudes e desinformação, impetrada pela indústria, do que um combate aos riscos à saúde advindos de falhas no processamento de alimentos e medicamentos.

No Brasil, foi estabelecido em 1923 o Regulamento Sanitário Federal, que definia a adulteração de alimentos como crime inafiançável (Costa, 2001). Esse regulamento foi extremamente influenciado pela legislação norte-americana. Nosso país, diferente dos Estados Unidos, teve como ideal motriz da criação de seu arcabouço legal em proteção de alimentos as necessidades do mercado externo. Esse tipo de evolução, pautada nas necessidades e exigências sanitárias dos mercados importadores, teve como ponto de partida as exportações brasileiras de alimentos para os aliados brasileiros na Primeira Guerra Mundial, a partir de 1914 (Pardi, 1996). Infelizmente, essa cultura de legislar com foco no mercado externo leva a uma disparidade característica da indústria brasileira entre os produtos alimentícios industrializados apenas para o mercado interno e aqueles industrializados com vistas à exportação. Essa diferença ocorre não somente no que se refere à qualidade, mas também ao nível de segurança e, portanto, ao risco de veiculação de doenças.

Até mesmo na atual sociedade globalizada, a adulteração de mercadorias e principalmente de alimentos tem recebido atenção de autoridades nacionais e internacionais. Como exemplo, pode-se citar, no âmbito internacional, a adulteração de produtos lácteos com melamina, substância obtida comercialmente a partir da ureia, dentre outras formas de obtenção, que apresenta alta quantidade de nitrogênio. As técnicas de análise proteica em geral analisam somente o nível de nitrogênio e, portanto, a adição de melamina é interpretada como maior conteúdo proteico, que é muitas vezes recompensado por indústrias de lácteos interessadas em uma maior qualidade nutricional e tecnológica do produto final. Em 2008, foram encontrados altos níveis de melamina em algumas fórmulas para lactentes, em leite líquido e em leite em pó produzidos com leite originado da China. O caso teve repercussão mundial, não somente pelo fato de envolver alimento utilizado na primeira infância, como também por ter sido importado por outros países (FAO; WHO, 2009).

Em nosso país, um escândalo de adulteração de leite, que repercutiu em âmbito nacional, envolveu duas cooperativas com produção diária aproximada de 400 mil litros. A adição de soda cáustica e água oxigenada ao leite UAT (ultra-alta temperatura), também chamado longa vida, era feita com o intuito de estender o prazo de validade e aumentar o volume final produzido (Michael, 2007). Tal escândalo é ainda mais grave pelo fato de ter ocorrido em empresas que possuíam o selo do Serviço de Inspeção Federal (SIF). Como todo caso de adulteração ou surto, o impacto desse escândalo nacional foi sentido em toda a cadeia produtiva de lácteos, com queda da comercialização dos produtos. A percepção da segurança e da qualidade dos alimentos, na visão do consumidor, é algo que deve ser valorizado ao máximo pelo mercado. A confiança é algo que se conquista gradativamente e, devido a problemas ocorridos na indústria ou mesmo em seus concorrentes, pode ser perdida com rapidez.

9.4. CONTROLE DE ALIMENTOS E AS AGÊNCIAS REGULADORAS

Nosso país participa ativamente das discussões do *Codex Alimentarius*, através do Comitê do *Codex Alimentarius* do Brasil (CCAB), instituído pelas Resoluções nº 1, de 1980, e nº 5, de 1993, do Conselho Nacional de Metrologia, Normalização e Qualidade Industrial (Conmetro). O CCAB define, através de seus grupos técnicos, os documentos a serem discutidos nas reuniões do *Codex*. A liderança da grande maioria desses grupos divide-se entre o Ministério da Agricultura, Pecuária e Abastecimento (Mapa) e a Agência Nacional de Vigilância Sanitária (Anvisa), do Ministério da Saúde (MS), como se segue:

- sucos de fruta – Mapa;
- cereais, legumes e leguminosas – Mapa;
- higiene da carne – Mapa;
- produtos cárneos processados – Mapa;
- pescados e produtos da pesca – Mapa;
- leite e produtos lácteos – Mapa;
- gelados comestíveis – Anvisa/MS;
- águas minerais naturais – Anvisa/MS;
- aditivos e contaminantes alimentares – Anvisa/MS;
- alimentos rapidamente congelados – Anvisa/MS;
- higiene de alimentos – Anvisa/MS;
- resíduos de pesticidas – Mapa;
- alimentos para regime especial – Anvisa/MS;
- proteínas vegetais – Anvisa/MS;
- sopas e caldos – Anvisa/MS;
- métodos de análise e amostragem – Anvisa/MS;
- óleos e gordura vegetal – Anvisa/MS;
- açúcares – Mapa;
- frutas e hortaliças processadas – Mapa;

- frutas e hortaliças frescas – Mapa;
- cacau e chocolate – Anvisa/MS;
- resíduos de medicamentos veterinários em alimentos – Mapa;
- princípios gerais – Inmetro;
- rotulagem de alimentos – Anvisa/MS;
- regional para América Latina e Caribe – Ministério das Relações Exteriores (MRE);
- importação e exportação de alimentos, certificação e inspeção – Inmetro;
- alimentos derivados da biotecnologia – Ministério da Ciência e Tecnologia (MCT);
- alimentação animal – Mapa.

A coordenação dos grupos de trabalho é atribuída segundo as competências de cada órgão governamental. Pela divisão apresentada, é possível perceber que a regulação do setor de alimentos no Brasil é feita por diversas agências, incluindo o Mapa, a Anvisa, o MCT e o Inmetro. A Anvisa e o Mapa destacam- se no controle de alimentos, em especial nas questões sanitárias. A existência de múltiplas agências de controle sanitário de alimentos é uma realidade não só no Brasil, mas, segundo a FAO, também no mercado mundial. Ainda segundo a FAO, esse tipo de ambiente regulatório apresenta alguns problemas:

- falta de coordenação geral, em nível nacional;
- confusão frequente sobre jurisdição, resultando em desempenho ineficiente e redundante;
- diferentes níveis de conhecimento e recursos, levando à prática de ações díspares na aplicação de normas e regulamentos;
- conflitos entre objetivos de saúde pública e ações de facilitação do comércio e desenvolvimento industrial;
- capacidade limitada para a apropriada adoção da ciência no processo de tomada de decisão;
- falta de coerência, levando a exagerada regulação ou lapso de tempo entre a publicação da norma e ações concretas;
- redução da confiança dos consumidores domésticos e compradores estrangeiros na credibilidade do sistema.

O MS possui regulamentação que define sua atuação nacional através do Sistema Único de Saúde (SUS) e o Mapa, através do Sistema Único de Atenção à Defesa Agropecuária (Suasa). A Lei Complementar nº 8.171, de 1991, modificada pela Lei nº 9.712, de 1998, e regulamentada pelo Decreto nº 5.741, de 2006 (Brasil, 2006), define os objetivos da defesa agropecuária no artigo 27-A e cita como um deles a "identidade e segurança higiênico-sanitária e tecnológica dos produtos agropecuários finais destinados aos consumidores".

Na atual estrutura do Mapa, o Departamento de Inspeção de Produtos de Origem Vegetal e o Departamento de Inspeção de Produtos de Origem Animal são os responsáveis diretos pelo controle de alimentos. Paradoxalmente, em 1961, segundo o Código Nacional de Saúde, foi definida a incorporação do controle sanitário de alimentos ao serviço de saúde pública. Influenciado pelo *Codex Alimentarius* internacional, o Decreto nº 986, de 1969 (Brasil, 1969), determina que todo alimento deve ser registrado no Ministério da Saúde antes de ser oferecido ao consumo ou entregue à venda. No âmbito desse decreto, estariam desobrigados desse registro as matérias-primas alimentares e os alimentos *in natura*. Segundo determinação do mesmo decreto, matéria-prima alimentar constitui-se de "substância de origem vegetal ou animal, em estado bruto, que, para ser utilizada como alimento, precise sofrer tratamento e/ou transformação de natureza física, química ou biológica"; alimento *in natura*, por sua vez, é definido como "todo alimento de origem vegetal ou animal, para cujo consumo imediato se exija apenas a remoção da parte não comestível e os tratamentos indicados para a sua perfeita higienização e conservação".

Por essas definições, observa-se que carnes resfriadas ou congeladas, além de frutas, cereais e hortaliças, incluem-se na lista de produtos desobrigados de registro no Ministério da Saúde, enquanto todos os outros produtos alimentícios que sofrem algum processamento, assim como o leite que sofre tratamento térmico, como pasteurização e UAT, devem ser registrados no órgão competente do Ministério da Saúde (Brasil, 1969).

Para tornar o tema ainda mais contencioso, pode-se fazer referência ao Decreto nº 69.502, de 1971, que descreve as competências relativas ao Ministério da Agricultura e ao Ministério da Saúde (Brasil, 1971). Segundo esse decreto, estariam sujeitos ao Mapa "o registro, a padronização e a inspeção de produtos vegetais e animais, inclusive na fase de sua industrialização", "respeitando as prescrições do Ministério da Saúde, quanto aos aspectos de defesa da saúde, individual ou coletiva". Fica a cargo do Ministério da Saúde "impedir a distribuição ao consumo de produtos alimentares em cuja elaboração não se tenham observado as prescrições estabelecidas sobre a saúde individual e coletiva" (Brasil, 1971).

O sistema de múltiplas agências de controle, apesar de apresentar as desvantagens apontadas pela FAO (FAO; WHO, 2010), pode ser corrigido através de melhor interação entre as agências e melhor definição de suas atribuições, com reais divisões de tarefas. Imbuída do objetivo de tratar em conjunto questões relativas à fiscalização e inspeção de alimentos, principalmente através da formulação conjunta de normas e regulamentos, a Comissão Interministerial de Saúde e Agricultura (Cisa), criada pela Portaria Interministerial MS/MA nº 1, de 1982, foi com certeza considerada um baluarte de esperança para a tão sonhada articulação entre os órgãos; entretanto, desde então, não houve evolução na relação entre eles. Talvez a mais relevante peça regulatória produzida pela

Cisa seja a Resolução nº 10, de 1984, que trata da conservação em transporte, comercialização e consumo de alimentos perecíveis embalados (MA/SG, 1984).

No Brasil, aparentemente, algumas dessas falhas têm sido corrigidas, não graças ao diálogo mais amplo entre os órgãos envolvidos ou à definição legislativa clara, mas a uma divisão de trabalhos baseada no conhecimento específico de cada um sobre a cadeia de produção de alimentos, além da disponibilidade de servidores e estrutura. Com relação à expertise, aparentemente esta é definida pelo número de publicações de instruções normativas (INs) pelo Mapa e resoluções da Diretoria Colegiada pela Anvisa. Uma importante falha que se pode notar, em especial ao longo da história do controle de alimentos no Brasil, é o fato de que, apesar do número expressivo de normativas e regulamentos sobre o setor e da presença de duas entidades responsáveis pela garantia da idoneidade e inocuidade dos alimentos, existe uma morosidade expressiva entre o período de promulgação de um regulamento e sua real implementação. Esta morosidade está relacionada não somente à falta de diálogo entre as instituições governamentais, como também à falta de diálogo destas instituições com a sociedade como um todo. Infelizmente, apesar de todos os esforços na criação de instâncias deliberativas e órgãos de fomento, a produção de normas e regulamentos ainda tem precedência a ações de cunho educativo e de desenvolvimento da cadeia produtiva.

O projeto de Inovação Tecnológica para a Defesa Agropecuária da UFV (Universidade Federal de Viçosa), durante suas ações de diagnose do Sistema de Defesa Agropecuária, recebeu diversas observações, advindas tanto do setor público quanto do privado, relativas à necessidade de consolidação da legislação sobre defesa agropecuária, de forma a facilitar sua compreensão e implementação. Quanto à jurisdição, a operacionalização do Suasa e do Sisbi (Sistema Brasileiro de Inspeção) é com toda certeza um importante passo para diminuir esse gargalo. Entretanto, ainda será necessária maior articulação com o sistema de vigilância sanitária, constituído pelas Anvisa e Visas (Vigilâncias Sanitárias). No real controle de alimentos no Brasil, há maior interação entre os múltiplos órgãos envolvidos na regulação e monitoria do setor, em um verdadeiro controle dos produtos da fazenda até a mesa do consumidor final (FAO; WHO, 2010).

9.5. SEGURANÇA DOS ALIMENTOS E EMERGÊNCIA E REEMERGÊNCIA DE DOENÇAS

Em um mundo cada vez mais complexo, no qual as distâncias se tornam cada vez menores e as trocas comerciais são cada vez mais intensas, o desafio de assegurar a inocuidade dos alimentos é algo cada vez mais difícil. Novos ingredientes e tecnologias de produção e de insumos são introduzidos nos diversos elos da cadeia produtiva e devem ter seu impacto analisado proativamente sob o maior número possível de ângulos. O aumento da produção agropecuária é um exemplo desse aumento de complexidade que, em tempos recentes, adicionou ao seu cabedal de instrumentos para o aumento da produtividade os organismos geneticamente modificados.

A água e os alimentos servem como veículo para a transmissão de diversas doenças, que variam desde agentes virais, bacterianos, príons, parasitos, toxinas, até substâncias inorgânicas. Apesar de existirem diversas outras formas de contato do ser humano com as zoonoses, é através dos alimentos que esse contato tem maior difusão. Segundo o Ministério da Saúde (MS), foram registrados no Brasil, de 1999 a 2008, cerca de 6.062 surtos de doenças transmitidas por alimentos, que envolveram 117.330 pessoas, com 64 óbitos no período (MS/SVS, 2008). O Center for Disease Control (CDC) dos Estados Unidos estima que, anualmente, 76 milhões de casos, com 325 mil hospitalizações e 5 mil mortes, ocorrem no país. Ainda na América do Norte, estima-se que 81% das doenças de causa etiológica ligadas a alimentos resultem em hospitalização, além de 64% das mortes ligadas à transmissão por alimentos terem etiologia desconhecida (Mead et al., 1999). No Brasil, entre 1999 e 2008, o MS relatou que, em 51% dos surtos, o agente etiológico era ignorado (MS/SVS, 2008). A Organização Mundial de Saúde (OMS) registrou que, somente em 2005, 1,8 milhão de pessoas morreram de doenças diarreicas que podem estar relacionadas a água e alimentos contaminados, podendo aumentar significativamente a mortalidade infantil (WHO, 2007).

O custo total de algumas enfermidades de etiologia bacteriana foi calculado pelo Economic Research Service do United States Department of Agriculture (USDA), como forma de prover suporte ao Programa de Análise de Perigos e Pontos Críticos de Controle do órgão. O custo é estimado em relação aos gastos com saúde e perda de produtividade. Os resultados, apresentados em dólares equivalentes de 1993, para o período de um ano, foram de 0,6 a 3,5 bilhões de dólares para salmonelose não tifoide; de 0,2 a 0,6 bilhão para campilobacterioses; de 0,2 a 0,6 bilhão para infecções por *Escherichia coli* O157:H7; de 0,2 a 0,3 bilhão para listerioses; de 64,9 milhões para infecções por *Clostridium perfringens*; e, finalmente, de 1,2 bilhão para infecções e intoxicações por *Staphylococcus aureus* (USDA/ERS, 2005).

A documentação de surtos pelo Ministério da Saúde fica na dependência de casos registrados passivamente através de notificações à Secretaria de Vigilância em Saúde (SVS). Sendo assim, esses números provavelmente representam pequena fração do número real de casos que ocorreram nesse período. O fato de muitas doenças transmitidas por alimentos em geral apresentarem características esporádicas e acometerem pequeno número de pessoas, devido à contaminação de alimentos no ambiente doméstico, em pequenas empresas de serviços de alimentos e, sobretudo, à contaminação cruzada, torna ainda mais difícil a coleta de informações epidemiológicas. A natureza dos surtos tem se alterado nos últimos anos e verifica-se cada vez mais uma ameaça de contaminações nas fases iniciais de produção dos alimentos, em especial no que diz respeito àqueles minimamente processados, como frutas, hortaliças, legumes e cereais (Tauxe, 1997). A concentração da produção agropecuária em grandes áreas de terra pode ser entendida como importante fator nessa mudança no perfil dos surtos, uma vez que a falha da aplicação das boas práticas agropecuárias em uma propriedade de alta produção terá maior impacto do que as falhas em uma pequena propriedade.

Uma série de surtos anuais de *Cyclospora cayetanensis*, com severidade incremental, foi registrada nos Estados Unidos desde 1993. Entretanto, foi em 1996 que 1.465 pessoas, em vinte estados norte-americanos, no Distrito de Colúmbia e em uma província canadense, foram diagnosticadas com ciclosporíase. Framboesas contaminadas, originárias de fazendas da Guatemala, foram identificadas como as grandes culpadas por um programa de certificação de qualidade de água feito com as fazendas autorizadas para exportar.

Apesar do alerta em que foram colocados os sistemas de vigilância, em 1997 outro surto ocorreu em dezoito estados norte-americanos, no Distrito de Colúmbia e em duas províncias canadenses que tiveram casos associados a framboesas e misturas de saladas folhosas prontas para o consumo. As framboesas da Guatemala tiveram sua importação proibida em 1998, o que levou a uma diminuição da gravidade dos surtos em número. Entretanto, surtos envolvendo temperos oriundos do México e dos Estados Unidos foram registrados em 1999. Em 2000, novamente, com a volta da importação de framboesas da Guatemala, outro surto ocorreu, apesar da padronização e certificação de produtores, levando a novo banimento das importações (Lashley, 2007).

A industrialização dos alimentos, com um número cada vez maior de ingredientes que passam por tratamentos físicos e processos de conservação que diminuem o risco e aumentam a vida de prateleira deles, tem contribuído de modo significativo para diminuir o número de caminhos pelos quais uma refeição feita fora de casa pode sofrer contaminação por patógenos advindos da produção primária. Entretanto, essa mesma industrialização dos alimentos que aumenta sua vida útil permite a difusão desses produtos em uma área geográfica cada vez mais ampla, o que faz que os surtos que ocorrem com um ponto comum se espalhem e, portanto, torna-se necessária maior interação entre as diversas instâncias dos órgãos de controle de alimentos para identificá-los (Tauxe, 1997). Ao mesmo tempo, o domínio cada vez maior das técnicas de identificação de cepas, dentro de uma mesma espécie, permite que, na presença de amostras dos alimentos supostamente contaminados, seja possível traçar uma correlação entre esses surtos, à primeira vista esporádicos e não conectados.

No Brasil e em outros países em desenvolvimento, a dificuldade de coordenação entre os órgãos de controle de alimentos dificulta o rastreamento da fonte de patógenos que tenham sua origem na cadeia produtiva agropecuária. Entretanto, nos Estados Unidos, essa coordenação tem tido amplo sucesso, com o aumento do número de *recalls* de alimentos devido a uma vigilância proativa, com ação integrada entre o United States Department of Agriculture (USDA) e o Center for Disease Control (CDC). Essa interação entre agências ocorre também na vigilância aos perfis de resistência bacteriana a antibióticos nesse país (Tauxe, 1997). No Brasil, iniciativas como essas são realizadas em separado pelo Mapa e pela Anvisa, com pouca ou nenhuma interação entre eles. A interação provavelmente só ocorre quando um dos grupos publica seus achados para a opinião pública. Uma análise em conjunto dos resultados e da coordenação de esforços não se faz visível.

A realidade brasileira e dos demais países em desenvolvimento é a da convivência de extremos na produção de alimentos, com indústrias e fornecedores sofisticados convivendo lado a lado com tecnologia de produção e transformação artesanal e muitas vezes informal. Nesse ambiente heterogêneo, um dos desafios é balancear as iniciativas de controle de alimentos com as ações de desenvolvimento das pequenas e médias indústrias a um nível mínimo de segurança (FAO; WHO, 2009).

Esse ambiente de extremos traz incerteza para a produção de alimentos. Tal ambiente é prejudicial à segurança e qualidade dos produtos, criando inclusive situações propícias à contaminação cruzada de lotes de altíssima segurança por lotes que apresentam altas contagens bacterianas. Como exemplo dessa contaminação cruzada, pode-se citar o de patógenos como *Salmonella* no abate de frangos (Olsen et al., 2003). A presença de lotes contaminados positivamente por esse patógeno, em meio a lotes livres, leva à disseminação de *Salmonella* por grande parte da produção realizada em um mesmo turno ou dia, dependendo da eficiência da higienização entre turnos de abate. Para diminuir o risco de contaminação, a realização de jejum hídrico e alimentar de no máximo 8 horas permite esvaziar os intestinos sem aumentar a sua friabilidade, possibilitando que estes sejam retirados sem o seu rompimento e consequente contaminação de carcaças e equipamentos com matéria fecal e microrganismos contaminantes intestinais como a *Salmonella* (Mendes, 2001).

A partir da década de 1970, diversos agentes etiológicos de doenças transmitidas por alimentos, como *Campylobacter*, *Salmonella enteriditis*, *Yersinia enterolítica*, *Escherichia coli* O157:H7 e *Listeria monocytogenes*, tiveram seus ciclos elucidados ou ligados a alimentos como fonte de infecção e, portanto, integraram o rol de patógenos a serem alvo de ações de Vigilância Sanitária (Tauxe, 1997). Muitos surtos que têm alimentos como fonte não possuem seu agente etiológico identificado. Assim, é possível inferir que ainda existem agentes a serem descobertos ou, talvez mais provável, novas fontes de infecção de patógenos conhecidos. A encefalite espongiforme bovina (EEB), do inglês *bovine spongiform encephalopaty*, é um exemplo de doença transmitida por alimentos recentemente descoberta e que teve desvendado seu modo de infecção para o homem.

A EEB, registrada na Inglaterra a partir de 1986, foi identificada posteriormente como parte de uma epidemia de fonte comum que teve seu pico em 1993. Seu agente etiológico é hoje reconhecido como sendo um príon, uma proteína que, devido a modificações estruturais provocadas por características genéticas transmissíveis à prole, adquiriu caráter infeccioso. Até 1996, a exemplo de outras doenças causadas por príons, entendia-se que a EEB seria uma patologia transmitida somente dentro de uma mesma espécie. Entretanto, uma variante da doença de Creutzfeldt-Jakob (vCJD, na sua sigla em inglês) foi observada no Reino Unido e, posteriormente, relacionada à EEB, não só devido às evidências circunstanciais de tempo e espaço, mas também por causa da similaridade das glicoformas dos príons de ambas as doenças, os quais diferiam da CJD clássica (Nathanson et al., 1997).

O surto de EEB no Reino Unido teve como principal motivo o aumento do custo dos combustíveis utilizados para produzir o vapor necessário para o processo de extração do sebo da farinha de carne e ossos. Esse processo de extração fazia uso de solventes orgânicos, responsáveis pela inativação do príon infectante no produto final. Dessa forma, foi quebrada a única barreira que existia entre a produção de uma farinha de carne e ossos segura para a produção animal e uma farinha contaminada. Outros fatores, como grande proporção de ovinos, alta prevalência enzoótica e intensivo uso da farinha de carne e ossos para alimentação de bovinos de leite, foram essenciais para que o surto de EEB ocorrido na Grã-Bretanha tivesse maior impacto do que nos demais países do continente europeu (Nathanson et al., 1997).

A difusão de doenças está intrinsecamente ligada ao comportamento sociocultural de uma população e aos riscos presentes no ambiente que a cerca. As doenças transmitidas por alimentos enquadram-se perfeitamente nessa visão e apresentam ciclos de surtos em momentos em que o comportamento de consumo de alimentos coincide com a presença no mercado de produtos alimentícios com alto risco de contaminação.

Em maio de 2006, em um surto na cidade de Imperatriz, no Maranhão, os pacientes apresentaram edema, parestesia dos membros e consequente dificuldade de locomoção. O diagnóstico de beribéri, confirmado após tratamento com tiamina, foi associado à presença de micotoxinas no arroz que consumiram. Tanto as investigações quanto o esforço emergencial para evitar o avanço do surto foram organizados com o auxílio de um Grupo de Trabalho Interministerial, que contou com a participação da Casa Civil, do Ministério de Desenvolvimento Social e Combate à Fome, do Ministério da Agricultura, Pecuária e Abastecimento, do Ministério do Desenvolvimento Agrário, do Conselho Nacional de Segurança Alimentar e Nutricional, da Agência Nacional de Vigilância Sanitária e do governo do Estado do Maranhão. Segundo Lira e Andrade (2008), a diminuição da agricultura de subsistência ou mesmo da média agricultura voltada para o mercado consumidor de alimentos do Estado, em detrimento da plantação de eucaliptos ou da pecuária extensiva, foram os fatores que influenciaram o aparecimento desse surto relacionado a problemas no armazenamento do arroz, que possibilitou o crescimento de fungos produtores de micotoxinas.

Segundo Chaves e Vermund (2007), diversos fatores contribuem para a emergência e reemergência de doenças em todo o mundo. Entretanto, somente alguns desses fatores estariam ligados às doenças transmitidas por alimentos, entre os quais podemos citar:

- crescimento populacional, com envelhecimento da população devido à maior expectativa de vida;
- transporte e distribuição de bens;
- aumento do número de viagens turísticas internacionais;
- imunossupressão iatrogênica;
- novos protocolos de tratamento farmacoterápico em humanos e animais;
- produção em massa de alimentos e de tratamento da água;
- introdução cada vez maior de novas práticas agropecuárias;
- uso de antibióticos como promotores de crescimento;
- mudanças climáticas mundiais;
- vigilância sanitária ineficiente;
- bioterrorismo e guerra biológica.

O rápido crescimento da população mundial requer não somente um rápido crescimento da quantidade de alimentos disponível, como também da infraestrutura necessária para alojar essa crescente população. Problemas relacionados a moradia e a tratamento de dejetos são facilmente identificados em países em desenvolvimento e muito contribuem para um maior risco de transmissão de doenças, inclusive através de alimentos.

O aumento do transporte e a distribuição de bens, sobretudo de alimentos, possibilitam que falhas de vigilância sanitária e de controle sanitário em diferentes países ou regiões espalhem-se por uma extensão territorial cada vez maior. No caso do *Vibrio cholerae*, existem evidências de que a sua disseminação pelo mundo não se deu somente pela exportação de alimentos contaminados, mas também pela sua presença na água de lastro de grandes navios cargueiros que transportavam esse microrganismo de um ponto a outro do oceano (Singel, 2007).

O progresso das ciências médicas e das ciências agrárias em todo o mundo introduz novas variáveis no ambiente. Novos protocolos de tratamento de infecções possibilitam a exposição de maior número de bactérias a esses fármacos. A eficiência clínica de tais tratamentos não é o que deve estar em discussão, mas sim a necessidade real dessas alterações, pois, uma vez que se introduzem novos protocolos de tratamento e novos antibióticos, com certeza estão sendo introduzidas novas formas de seleção de agentes resistentes.

Em ciências agrárias isso também é verdade e se estende às áreas animal e vegetal, apesar de a primeira apresentar impacto maior e mais imediato à saúde pública. O tratamento preventivo e com vistas ao aumento rápido da produção introduz ao agente causador, seja ele praga ou doença, um fator seletivo que ele poderá ou não transpor, de acordo com a dose à qual for exposto ou ao nível de infestação/infecção presente no hospedeiro. A rapidez com que essa seleção artificial diminuirá a eficácia do produto aplicado, seja este agrotóxico ou antibiótico, dependerá tão somente da capacidade do agente de se reproduzir e transferir as suas características de resiliência ou resistência. Se utilizarmos a estimativa de que, a cada uma hora, uma nova geração de bactérias é capaz de se dividir, pode-se afirmar que, desde a introdução da penicilina de Alexander Fleming, já se passaram mais de 800 mil gerações bacterianas. Devemos também acrescentar que os antibióticos são, em sua grande maioria, moléculas que já vêm sendo utilizadas por um número indeterminado de bactérias e fungos em sua luta pela sobrevivência há incontáveis séculos e, portanto, haverá sempre a possibilidade de encontrar bactérias resistentes a essas moléculas no meio ambiente.

As diferentes intensidades de temperatura, luz e precipitação são capazes de modular a frequência de casos de doenças transmitidas por alimentos. Essa sazonalidade é especialmente identificada em países de clima temperado, com aumento de casos durante o verão. Este aumento foi associado a uma mudança de comportamento social no verão, ao maior número de atividades comunitárias ao ar livre, como piqueniques e churrascos, e também aos tipos de alimentos consumidos. Em um estudo realizado na Dinamarca, elementos como temperatura, horas de luz do sol e umidade pareceram predizer a infecção em humanos, ao passo que os mesmos fatores não foram bem-sucedidos para predizer a infecção em frangos. Entretanto, quando se pensa na criação de frangos, tem-se menor variabilidade comportamental, uma vez que, nos países temperados, muitas granjas são dotadas de ambientes climatizados, com temperatura e iluminação praticamente padronizadas. A sazonalidade da prevalência de granjas positivas para *Campylobacter* na Islândia foi concluída após três anos de observações e associada a um aumento do número de larvas de moscas contaminadas que poderiam servir como fômites para a transmissão dessa bactéria (Guerin et al., 2008).

A dificuldade para a realização de inspeção da matéria-prima e vigilância sanitária, seja por deficiências operacionais e de pessoal, seja por problemas burocráticos ou até mesmo relacionados a catástrofes naturais e guerras, é fator de risco para que doenças transmitidas por alimentos possam emergir ou reemergir. Uma vez que essa importante ferramenta de saúde pública apresenta falhas de implementação ou possui baixa eficiência de detecção de um agente, o risco de transmissão de doenças torna-se elevado. Nos casos em que existem empecilhos operacionais e de pessoal por parte do governo, possuir uma cadeia produtiva com programas de autocontrole bem implementados possibilita o controle desse risco, com menor interferência do Estado.

9.6. SISTEMA DE GERENCIAMENTO DA SEGURANÇA DOS ALIMENTOS

Em vários países, no século XXI, a visão para o controle sanitário de alimentos implica a adoção de programas de autocontrole baseados nos princípios da Análise de Perigos e Pontos Críticos de Controle (APPCC). A APPCC (a sigla em inglês é HACCP – Hazard Analysis and Critical Control Points) é produto da interação entre a companhia Pillsbury, indústria de alimentos norte-americana, e a empresa de exploração e pesquisa espacial americana National Aeronautics and Space Administration (Nasa). O principal objetivo dessa interação foi a produção de alimentos que apresentassem o menor risco possível de veiculação de doenças e demais perigos às missões espaciais, sem a necessidade de analisar 100% do produto final. O conceito foi apresentado ao público pela primeira vez em 1971, durante a 1st National Conference on Food Protection. Entretanto, foi em 1985 que se publicou o primeiro padrão de critério microbiológico que poderia ser aplicado à APPCC.

No Brasil, a APPCC foi mencionada pela primeira vez na Lei nº 9.712, de 1998, de regulamentação do Suasa (Brasil, 1998). Em 1997, a Portaria nº 368 instituiu a implantação das Boas Práticas de Fabricação (BPF) (Mapa, 1997) e, em 2003, a Resolução nº 10 instituiu os Procedimentos Padrão de Higiene Operacional (PPHO) (Mapa, 2003). Os sistemas BPF e PPHO são considerados pré-requisitos para a aplicação da APPCC e deveriam ser descritos em documentação separada. O *Codex Alimentarius*, em seus Princípios Gerais de Higiene de Alimentos (*General Principles of Food Hygiene*), descreve o ambiente mínimo necessário para os alimentos destinados ao comércio internacional (FAO, 1999). Sem esses padrões mínimos, o plano da APPCC pode se tornar extremamente difícil de manter, uma vez que pontos de controle poderão ser adicionados para verificar ações que deveriam ser básicas em todas as indústrias produtoras de alimentos, como a simples manutenção e higienização de seus equipamentos. A legislação brasileira segue esses princípios em sua definição de BPF e PPHO.

A APPCC é um sistema de gerenciamento de riscos à segurança dos alimentos. A adoção de medidas de controle da qualidade e identidade dos alimentos no âmbito da APPCC fere a missão principal desse tema. A qualidade e a identidade dos alimentos devem ser tratadas dentro dos programas de pré-requisitos, os quais podem descrever os passos necessários para que alguma qualidade e identidade seja mantida durante todo o processo produtivo (Bernard, 2001). O primeiro passo, no processo de produção da estratégia da APPCC em uma indústria de alimentos, é a determinação qualitativa dos riscos mais associados aos alimentos processados. Os demais seis princípios simplesmente descrevem as ações de implantação desse sistema de controle. Apesar de ter o objetivo final de diminuição de risco à sanidade dos alimentos, a APPCC não é capaz de atingir risco zero, mas sim a diminuição do risco a níveis desprezíveis para determinado volume produzido pela indústria. Todas as decisões de inclusão e exclusão de controle, determinação de pontos críticos de controle (PCCs), limites críticos, procedimentos de monitoria, ações corretivas, ações de verificação, registro e documentação devem ser justificadas e realizadas com respaldo científico.

O grande papel das agências reguladoras, com relação ao sistema APPCC, é o de traçar padrões mínimos e claros para a verificação da sua aplicação no dia a dia das empresas. A eficiência do sistema só pode ser medida com auditorias regulares, agendadas ou não. Nessas auditorias, os órgãos de defesa agropecuária devem ser capazes de proceder segundo a Circular nº 175, de 2005, do Mapa (2005):

- revisar os planos da APPCC;
- revisar os registros dos PCCs;
- revisar e determinar quão adequadas são as ações corretivas listadas na eventualidade de um desvio;
- revisar os limites críticos estabelecidos;
- revisar outros registros pertinentes ao sistema;
- realizar observações ou medidas em tempo real nos PCCs;
- coletar amostras e análises.

Um item que talvez devesse fazer parte dessa lista seria a observação *in loco* da planta e a revisão dos registros (Scott, 2006). Esta ação, apesar de não constar da lista de itens a avaliar, é parte conceitual do documento citado no prefácio da circular. A Circular nº 175 abrange também os pré-requisitos do sistema, como o BPF e os PPHOs (Mapa, 2005).

A avaliação da existência de um processo de validação dos PCCs é citada muito rapidamente nessa circular. Pode-se dizer que este é um gargalo para a real efetividade do sistema de segurança de alimentos, uma vez que é impossível checar os resultados se não existe certa garantia de que as métricas utilizadas são válidas para aquela situação. A validação, entretanto, é um processo que deve ser atingido no decorrer do processo, utilizando-se sobretudo auditorias externas que possam certificar que os objetivos estão sendo atingidos. É importante, no entanto, que as agências reguladoras não tomem para si esse processo de validação, uma vez que ele leva à perda de uma das principais vantagens do sistema: a pequena interferência do poder público sobre ele (Bernard, 2001).

O conceito da APPCC apresenta uma forma sistemática e estruturada de garantir a segurança de alimentos. Esse sistema tem sido utilizado mundialmente e, apesar de todo o material de referência produzido, não existem fórmulas mágicas para sua implantação específica. Diferenças de abordagem aos riscos podem ocorrer de empresa para empresa e, com toda certeza, de país para país. As definições do *Codex Alimentarius* deveriam servir como padrão para a comparação de equivalência entre legislações nacionais. Entretanto, a existência de diversos sistemas de certificação de segurança e qualidade, além de diversas instituições públicas e privadas, traz certa confusão às empresas exportadoras. Para catalisar essa relação dessas empresas e os diversos sistemas de certificação em segurança dos alimentos, foi criado, em 2000, o Global Food Safety Initiative (GFSI), que em 2007 lançou a quinta edição do seu manual para a avaliação de equivalência, o Guidance Document (GFSI, 2007).

9.7. CONSIDERAÇÕES FINAIS

A segurança de alimentos no Brasil e em todo o mundo constitui-se em constantes desafios. Estes desafios ou riscos, que podem ser de natureza biológica, química ou física, são afetados pelo ambiente e pela sociedade. É de extrema importância entender que doenças emergentes ou reemergentes só alcançam este *status* porque fatores da vida cotidiana fazem passar esses riscos da categoria de negligenciáveis para a de doenças de importância epidemiológica.

A existência de um sistema de defesa agropecuária eficiente e coeso possibilita diminuir o risco de que doenças transmitidas por alimentos se tornem problemas significativo para a sociedade. Infelizmente, a evolução da defesa agropecuária nos países em desenvolvimento esbarra na percepção do consumidor final quanto ao que é considerado um alimento seguro e de qualidade. Nos países desenvolvidos, a evolução natural da concorrência teve o papel de conscientizar a população sobre a importância do consumo de produtos alimentícios idôneos, seguros e de qualidade atestada. No Brasil, infelizmente, a força motriz dessas mudanças tem sido o mercado consumidor externo, que exige alimentos com um grau de idoneidade, segurança e qualidade similar ao da indústria nacional desses países.

O desafio da defesa sanitária de alimentos é, portanto, ser capaz de perceber que, nesse cenário multicausal, é importante uma abordagem coesa dos diversos órgãos e setores envolvidos, públicos e privados. Essa abordagem deve estar baseada sempre em evidências científicas coletadas por técnicas laboratoriais de alto padrão, rigor e velocidade, que estejam sempre documentadas, para futuras comparações e divulgação para a comunidade científica como um todo. É imperativo que o Brasil deixe de ser um simples consumidor de tecnologias e estratégias de prevenção e se torne um exportador desse conhecimento.

REFERÊNCIAS BIBLIOGRÁFICAS

BARKAN, J. D. I. D. Public health then and now: industry invites regulation: the passage of the pure food and drug act of 1906. *American Journal of Public Health*, v. 75, n. 1, p. 18-26, 1985. Disponível em: <http://www.ncbi.nlm.nih. gov /pmc/articles /PMC1646146/ pdf/amjph00277-0020.pdf>. Acesso em: 28 fev. 2010.

BERNARD, D. Hazard analysis and critical control point system: use in controlling microbiological hazards. In: DOYLE, M. P.; BEUCHAT, L. R.; MONTVILLE, T. J. (eds.). *Food microbiology:* fundamentals and frontiers. 2. ed. Washington: ASM Press, 2001, p. 833-46.

BRASIL. Ministério da Agricultura, Pecuária e Abastecimento. *Circular nº 175, de 16 de maio de 2005*. Disponível em: <http://extranet.agricultura.gov.br/sislegis-consulta/consultar-Legislacao .do?operacao=visualizar&id=3303>. Acesso em: 28 fev. 2010.

BRASIL. Ministério da Agricultura, Pecuária e Abastecimento. *Decreto nº 69.502, de 5 de novembro de 1971*. Publicado no DOU de 8 de novembro de 1971, seção 1, p. 8.977. Disponível em: <http://www2.camara.gov.br/ legin/fed/decret/1970-1979/decreto-69502--5-novembro-1971-417894-norma-pe.html>. Acesso em: 28 fev. 2010.

BRASIL. Ministério da Agricultura, Pecuária e Abastecimento. *Decreto nº 5.741, de 30 de março de 2006*. Publicado no DOU de 31 de março de 2006, seção 1, p. 82. Disponível em: <http://extranet.agricultura.gov.br/sislegis-consulta/ consultar Legislacao.do?opera cao=visualizar&id=16847. Acesso em: 28 fev. 2010.

BRASIL. Ministério da Agricultura, Pecuária e Abastecimento. *Lei nº 9.712, de 20 de novembro de 1998*. Publicado no DOU de 23 de novembro de 1998, seção 1, p. 1. Disponível em: <http://extranet.agricultura.gov.br/sislegis- consulta/consultarLegislacao .do?operacao= visualizar&id=3978> Acesso em: 28 fev. 2010.

BRASIL. Ministério da Agricultura, Pecuária e Abastecimento. *Portaria nº 368, de 4 de setembro de 1997*. Publicado no DOU de 8 de setembro de 1997, seção 1, p. 19.697. Disponível em: <http://extranet.agricultura.gov.br/sislegis- consulta/consultarLegislacao .do?opera cao=visualizar&id=3978>. Acesso em: 28 fev. 2010.

BRASIL. Ministério da Agricultura, Pecuária e Abastecimento. *Resolução nº 10, de 22 de maio de 2003*. Publicado no DOU de 28 de maio de 2003, seção 1, p. 4. Disponível em: <http://extranet.agricultura.gov.br/sislegis-consulta/ consultarLegislacao .do?operacao= visualizar&id=3303>. Acesso em: 28 fev. 2010.

BRASIL. Ministério da Agricultura. Secretaria Geral. *Resolução Cisa / MA / MS nº 10, de 31 de julho de 1984*. Publicado no DOU de 1 agosto de 1984, seção 1, p. 11.175. Disponível em: <http://extranet.agricultura.gov.br/ sislegis-consulta/consultarLegislacao .do?opera cao=visualizar&id=6216>. Acesso em: 28 fev. 2010.

BRASIL. Ministério da Saúde. *Decreto-lei nº 986, de 21 de outubro de 1969*. Publicado no DOFC de 21 de outubro de 1969, p. 8.935. Disponível em: <http://legislacao.planalto. gov.br/legisla/legislacao.nsf/fraWeb?OpenFrameSet&Fram e=frmWeb2&Src=/legisla/ legislacao.nsf/Viw_Identificacao/DEL%2520986-1969%3FOpenDocument%26AutoFram ed>. Acesso em: 28 fev. 2010.

BRASIL. Ministério da Saúde. Secretaria de Vigilância Sanitária. Coordenação de Vigilância das Doenças de Transmissão Hídrica e Alimentar. *Análise epidemiológica dos surtos de doenças transmitidas por alimentos no Brasil*. Brasília, DF, 2008. Disponível em: <http:// portal.saude.gov.br/portal/arquivos/pdf/surtos _dta_15.pdf>. Acesso em: 28 fev. 2010.

CHAVERS, L. S.; VERMUND, S. H. An introduction to emerging and reemergin infectious diseases. In: LASHLEY, F. R.; DURHAM, J. D. (eds.). *Emerging infectious diseases:* trends and issues. New York: Springer, 2007. p. 3-24.

CONSELHO NACIONAL DE METROLOGIA, NORMALIZAÇÃO E QUALIDADE INDUSTRIAL – CONMETRO. *Resolução nº 1, de 1980*. Disponível em: <http://www.inmetro.gov.br/legislacao detalhe.asp?seq_classe=7&seq_ato=53>. Acesso em: 28 fev. 2010.

CONSELHO NACIONAL DE METROLOGIA, NORMALIZAÇÃO E QUALIDADE INDUSTRIAL – CONMETRO. *Resolução nº 5, de 1993*. Disponível em: http://www.inmetro.gov.br /legislacao/detalhe.asp?seq_classe=7&seq_ato=58

COSTA, E. A. Vigilância sanitária, saúde e cidadania. In: CAMPOS, F. E.; WERNECK, G. A.; TONON, L. M. (eds.). *Cadernos de saúde*. Belo Horizonte: Cooperativa Editora e de Cultura Médica, 2001, p. 15-27. Disponível em: <http://www.anvisa.gov.br /institucional/snvs/ coprh/cad_saude/cad_saude4.pdf>. Acesso em: 28 fev. 2010.

FOOD AND AGRICULTURE ORGANIZATION – FAO. *World food summit:* Rome declaration on world food security, 1996. Disponível em: <http://www.fao.org/docrep/003/w3613e/w3613e00.HTM>. Acesso em: 28 fev. 2010.

FOOD AND AGRICULTURE ORGANIZATION – FAO. *World food summit:* declaração de Roma sobre a segurança alimentar mundial e plano de acção da Cimeira Mundial da Alimentação, 1996a. Disponível em: <http://www.fao. org/DOCREP/003/W3613P/W3613P00.HTM>. Acesso em: 28 fev. 2010.

FOOD AND AGRICULTURE ORGANIZATION – FAO. *Recommended International Code of Practice General Principles of Food*, 1999. Disponível em: <Hygiene.http://www.fao.org/docrep/005/Y1579E/y1579e02.htm>. Acesso em: 28 fev. 2010.

FOOD AND AGRICULTURE ORGANIZATION – FAO; WORLD HEALTH ORGANIZATION – WHO. *Toxicological and health aspects of melamine and cyanuric ccid*. Report of a WHO Expert Meeting. 2009. Disponível em: <http://www. who.int/ foodsafety/publications/chem/Melamine_report09.pdf>. Acesso em: 28 fev. 2010.

FOOD AND AGRICULTURE ORGANIZATION – FAO; WORLD HEALTH ORGANIZATION – WHO. *Assuring food safety and quality*, 2010. Disponível em: <http://www.who.int/foodsafety/publications/capacity/en/Englsih_Guidelines_ Food_control.pdf>. Acesso em: 28 fev. 2010.

GLOBAL FOOD SAFETY INITIATIVE. Guidance document: fifth edition, 2007. Disponível em: <http://www. myciesnet.com/gfsijoomla/gfsifiles/GFSI_Guidance_Document_5th%20Edition%20_September%202007.pdf>. Acesso em: 28 fev. 2010.

GUERIN, M. T.; MARTIN, S. W.; REIERSEN, J.; BERKE, O.; MCEWEN, S. A.; FRIDRIKSDÓTTIR, V.; BISAILLON, J. R.; LOWMAN, R. Temperature-related risk factors associated with the colonization of broiler-chicken flocks with *Campylobacter* spp. in Iceland, 2001-2004. *Preventive Vetererinary Medicine*, v. 86, n. 1-2, p. 14-29, 2008.

LASHLEY, F. R. *Cyclospora cayetanensis* arriving via Guatemalan Raspberries. In: LASHLEY, F. R.; DURHAM, J. D. (eds.). *Emerging infectious diseases:* trends and issues. New York: Springer, 2007. p. 111-21.

LIRA, P. I. C.; ANDRADE, S. L. L. S. Epidemia de beribéri no Maranhão, Brasil. *Cadernos de Saúde Pública*, v. 24, n. 6, 2008. Disponível em: <http://www.scielo.br/scielo.php?script=sci_arttext&pid =S0102-311X2008000600001&lng=em>. Acesso em: 28 fev. 2010.

MEAD, P. S.; SLUTSKER, L.; DIETZ, V.; MCCAIG, L. F.; BRESEE, J. S.; SHAPIRO, C.; GRIFFIN, P. M.; TAUXE, R. V. Food-related illness and death in the United States. *Emerging Infectious Diseases*, v. 5, n. 5, 1999. Disponível em: <http://www.cdc.gov/ncidod/eid /vol5no5/mead.htm#1>. Acesso em: 28 fev. 2010.

MENDES, A. A. Jejum pré-abate em frangos de corte. *Revista Brasileira de Ciência Avicola*, Campinas, v. 3, n. 3, 2001. Disponível em: <http://www.scielo.br/scielo.php ?script=sci_arttext&pid=S1516-635X2001000300001>. Acesso em: 28 fev. 2010.

MICHAEL, A.; SILVA, L. A.; SOLANO, P. *Soda é misturada ao leite há 2 anos, dizem funcionários*. *Folha Online*, 2007. Disponível em: <http://www1.folha.uol.com.br/folha /cotidiano/ult95u339611 .shtml>. Acesso em: 28 fev. 2010.

NATHANSON, N.; WILESMITH, J.; GRIOT, C. Bovine spongiform encephalopathy (BSE): causes and consequences of a common source epidemic. *American Journal of Epidemiology*, v. 145, n. 11, p. 959-69, 1997. Disponível em: <http://aje.oxfordjournals.org/cgi/reprint/ 145/11/959?view=long&pmid=9169904>. Acesso em: 28 fev. 2010.

OLSEN, J. E.; BROWN, D. J.; MADSEN, M.; BISGAARD, M. Cross-contamination with *Salmonella* on a broiler slaughterhouse line demonstrated by use of epidemiological markers. *Journal of Applied Microbiology*, v. 94, n. 5, p. 826-35, 2003.

PARDI, M. C. *Memória da inspeção sanitária e industrial de produtos de origem animal no Brasil:* o Serviço de Inspeção Federal – SIF-CFMV. Brasília, DF: Columbia, 1996.

SINGEL, L. J.; LASHLEY, F. R. Cholera. In: LASHLEY, F. R.; DURHAM, J. D. (eds.). *Emerging infectious diseases:* trends and issues. New York: Springer, 2007, p. 85-93.

SCOTT, V. N.; STEVENSON, K. E.; GOMBAS, D. E. Verification procedures In: SCOTT, V. N.; STEVENSON, K. E. (eds.). *HACCP:* a systemic approach to food safety. 4th ed. 2006, p. 91-8.

TAUXE, R. V. Emerging foodborne diseases: an evolving public health challenge. *Emergin Infectious Diseases*, v. 3, n. 4, 1997. Disponível em: <http://www.cdc. gov/ncidod/eid/vol3no4/tauxe.htm#ref6>. Acesso em: 28 fev. 2010.

UNITED STATES DEPARTMENT OF AGRICULTURE. Economic Research Service. Bacterial foodborne disease: medical cost and productivity losses. *Agricultural Economic Report* n. 741, 2005. Disponível em: <http://www.ers.usda.gov/publications/aer741/aer741.pdf>. Acesso em: 28 fev. 2010.

WORLD HEALTH ORGANIZATION – WHO. Media Center. Food safety and food borne illness. *Fact sheet* nº 237, Reviewed March 2007. Disponível em: <http://www.who.int/mediacentre/factsheets /fs237/en/>. Acesso em: 28 fev. 2010.

10

Doenças Exóticas e Emergenciais

Ivens Gomes Guimarães[1]
Jorge Caetano Júnior[2]
Gabriel Adrian Sanchez Torres[3]

10.1. INTRODUÇÃO

A produção agropecuária, em todas as suas etapas, em todos os seus elos, dentro e fora da porteira, até a sua distribuição e consumo, deve ser conduzida em níveis de qualidade compatíveis com as normas nacionais e internacionais. Este é o colimar da Defesa Sanitária Animal no que tange aos aspectos de monitoria ativa da pecuária e das suas interfaces com a agricultura, a flora e a fauna silvestres e com o meio ambiente, na busca constante da rastreabilidade e sustentabilidade. Há, para tanto, de se adotar uma visão holística, inovadora, que contemple a quebra de paradigmas. Diante da grandeza da agropecuária nacional, existe a expectativa de que a Defesa, suas

1. Professor associado, doutor. Centro de Investigação em Medicina Aviária do Paraná (Cimapar). Universidade Estadual de Londrina (UEL), Londrina, PR.

2. Médico veterinário, doutor. Coordenação Geral de Apoio Laboratorial (CGAL). Secretaria de Defesa Agropecuária (SDA). Ministério da Agricultura, Pecuária e Abastecimento (Mapa), Brasília, DF.

3. Médico veterinário. Departamento de Saúde Animal (DSA), SDA – Mapa.

Agradece-se à Facta pela colaboração e aos funcionários da UEL que colaboraram com o estudo.

ações, parcerias e recursos humanos e materiais tenham dimensão compatível com os desafios a enfrentar.

Ao delinear prioridades, hão de se equilibrar os esforços em torno de atividades de significativa relevância socioeconômica e daquelas relacionadas a determinados produtos de grande potencial e que apresentam intensa dependência em relação à qualidade ambiental, como a piscicultura, a carcinicultura, a ostreicultura, a apicultura e, ainda, outras atividades de subsistência ou decorrentes da exploração de recursos naturais, destinadas a nichos de mercado. Considerando o complexo da biodiversidade e todos os seus componentes, incluindo as microbiotas, os esforços para detecção de entidades deletérias não são suficientes. Nesse universo, entretanto, encontram-se também soluções, como no caso do herpes vírus Turkey (HVT), que possibilitou o controle da doença oncogênica produzida pelo herpes vírus da doença de Marek. A investigação da sua patogenia, patogenicidade e epidemiologia contribuiu para ampliar os conhecimentos sobre a imunologia básica e aplicada no campo da leucemia comparada e demandou esforços interinstitucionais e interdisciplinares de vários países. Em relação à influenza aviária, há grande demanda na monitoria de aves migratórias, o que, por sua complexidade, requer a colaboração até das comunidades vizinhas a sítios de invernada dessas aves, com o objetivo de colaborar na vigilância das espécies visitantes de alto risco. Exemplo dessa colaboração ocorreu com o United States Department of Agriculture (USDA) na monitoria de focos de micoplasma, cuja origem foi determinada por ornitólogos amadores (Fiorentim, 2004).

A defesa sanitária animal deve funcionar com previsão, prevenção e controle. Para que isto se viabilize, é indispensável a produção de informação baseada em dados confiáveis, da suspeita fundamentada ao diagnóstico. É preciso partilhar metas e responsabilidades, atribuídas pelos órgãos oficiais responsáveis. Com abordagem abrangente e espírito cooperativo, é possível engajar e agregar as instituições públicas e privadas de ensino e de pesquisa/desenvolvimento formadoras de recursos humanos. A classe produtora, em especial, também deve ser envolvida, de forma a complementar as atividades de defesa sanitária animal desenvolvidas pelos governos federal e estaduais, com participação dos comitês assessores nacionais especializados e dos conselhos estaduais, como os de sanidade avícola, que contam, por sua vez, com conselhos regionais e municipais de Defesa Sanitária Animal, os quais buscam interagir no desenvolvimento de ações conjuntas com instituições públicas, privadas e outros segmentos da sociedade, incluindo a Defesa Civil.

Esforços proativos devem rotular a defesa sanitária animal. As suas demandas interinstitucionais devem incentivar parcerias entre governo e instituições nacionais de ensino, pesquisa e desenvolvimento e subsidiar o estabelecimento de linhas e prioridades na formação de recursos humanos de nível superior e tecnológico. Nesse sentido, registram-se avanços no controle da movimentação de animais, na sua rastreabilidade e na de seus produtos, atividades desenvolvidas de forma conjunta pelos segmentos de saúde animal e inspeção de produtos de origem animal. Ambas as atividades geram enorme quantidade de informações, o que demanda recursos humanos especializados e ferramentas adequadas para a sua análise. Nesse contexto, os desafios no campo da saúde animal decorrentes do desenvolvimento da produção agropecuária se multiplicarão, ampliando progressivamente a demanda pela informação (análise/resultado/*feedback*). Uma questão chave é como estruturar cronogramas e métodos e distribuir competências para que tais informações não se percam ou sejam subutilizadas.

10.1.1. Defesa sanitária animal

O exercício da defesa sanitária animal não se restringe ao diagnóstico etiológico. Abarca também a vigilância, a previsão, a profilaxia, a aplicação de medidas de controle e a erradicação de doenças. Nesse contexto, o dimensionamento da demanda e de sua complexidade, das necessidades de infraestrutura, pessoal especializado, comunicação, entrosamento interinstitucional e distribuição das atribuições são imprescindíveis.

10.1.2. Contexto e dinâmica das doenças

Os conceitos de doença exótica, emergencial, reemergente, inusitada, declinante e persistente devem ser empregados de acordo com cada caso, considerando o contexto epidemiológico. O desencadeamento e a dinâmica das doenças ocorrem segundo o comportamento dos hospedeiros e dos parasitos, sua relação, interação com outros fatores, como os vetores, o manejo e os ecossistemas, por exemplo. Por outro lado, a definição de síndrome extrapola o contido nos textos e remete à visão interdisciplinar e dinâmica. Contribuem para o aparecimento das doenças: a densidade animal, o trânsito de animais de produção e silvestres, o encurtamento das distâncias, a velocidade do transporte; os movimentos migratórios de animais, o sinantropismo de espécies animais silvestres; a evolução das espécies hospedeiras e de sua microbiota, as características dos agentes etiológicos e sua relação com os esquemas profiláticos e terapêuticos, os fatores intercorrentes relacionados ao meio ambiente, às instalações, ao manejo e à imunidade.

Faz-se necessário gerar conhecimento e estabelecer a monitoria de todos esses fatores, de forma a propiciar avaliações de risco. As notificações a partir de relatos consistentes permitem fundamentar suspeitas de ocorrência de doenças, considerando as medidas de profilaxia, controle, tratamento e erradicação que vêm sendo adotadas e as características de transmissão, contágio, morbidade, sintomas, lesões, mortalidade, sequelas e perdas de produtividade e se são persistentes ou declinantes.

As medidas tomadas pela Secretaria Nacional de Defesa Agropecuária (SDA), por intermédio de seu Departamento de Saúde Animal, em relação a registros e controles de estabelecimentos com Serviço de Inspeção Federal (SIF), tornando obrigatória a apresentação de relatos de produção, morbidade, mortalidade, medicações utilizadas, além de mapas com dados da Inspeção, constituem um avanço. Para otimizar essas práticas, é indispensável o suporte de serviços especializados que realizem os exames laboratoriais, analisem-nos, interpretem-nos em conjunto com os dados clínico-epidemiológicos, concluam o diagnóstico e orientem as medidas a adotar. O prenúncio das doenças e como se preparar para enfrentá-las deve ser feito de forma constante e com o monitoramento da dinâmica dos fatores de risco. As doenças exóticas, emergentes, reemergentes, inusitadas, declinantes, persistentes e sua dinâmica podem ser observadas em qualquer país, sendo relevante sua extensão e suas fronteiras, a complexidade de seus ecossistemas, sua biodiversidade, os cenários da produção agropecuária e o impacto das ações de defesa. É fundamental o conhecimento do papel da fauna e do meio ambiente na epidemiologia das doenças.

Os programas nacionais podem subsidiar estudos que visem avaliar o papel de espécies animais silvestres na epidemiologia de doenças. As inter-relações entre animais das áreas urbanas e rurais com animais silvestres de vida livre ou em cativeiro, resultando em risco à saúde animal, podem estabelecer-se em âmbito regional, internacional ou intercontinental, sob influência de fatores sazonais, desastres ambientais e antropização de áreas, migração ou transporte legal ou tráfico de animais silvestres, urbanização e presença da fauna em áreas de produção agropecuária. O intercâmbio não autorizado de mercadorias de risco biológico também constitui importante fator de risco potencial para o ingresso e a disseminação de doenças exóticas em nosso país.

Uma doença exótica pode ser definida, em termos gerais, como inexistente em determinada área. De acordo com o Código Sanitário para os Animais Terrestres da Organização Mundial de Saúde Animal (OIE), tal área é delimitada como um país, uma zona ou um compartimento. A partir desta premissa, é fácil perceber que o rol de doenças exóticas varia conforme o ponto geográfico estabelecido como referência. Assim, doenças exóticas para o Brasil podem ser endêmicas nos Estados Unidos, e vice-versa, bem como determinadas doenças podem ser consideradas exóticas para uma zona e não para outra dentro de um mesmo país. A peste suína clássica e a febre aftosa são exemplos claros desse último caso no Brasil.

Vale ressaltar que o termo "doença exótica" também é dotado do dinamismo inerente à epidemiologia das doenças que afetam os animais. Uma doença inicialmente tratada como exótica em uma região pode ser nela introduzida – pelo trânsito de animais, por exemplo – e, em consequência de um esforço nacional ou regional, ser posteriormente erradicada. Tanto a peste suína africana quanto a peste bovina seguiram esse curso no Brasil, razão pela qual sua introdução, difusão e eliminação serão abordadas mais adiante neste capítulo.

Hoje, a atenção de grande parte dos serviços veterinários oficiais está voltada à prevenção das chamadas doenças transfronteiriças. Estas doenças, não necessariamente exóticas para alguns países, ganharam o foco das autoridades sanitárias nacionais devido ao seu alto poder de difusão e à facilidade com que cruzam fronteiras internacionais. Estão associadas a grandes prejuízos econômicos, implicam severas restrições ao comércio internacional e podem, quando revestidas de caráter zoonótico, resultar em danos de diversas magnitudes à saúde pública. Devido à rápida propagação que caracteriza sua dinâmica, a eliminação de tais doenças de um país, zona ou compartimento requer necessariamente uma resposta imediata e eficiente por parte dos serviços veterinários oficiais envolvidos no processo. Constituem exemplos pontuais, mas bastante claros, de doenças transfronteiriças a expansão da língua azul na Europa e a situação da febre aftosa na América do Sul. No primeiro caso, a migração da doença rumo ao norte, para além da fronteira de 53° de latitude norte, evidencia a importância do conhecimento de vetores biológicos para o controle ou a erradicação das doenças que transmitem. No segundo exemplo, o recorrente aparecimento de focos em regiões limítrofes – como ocorreu nas tríplices fronteiras entre Brasil, Argentina e Uruguai entre 2000 e 2001 e, posteriormente, Brasil, Argentina e Paraguai entre 2005 e 2006 – indica que um esforço conjunto, de caráter eminentemente supranacional, é imprescindível para que a América do Sul alcance a erradicação da febre aftosa.

Outro grupo de doenças que invariavelmente atrai para si as atenções não apenas dos serviços veterinários oficiais, como também, muitas vezes, dos mais diversos veículos de comunicação, é o daquelas consideradas emergentes. Pode-se considerar emergente aquela doença que ganha importância ao longo do tempo, passando a constituir um significativo problema de saúde animal para as autoridades nacionais ou regionais. Nessa categoria incluem-se não apenas doenças até então exóticas para determinado país, zona ou compartimento, mas também as que se manifestam de maneira distinta da forma como eram previamente conhecidas, com alterações, por exemplo, na gama de hospedeiros, na patogenicidade ou na virulência. O recente incremento do número de casos de febre Q na Holanda, acompanhado de crescentes registros de sua ocorrência em humanos, configura um bom exemplo de doença emergente.

De tempos em tempos, doenças transfronteiriças ou emergentes, em especial as zoonóticas, tornam-se alvos preferenciais dos órgãos de imprensa, que alardeiam a possibilidade de pandemias e os riscos potenciais à saúde pública. Exemplos desses casos são fartos, englobando a ocorrência da encefalopatia espongiforme bovina (EEB) na Europa e sua dispersão a outros continentes, os focos de influenza aviária na Ásia e a ocorrência em humanos do vírus da influenza AHN 11, que se tornou conhecida pela infeliz alcunha de "gripe suína". Entretanto, independente da atenção que a doença desperte na mídia, é essencial que os serviços veterinários de todo o mundo estejam preparados para lidar com o desafio de manter as doenças exóticas afastadas de suas respectivas fronteiras nacionais.

10.1.3. Importância das doenças

A introdução de uma doença exótica em um país, zona ou compartimento pode causar grandes impactos sociais, econômicos e de saúde pública. Para um país exportador, por excelência, de produtos agropecuários, a ocorrência de uma doença dessa natureza pode ser, dependendo do seu poder de difusão e da sua importância econômica e para a saúde pública, especialmente devastadora.

Exemplos de sérios problemas econômicos decorrentes de questões de ordem sanitária abundam mundo afora. Os Estados Unidos, até o ano de 2003, figuravam como o terceiro maior exportador de carne bovina do planeta. Em 2004, após a primeira notificação de encefalopatia espongiforme bovina em seu território, o país despencou para a nona posição do mesmo *ranking*. É bem verdade que a terceira colocação foi recuperada em 2008, após um paulatino processo de incremento das exportações, mas os prejuízos, ainda assim, não foram poucos. Estudos conduzidos pela US International Trade Commission indicam que as perdas totais entre 2004 e 2007 remontam a valores da ordem de 11 bilhões de dólares.

No Brasil, os focos de febre aftosa detectados em 2005 e 2006 no Paraná e no Mato Grosso do Sul produziram expressivos impactos na economia de ambos os estados. Apenas as indenizações decorrentes das ações de sacrifício ou de abate sanitário dos animais afetados e seus contatos, indenização de proprietários e incremento de vigilância nas áreas de foco e perifoco custaram aos cofres públicos algo em torno de 34 milhões de reais. O prejuízo total é difícil de ser estimado. Deve-se levar em conta que, aos custos diretos decorrentes de ações de defesa sanitária propriamente dita, é necessário somar os custos indiretos, que envolvem a perda parcial ou total de mercados, a desvalorização do patrimônio pecuário e da carne brasileira, o lucro cessante de propriedades e indústrias, a perda de postos de trabalho e a retração de investimentos, em consequência do aparecimento da doença durante o tempo necessário para recuperação do *status* sanitário perdido. Como se pode perceber, tais perdas são praticamente incalculáveis.

Não são apenas os aspectos financeiros, entretanto, que afetam de modo negativo um país, zona ou compartimento após a introdução de uma doença exótica. Tomando ainda como exemplo a ocorrência de febre aftosa nos dois estados da zona livre mencionados, pode-se observar que os prejuízos sociais foram imensos. Muitos frigoríficos da região suspenderam suas atividades ou reduziram-nas drasticamente entre o fim de 2005 e 2006, o que resultou em demissões massivas e, em consequência, ainda maior desaquecimento das economias locais. É importante enfatizar que muitas dessas empresas desempenham papéis fundamentais para o desenvolvimento das microrregiões onde estão localizadas. A título de exemplo, considere-se que a unidade do frigorífico Bertin S/A de Naviraí – importante cidade do sul do Mato Grosso do Sul – contava, em seu quadro de pessoal, com cerca de 2.500 funcionários quando surgiram os primeiros focos de febre aftosa. Nessa época, o município contabilizava pouco mais de 40 mil habitantes, o que significa que o estabelecimento industrial em questão empregava diretamente nada menos que 6,25% da população local. Esse dado demonstra a magnitude dos problemas sociais que podem decorrer de uma política de demissão subsequente a uma ocorrência sanitária.

Por fim, também devem ser considerados os aspectos de saúde pública envolvidos quando do ingresso de doenças exóticas de caráter zoonótico em uma região previamente livre. A influenza aviária, embora não tenha atingido até o momento as taxas de mortalidade catastróficas previstas pelos mais alarmistas, produziu óbitos em diversos países onde ocorreu. Segundo a Organização Mundial de Saúde (OMS), entre 2003 e 2009, foram a óbito 282 pessoas em decorrência da infecção pelo vírus H5N1. A Indonésia lidera o número de óbitos, registrando 134, seguida por Vietnã, Egito, China e Tailândia – únicos países a acumular mais de uma dezena de casos fatais de influenza A H5N1 em humanos, naquele período.

10.2. VIGILÂNCIA EPIDEMIOLÓGICA

Um dos fatores essenciais na identificação, notificação e contenção oportuna de uma doença até então exótica para determinado país, zona ou compartimento é a vigilância realizada pelos serviços veterinários, cuja sensibilidade depende, em grande medida, da estrutura física disponível e da qualidade de seus recursos humanos. Os princípios internacionalmente aceitos para o desenvolvimento e a aplicação de ações de vigilância foram estabelecidos pela Organização Mundial de Saúde Animal (OIE) e encontram-se descritos no Código Sanitário para os Animais Terrestres e no Código Sanitário para os Animais Aquáticos. Em ambas as publicações, a entidade estabelece diretrizes para que um país, zona ou compartimento possa declarar-se livre de uma doença.

Os preceitos estabelecidos pela OIE não têm caráter normativo para seus signatários – ou seja, nenhum país-membro da entidade é obrigado a seguir *ipsis literis* as recomendações –, mas qualquer ação que não esteja de acordo com aquelas preconizadas pela organização, mediante aprovação de seu Comitê Internacional, integrado pelos delegados dos 175 países ou territórios-membros, deve estar respaldada em conhecimento técnico e científico. No comércio de animais vivos e seus produtos e subprodutos, por exemplo, qualquer medida sanitária que impeça a entrada de uma mercadoria em determinado país pode ser alvo de contestação no âmbito da Organização Mundial do Comércio (OMC), caso a ação não encontre respaldo nas diretrizes da OIE ou em trabalhos científicos internacionalmente reconhecidos. A OIE é a entidade de referência para a OMC para a solução de controvérsias no campo da saúde animal.

A OIE elabora e atualiza recomendações gerais e específicas para a implementação de sistemas de vigilância epidemiológica. As recomendações gerais abordam princípios básicos, como os tipos de investigação e os elementos essenciais à vigilância, mas também apresentam aspectos mais pormenorizados, como os padrões para a realização de inquéritos epidemiológicos voltados à vigilância da doença e os requisitos mínimos para comprovar a ausência de uma infecção. Em relação a este último aspecto – de fundamental importância para qualquer ação conduzida pelos serviços veterinários oficiais –, a OIE também prevê um *status* diferenciado que um país, zona ou compartimento pode clamar para si, tendo por base a condição de ser historicamente livre de uma doença. Esse caso particular garante que um país, zona ou compartimento possa declarar uma doença como exótica sem realizar vigilância específica. Para pleitear tal condição, entretanto, é necessário que um membro satisfaça uma série de requisitos, que se iniciam pela ausência de recomendações específicas para algumas doenças, elaboradas pela própria OIE, para que um país, zona ou compartimento seja declarado livre.

Portanto, não se pode estabelecer uma região historicamente livre de doenças como a febre aftosa, a pleuropneumonia contagiosa bovina ou a doença de Newcastle. Há também outras exigências. A doença deve ter sido erradicada há pelo menos vinte e cinco anos, ou nunca ter sido registrada. Adicionalmente, nos últimos dez anos, é necessário que tenha sido considerada de notificação obrigatória, não se praticando vacinação contra ela, e que o serviço veterinário oficial do país, zona ou compartimento tenha conduzido medidas de prevenção à introdução do agente etiológico. A situação sanitária da fauna silvestre suscetível também é considerada para se alcançar a condição de livre. Se houver alguma evidência de que a infecção esteja presente na população de animais silvestres do país, zona ou compartimento, a condição de historicamente livre não pode ser alcançada. Por fim, é fundamental que exista na região um sistema de detecção precoce da doença considerada nas principais espécies animais suscetíveis.

O último requisito a ser observado para que um país, zona ou compartimento possa ser considerado historicamente livre de uma doença pela OIE evidencia, uma vez mais, a importância da manutenção de um eficiente programa de vigilância epidemiológica para se alcançar e conservar o *status* sanitário de uma região. Bons sistemas de defesa sanitária incluem necessariamente ações de vigilância geral, que alertem as autoridades responsáveis, com a velocidade requerida, quanto a qualquer ameaça à sanidade do rebanho sob seu controle, mesmo que a suspeita posteriormente se mostre descabida ou infundada. É preferível despender esforços para descartar a ocorrência de uma doença relevante a negligenciar o atendimento a uma suspeita, por falta de ação, medidas preventivas inadequadas ou intervenção não oportuna. Os prejuízos relacionados à ocorrência de uma doença exótica, como já exemplificado, podem ser muitas vezes superiores aos custos para a instalação e manutenção de um sistema rápido de alerta sanitário.

A adoção de medidas eficazes de vigilância é componente imprescindível para um bom sistema de defesa sanitário, e os serviços veterinários oficiais são os responsáveis pela condução de programas específicos de controle e erradicação de doenças, em consonância com as recomendações da OIE. As doenças sobre as quais recaem as ações oficiais dependem de uma série de fatores intrínsecos ao país, zona ou compartimento considerados. A escolha varia conforme o desafio externo considerado, a aptidão pecuária da região, o tipo e volume de produção, implicações sobre a saúde pública, recursos e infraestrutura disponíveis e as consequências socioeconômicas da ocorrência da doença em questão. Países eminentemente exportadores de produtos de origem animal focam normalmente seus esforços no controle ou na erradicação de doenças de maior impacto no comércio internacional, o que pode não ser necessariamente verdadeiro para países com baixo volume de produção ou importadores por excelência – que podem optar pelo controle de zoonoses com significativo impacto em saúde pública, em detrimento de doenças de maior impacto em saúde animal, como a peste equina, por exemplo. No caso do Brasil, é inegável o esforço conjunto realizado pelas autoridades federais e estaduais, pela iniciativa privada e por centros colaboradores das universidades e institutos de desenvolvimento tecnológico na erradicação da febre aftosa.

Como maior exportador mundial de carne bovina, é compreensível que o país concentre suas ações de defesa sanitária sobre a doença que maiores restrições causa ao ingresso dos produtos brasileiros nos diversos mercados importadores. Do mesmo modo, a União Europeia, um dos principais exportadores de carne suína do mundo, há anos empenha-se em erradicar a peste suína clássica e africana e a doença vesicular do suíno. A Austrália, grande produtora de ovinos, foi bem-sucedida na erradicação da paraplexia enzoótica dos ovinos, também conhecida como *scrapie*, em 1952. Cada um desses países, como tantos outros que se dedicam ao controle ou erradicação de doenças de impacto na pecuária, vem obtendo êxito devido, em grande parte, aos avanços científicos na área da saúde animal, normalmente refletidos nas diretrizes e orientações emanadas da OIE.

A importância da adoção de medidas de vigilância sanitária baseadas nos princípios da OIE pode ser exemplificada por diversas ocorrências. No Brasil, talvez o caso mais clássico tenha sido o do mormo. A doença, endêmica no país durante quase a totalidade do século XIX e até meados do século XX, foi considerada extinta pelo Ministério da Agricultura em 1988, após importante redução no número de casos registrados, sobretudo a partir de 1950. O último caso então notificado havia ocorrido no ano de 1968, em Pernambuco. Vinte anos depois, sem novas comunicações, parecia evidente que a bactéria *Burkholderia mallei*, agente etiológico do mormo, já não mais circulava nos rebanhos nacionais. Em setembro de 1999, porém, uma suspeita da ocorrência de mormo em uma propriedade de Pernambuco resultou no envio do soro de vinte animais com sintomas compatíveis com a doença a um laboratório em São Paulo, onde foram submetidos ao teste de fixação do complemento. O resultado – positivo em sete das amostras –, associado ao quadro clínico observado, levou à notificação de um foco da doença, trinta e um anos após sua última ocorrência e onze após a declaração de sua suposta erradicação.

A pergunta que sobrevém ao caso é óbvia: teria o mormo sido efetivamente erradicado nesse hiato de três décadas, ou permanecera em circulação sem diagnóstico? Para responder à pergunta, alguns aspectos devem ser levados em consideração. Em primeiro lugar, durante muitas décadas, a disseminação do mormo esteve intimamente ligada ao deslocamento da cavalaria do exército. A ocorrência da doença era reconhecida pelos militares. Ao tomarem ciência da ocorrência de mormo na tropa, os oficiais brasileiros convocavam veterinários e organizavam um serviço de atendimento aos animais afetados. Muitos soldados que trabalhavam na lida com os cavalos infectaram-se, embora o diagnóstico do mormo em humanos fosse muitas vezes prejudicado pela corriqueira ocorrência de tuberculose.

A despeito do relativo sucesso obtido pelo exército no controle do mormo, outros fatores podem ter influenciado a redução do número de casos da doença no país. Neste particular, cabe ressaltar que o período em que se observou expressiva redução no número de registros de mormo correspondeu à época em que a cavalaria caiu em desuso, dando lugar à utilização dos blindados. Os animais foram substituídos pelos tanques de guerra de maneira paulatina, destinados a atividades cada vez mais periféricas nas manobras militares e relegados, em última instância, a uma função quase decorativa. Esse processo foi desencadeado no decurso da Primeira Guerra Mundial, quando os veículos blindados fizeram sua estreia nos campos de batalha, e se estendeu pelas décadas seguintes. O Brasil, cuja tecnologia militar era inferior àquela desenvolvida pelas principais potências bélicas, não seguiu de imediato o mesmo rumo dos grandes exércitos ocidentais, mas acabou reduzindo e substituindo sua cavalaria de maneira paulatina, na esteira das tendências em voga, a partir de meados do século XX.

Outros fatores envolvidos merecem atenção. Mesmo após a expressiva redução do número de casos reportados, alguns veterinários continuaram a relatar a ocorrência de catarro de burro na Zona da Mata de estados do Nordeste, por vezes com registro de elevada mortalidade. Cabe ressaltar que nenhum programa oficial de erradicação de mormo foi então conduzido pelo Ministério da Agricultura. A doença foi declarada erradicada apenas com base na ausência de notificações de casos. É sabido, porém, que as condições climáticas da Zona da Mata, somadas às práticas de manejo adotadas na região, são bastante propícias à manutenção do agente etiológico no ambiente. Considerando todos esses indícios, é de supor que a lacuna de tempo durante a qual o mormo não foi diagnosticado no Brasil esteja vinculada a deficiências na vigilância.

10.3. DOENÇAS EXÓTICAS

10.3.1. Introdução de doenças

O ingresso de doenças animais no Brasil remonta à época em que as primeiras cargas de gado, oriundas da Europa, chegaram ao país. Segundo registros oficiais, a mais antiga introdução no país de animais destinados à pecuária, realizada por Portugal, data de 1534. Juntamente com os animais importados, também foram introduzidos agentes de doenças que, por encontrarem condições favoráveis, se disseminaram no território nacional.

Além dos patógenos que chegaram ao país juntamente com as primeiras cargas de animais, outras introduções ocorreram em momentos posteriores. Na América, o trânsito de animais, de produtos e mesmo de pessoas levou doenças de um canto a outro do próprio continente. Muitas doenças ingressaram no Brasil por meio do tráfego marítimo oriundo da América do Norte, enquanto outras adentraram o território nacional através das fronteiras com outros países. A evolução dos meios de transporte aumentou ainda mais o risco de ingresso de novas doenças. Na Idade Moderna e no início da Idade Contemporânea, demorava-se meses para cruzar as massas oceânicas que separam a Europa da América. Durante esse período, animais infectados na origem ou a bordo poderiam desembarcar em condições de transmitir doenças a indivíduos suscetíveis no destino apenas se o período de transmissibilidade fosse inferior ao de duração da viagem. Um exemplo é a febre aftosa. Embora descrita na Europa pelo menos desde 1546, a doença somente ingressou no território nacional por volta de 1870. Tendo em vista que, no lapso de mais de trezentos anos que separam as duas datas, o comércio de animais vivos entre a Europa e a América do Sul foi intenso, é natural que se questionem as razões pelas quais a doença tardou tanto a chegar ao novo continente. O período de transmissibilidade parece ter sido a chave dessa questão.

Define-se período de transmissibilidade como o intervalo de tempo no qual um indivíduo infectado por um agente etiológico é capaz de eliminá-lo no ambiente, possibilitando a infecção de outros indivíduos. No caso da febre aftosa, animais portadores – exceto o búfalo-africano – parecem não representar papel significativo na transmissão da doença (Sutmoller; Olascoaga, 2002). Tal período é em geral inferior a quinze dias. Ora, uma viagem de veleiro da Europa à América do Sul durava, até meados do século XIX, não menos de seis semanas. Com o advento da Revolução Industrial, em especial de sua segunda fase, iniciada por volta de 1850, esse tempo foi drasticamente reduzido. O desenvolvimento do motor a vapor e a produção de navios dotados dessa nova tecnologia provocaram uma transformação sem precedentes na dinâmica dos transportes no mundo. É de notar que o tempo médio de viagem entre o velho e o novo continente pouco mudara desde a época das Grandes Navegações, entre o final do século XV e o início do XVI e as primeiras décadas do século XIX. Isso porque a tecnologia de navegação manteve-se praticamente intacta ao longo desses três séculos. Foi necessário sobrevir a Revolução Industrial para que esse quadro se modificasse e as principais potências navais abandonassem, ao menos de modo parcial, o obsoleto sistema em vigor. Se um veleiro procedente de Lisboa necessitava de pelo menos um mês e meio para atracar nas costas da América do Sul, os mais potentes navios a vapor da década de 1870 podiam fazê-lo em duas semanas, contanto que não houvesse escalas ao longo da viagem.

Ao compararmos tal período com o período de transmissibilidade da febre aftosa, nota-se que um bovino embarcado em Portugal no seu primeiro dia de infecção poderia chegar ao Brasil ainda a tempo de infectar animais suscetíveis com os quais eventualmente entrasse em contato. Se a viagem tivesse escalas – durando assim mais de duas semanas –, a situação poderia ser ainda pior. Um animal eventualmente se infectaria no litoral africano, por exemplo, a menos de catorze dias de sua chegada ao país, e transmitiria o vírus aos animais suscetíveis por um período ainda maior após o desembarque. É provável, portanto, que a introdução da febre aftosa no Brasil esteja intimamente relacionada aos avanços tecnológicos dos meios de transporte e à redução do tempo de viagem entre Europa e Brasil. Para outras doenças, pode ter ocorrido o mesmo fato. Infelizmente, os dados sobre a introdução de patógenos no país são escassos, em especial daqueles que não causam manifestações clínicas particularmente graves ou generalizadas. Supõe-se, por exemplo, que o *Trypanosoma vivax* tenha ingressado na América do Sul, oriundo da África, no início do século XIX, assim como se sabe que a peste bovina chegou ao país em 1921, e a peste suína africana, em 1978.

A doença de Newcastle velogênica viscerotrópica (DNCVV), descrita pela primeira vez na Ilha de Java por Kraneveld, em 1926, e por Doyle na Inglaterra, em 1927, teve sua disseminação mundial facilitada no período da Segunda Guerra Mundial. Sua chegada ao Brasil ocorreu pelo desembarque de carcaças de frango contaminadas, destinadas ao consumo das tropas aliadas, sediadas nos estados do Amapá e do Rio Grande do Norte. O primeiro surto ocorreu em julho de 1953, na cidade de Macapá, acometendo pintos, frangos e aves adultas. Os sintomas eram respiratórios e nervosos. O primeiro relato coube a Santos et al. (1954). Em 2004, foi detectada uma doença viral denominada de mancha branca na carcinicultura que ocasionou graves prejuízos, segundo Bucheli e Garcia (2005). O Estado de Santa Catarina à época abrigava 109 fazendas que produziam 4,2 mil toneladas de camarão ao ano. Destas, em 2007, apenas 20 tentaram continuar a produzir, e apenas 12 alcançaram 300 toneladas produzidas, segundo dados da Empresa de Pesquisa Agropecuária e Extensão Rural de Santa Catarina (Epagri) (Zoonews, 2007). Contudo, informações a respeito de outras doenças são parcas. Muitas passaram a ser descritas e identificadas no Brasil a partir de 1960, mas isso provavelmente foi consequência dos avanços nas técnicas de diagnóstico e do aumento da vigilância, e não de novas ocorrências propriamente ditas. Hoje, o que se sabe é que o dinamismo e a velocidade com que pessoas, animais e produtos podem se deslocar no globo terrestre demandam crescentes cuidados por parte dos sistemas de vigilância e mitigação de riscos dos serviços veterinários oficiais.

10.3.2. Doenças não registradas

Muitas doenças de indiscutível importância em saúde animal nunca foram registradas no Brasil. É difícil apontar uma razão pela qual jamais se observou a presença desses patógenos em território nacional, especialmente porque é notório que, durante séculos, houve intenso comércio de animais e seus produtos no país, sem qualquer controle sanitário. Mesmo que a abertura dos portos tenha se dado de forma tardia, no século XIX, animais de diversas espécies ingressaram em território nacional, oriundos de Portugal e suas colônias. É provável que, em alguns casos, a influência do período de transmissibilidade, conforme exemplificado anteriormente, tenha interferido no processo; em outros, talvez as condições ecológicas observadas no território nacional não fossem adequadas à manutenção e disseminação do patógeno introduzido.

Como hoje o avanço tecnológico reduziu ao mínimo a duração das viagens internacionais, as ações oficiais de vigilância sanitária encarregam-se de mitigar as ameaças à sanidade do rebanho nacional. Adiante, abordaremos com mais detalhes as medidas governamentais atualmente implantadas no âmbito do controle de doenças exóticas.

Dentre as doenças sem registro no Brasil, figuram com especial importância aquelas enquadradas na antiga lista A da OIE. Das quinze doenças que compõem tal grupo, as relacionadas a seguir nunca foram relatadas no país:

- doença vesicular do suíno;
- peste dos pequenos ruminantes;
- pleuropneumonia contagiosa bovina;
- dermatose nodular contagiosa;
- febre do vale do Rift;
- varíola ovina e varíola caprina;

- peste equina;
- influenza aviária de alta patogenicidade.

Embora a probabilidade de introdução dessas doenças no Brasil diminua com o incremento das ações de vigilância sanitária, não é possível descartar seu ingresso em algum momento, em especial se considerarmos que algumas das doenças citadas são dotadas de particularidades que tendem a comprometer a eficácia de ações profiláticas. A influenza aviária, por exemplo, acomete aves migratórias, fazendo que os sítios de invernada que servem a essas aves e áreas adjacentes sejam classificados como áreas de potencial risco para a doença. É evidente que não se pode controlar o fluxo de aves migratórias como se controla a circulação de aves comerciais. A soma desses fatores torna a influenza aviária uma doença com alto risco de disseminação, que exige estratégias diferenciadas de vigilância e de controle por parte dos serviços veterinários oficiais, dos centros colaboradores, de instituições de ensino superior, de institutos de desenvolvimento e dos Conselhos de Defesa Sanitária Animal.

Outras doenças podem ser relacionadas como emergentes e reemergentes e devem ser levadas em consideração pela Defesa, como a avicultura industrial, cujo comércio internacional de material genético e de insumos biológicos é intenso. Segundo Martins e Da Silva (2009), há doenças zoonóticas e agentes etiológicos que preocupam as Américas que emergiram nos últimos anos, tais como as arboviroses importadas, o vírus da hepatite E das aves, a clamidiose, as salmoneloses associadas a animais de companhia, a giardíase, a coccidiomicose e a criptosporidiose.

Algumas zoonoses, como a febre do vale do Rift, possuem diversos hospedeiros, inclusive silvestres, o que obriga as autoridades sanitárias dos países onde ocorrem a abrir diversas frentes de vigilância. Tais frentes devem levar em conta os fatores envolvidos na vulnerabilidade (risco de introdução do agente) e na receptividade (capacidade de difusão do agente, uma vez introduzido) do país, zona ou compartimento considerados. A vulnerabilidade depende basicamente do volume de ingresso de animais, produtos de origem animal de risco e outras fontes de infecção e do nível de biossegurança atribuído à população animal considerada, ao passo que a receptividade depende da possibilidade de exposição da população animal sob risco ao agente, que varia de acordo com o sistema de produção e a imunidade, por exemplo. Por outro lado, a existência de portadores assintomáticos, a elevada frequência de mutações ou recombinações do agente etiológico, a possibilidade de transmissão por vetores e a inexistência de vacinas, entre outros aspectos, podem representar fatores complicadores na contenção ou prevenção da doença.

A EEB é um exemplo de doença cuja peculiar etiopatogenia pressupõe estratégia diferenciada de vigilância e profilaxia. A doença, que não estava presente na antiga lista A da OIE, a despeito do seu grande impacto na saúde pública e animal e, em consequência, no comércio internacional de ruminantes e seus produtos, jamais foi registrada no Brasil. A via de transmissão e o longo período de incubação da doença foram decisivos para sua disseminação, inicialmente restrita ao Reino Unido, para diversos outros países dentro e fora do continente europeu, mediante o intercâmbio comercial de animais vivos e de farinha de carne e ossos ou alimentos para animais produzidos a partir dela. Devido à sua epidemiologia singular, a OIE não classifica os países como livres ou infectados, mas como de risco insignificante, controlado ou desconhecido para a doença. Práticas como a remoção de material de risco especificado em matadouros, esterilização de farinhas de carne e ossos sob alta pressão e temperatura e prevenção da contaminação cruzada em fábricas de alimentos para animais ganham considerável importância na redução do risco de disseminação do agente, caso introduzido, enquanto as restrições de ingresso de animais e produtos de risco são medidas empregadas pelos países para redução do risco de ingresso do agente etiológico em seus territórios.

10.3.3. Doenças introduzidas e depois erradicadas

Duas doenças de grande impacto para a pecuária ocorreram no Brasil durante o século XX e foram posteriormente erradicadas, graças ao esforço conjunto do Serviço Veterinário Oficial, da iniciativa privada e dos centros colaboradores. Um breve histórico da sua introdução, ocorrência e eliminação será apresentado a seguir.

Peste bovina

A peste bovina foi introduzida no Brasil em 1920, por meio do ingresso de bovinos originários da Índia, transportados por um cargueiro belga. O navio, que havia atracado no porto de Antuérpia, em seu país de origem, antes de se dirigir à América do Sul, chegou ao porto de Santos em fins de junho, onde fez desembarcar os animais em território nacional. O gado permaneceu quarentenado em terra firme, enquanto a embarcação sofria alguns reparos necessários à continuidade da viagem. Durante esse período, foram observadas algumas mortes entre os animais, mas a ocorrência da doença aparentemente passou despercebida, tendo os bovinos sido reembarcados em seguida e o navio zarpado de Santos. Algum tempo depois, um lote de gado importado foi quarentenado nas mesmas instalações e posteriormente distribuído a diversas propriedades no país.

Em dezembro de 1920, detectou-se o primeiro foco da doença, no município de Osasco. Outros casos surgiram em seguida, forçando o governo brasileiro a tomar medidas de contenção. Ao longo do primeiro semestre de 1921, todos os animais acometidos ou suspeitos foram eliminados do rebanho nacional e as instalações onde haviam permanecido sofreram severa desinfecção. Também restringiu-se o trânsito de animais ao redor dos focos e proibiu-se a importação de animais da Índia. Graças a esses esforços, antes do fim de 1921, extinguiu-se a peste bovina do Brasil – um grande feito do Serviço Veterinário brasileiro e a primeira ação coordenada de defesa sanitária animal no país a lograr a erradicação de uma doença.

O detalhe interessante que cercou a disseminação da peste bovina no início dos anos 1920 foi sua direta relação com a criação da OIE. Após a sua ocorrência na Bélgica, representantes de 28 países, entre eles o Brasil, reuniram-se e planejaram a fundação de uma organização internacional com vistas à troca de informações e coordenação das ações sanitárias de seus países-membros. O resultado dessa articulação foi o surgimento, em 1924, do então Escritório Internacional de Epizootias – futura Organização Mundial de Saúde Animal –, com sede em Paris. Atualmente, a doença que originou os primeiros esforços supranacionais na área de saúde animal caminha a passos largos para a extinção. Considera-se que os últimos países que ainda eram afetados por ela já lograram sua erradicação, situação que, se confirmada, permitirá que a peste bovina seja a primeira doença animal a ser erradicada em âmbito mundial e a segunda no cômputo geral, depois da varíola humana, erradicada em 1979.

Peste suína africana

Bogado (1967), médico veterinário do Mapa, em palestra realizada em 1966, na Universidade Federal do Paraná, durante ciclo de estudos, já prenunciava a chegada da doença exótica peste suína africana (PSA) e alertava acerca das medidas preventivas a serem adotadas. O primeiro registro da ocorrência dessa doença no Brasil remonta ao ano de 1978. O foco, detectado no município de Paracambi, Estado do Rio de Janeiro, caracterizou-se por virulência e letalidade elevadas, chamando a atenção de médicos veterinários e do Serviço Veterinário Oficial. Uma vez que os suínos acometidos eram vacinados contra a peste suína clássica, ventilou-se a possibilidade de se tratar de peste suína africana. A investigação inicial revelou que os animais da granja onde foi detectado o primeiro foco da doença eram regularmente alimentados com ração industrial acrescida das sobras de alimentos de um restaurante. Este restaurante, segundo se pôde comprovar em seguida, operava em parceria com as linhas aéreas TAP (Transportes Aéreos Portugueses) e Iberia, abastecendo as aeronaves de ambas as companhias e recolhendo os restos alimentares de bordo que chegavam ao Brasil. Esses mesmos restos, por sua vez, eram repassados ao proprietário da granja acometida, que os adicionava à ração comercial dos animais, sem antes submetê-los a qualquer tratamento térmico, e oferecia a mistura aos suínos. Como Espanha e Portugal eram então países endêmicos para a peste suína africana, não é difícil estabelecer o vínculo epidemiológico entre os eventos envolvidos no caso.

O diagnóstico definitivo foi realizado com o isolamento viral, levado a cabo no Plum Island Animal Disease Center, no Estado de Nova York, EUA. Antes disso, porém, os exames clínicos e patológicos já apontavam com razoável segurança que se tratava de peste suína africana. Ao longo dos anos subsequentes, foram adotadas medidas sanitárias para a erradicação da doença, e dezenas de milhares de suínos infectados ou suspeitos foram eliminados. Em 1981, notificou-se o último foco da doença; em 1984, o país declarou-se oficialmente livre de peste suína africana. Deve-se destacar que, entre 1978 e 1981, diversos estados brasileiros foram acometidos pela doença, vinda da Península Ibérica. Após revisão dos fatos que ocorreram na época, porém, Tokarnia et al. (2004) defenderam a tese de que ela não ultrapassara os limites de Paracambi e apontaram possíveis explicações para os casos subsequentes, espalhados pelo Brasil. De acordo com esses autores, é improvável que, uma vez tomadas todas as medidas de contenção em relação à granja afetada, a doença tenha se disseminado pelo território nacional com tamanha rapidez e alcance. Focos foram registrados em Pernambuco, Piauí, Pará, Santa Catarina, Goiás, São Paulo, Espírito Santo, Minas Gerais, Bahia e Rio de Janeiro. Vale ressaltar que as ações oficiais foram conduzidas com considerável celeridade. Iniciaram-se apenas três dias após o fechamento do diagnóstico presuntivo e dez após a primeira morte, o que teria impedido o escape do agente patogênico.

É difícil determinar a origem dos demais focos identificados após a ocorrência de Paracambi. Ainda segundo os autores da revisão, algumas hipóteses podem ser aventadas. A ocorrência de falsos positivos nos testes diagnósticos não deve ser descartada, embora com certeza não explique totalmente a questão, devido ao elevado número de casos ocorridos no período. Andrade e Rodrigues (2004a) cogitaram que a doença teria se disseminado devido à contaminação de vacinas de peste suína clássica com o vírus da peste suína africana, e Andrade et al. (2004b) supuseram que roedores teriam participado como vetores mecânicos do agente etiológico. Hess (2004), também citado no estudo, levanta a hipótese da preexistência da doença no Brasil antes do foco de Paracambi. Neste caso, o vírus teria se mantido com baixa virulência até alcançar concentrações elevadas, quando então o aumento da mortalidade teria chamado a atenção das autoridades sanitárias. Nada pôde ser comprovado. Entretanto, sob qualquer teoria analisada, é evidente que os acontecimentos observados no Estado do Rio de Janeiro contribuíram para o incremento da vigilância epidemiológica da peste suína africana no Brasil, o que pode ter levado, de fato, à detecção de focos até então ignorados pelo Serviço Veterinário Oficial.

Animais silvestres, em particular o javali-europeu (*Sus scrofa scrofa*), são importantes reservatórios do agente etiológico. Existe a hipótese de que esse animal tenha ingressado no Sul do país por intermédio de colonizadores europeus e alguns tenham escapado, tornando-se ferais e vindo a se distribuir por outras regiões. Outra hipótese é que a introdução tenha ocorrido em 1989, pela fronteira sudoeste do Rio Grande do Sul com o Uruguai, onde, após estiagem, a barreira natural na fronteira, representada pelo Rio Jaguarão, ficou prejudicada, facilitando o trânsito dos animais (Instituto Horus de Desenvolvimento e Conservação Ambiental), acontecimento registrado dez anos após a introdução da peste suína africana. O país ostenta há décadas o *status* de livre da doença, o que tem expressiva parcela de contribuição para manter a suinocultura brasileira como uma das maiores fornecedoras de carne e outros produtos suínos para o mercado mundial.

10.4. PREVENÇÃO DO INGRESSO DE DOENÇAS EXÓTICAS

A principal rota de introdução de doenças exóticas em um país, zona ou compartimento é, certamente, a movimentação de animais, produtos e subprodutos. Como vimos nos exemplos da introdução de febre aftosa, peste suína africana e peste bovina no Brasil, falhas no controle do trânsito internacional podem ter consequências bastante deletérias. Embora o fluxo de animais vivos entre países tenda a diminuir, em favor do intercâmbio de sêmen, embriões e produtos alimentícios, ainda representa um risco considerável para o *status* sanitário de países, zonas ou compartimentos. Como será exemplificado adiante, não são raros durante os procedimentos regulares de quarentena. Caso não tivessem sido adotados tais procedimentos, os agentes infecciosos em questão poderiam ter se difundido pelo território nacional. Os materiais de multiplicação genética e produtos de origem animal não estão isentos de risco. Segundo Carvalho et al. (2007), doenças de grande importância em saúde animal, como a peste suína clássica e a peste suína africana, são transmitidas pelo sêmen suíno, caso os doadores estejam infectados. Da mesma forma, os autores consideram provável o risco de encontrar agentes da pleuropneumonia contagiosa bovina, da leptospirose e da tuberculose em embriões obtidos de animais acometidos.

Na avicultura, como exemplo, pode haver contaminação de plantéis de bancos genéticos e transmissão vertical de doenças virais como a leucose (Canal, 2000), a anemia infecciosa (Brentano, 2009), a síndrome da queda de postura (Sales, 2000). As bacterioses, como as salmoneloses (Berchieri Jr.; Neto-Freitas, 2009), as micoplasmoses (Nascimento, 2000), inclusive os contaminantes, podem apresentar formas inusitadas em relação aos mecanismos de virulência e resistência. Segundo o impacto das doenças e a categoria das aves, como as de bancos genéticos ou reprodutoras, a monitoria é rigorosa e, segundo o comprometimento com a viabilidade e a sustentabilidade, pode-se determinar a interdição e a erradicação de plantéis acometidos. Essas políticas compõem o Plano Nacional de Sanidade Avícola. A organização do primeiro programa de controle de importação de material genético de aves na Alemanha surgiu na década de 1920, em decorrência da importação de reprodutoras de raças puras contaminadas por *Salmonella pullorum*, segundo Fritzsche e Gerriets (1964). O primeiro isolamento no Brasil foi feito por Freitas, em 1928, no Instituto Biológico de São Paulo. Em 1934, Reis e Swenson já propunham programa para sua profilaxia.

Diversas outras doenças têm a comprovada capacidade de se difundir por meio de materiais de multiplicação animal, enquanto outras, cuja capacidade de veiculação pelo sêmen ou pelos embriões ainda é desconhecida, representam risco em virtude exatamente dessa lacuna de informações. Análises de risco conduzidas por serviços veterinários oficiais ou entidades de pesquisa vêm sendo publicadas em muitos países e podem servir de base, em consonância com as recomendações da OIE, para a aplicação de medidas sanitárias no tocante ao comércio internacional. Esses trabalhos devem ser incentivados em nosso país como forma de cooperação entre os serviços oficiais e os centros colaboradores, os comitês assessores nacionais especializados, os conselhos estaduais, como os de sanidade avícola, os quais contam, por sua vez, com conselhos regionais, estaduais e municipais de Defesa Sanitária Animal. É importante notar que algumas medidas mostram-se bastante efetivas na mitigação do risco de transmissão de doenças. Em embriões bovinos, a realização dos procedimentos preconizados no manual da Sociedade Internacional de Transferência de Embriões (IETS) (Stringfellow; Seidel, 1988) reduz o risco de transmissão de febre aftosa a um nível insignificante.

Outras formas de risco podem ser representadas por insumos biológicos como as vacinas e suas sementes e as variáveis antigênicas, os múltiplos fatores de resistência e virulência, clones, plasmídeos, fagos e/ou sua contaminação com outros agentes. Soma-se a isso a introdução de vacinas antes do reconhecimento oficial da existência da doença e da sua situação-distribuição no território nacional. Esta é uma prática desastrosa, pois pode ocorrer a introdução de cepas problema, o que a médio prazo trará transtornos sanitários e de monitoria. Esses fatos apontam um gargalo: a disponibilidade de meios e infraestrutura para a pronta resposta, pois não basta o diagnóstico etiológico, é preciso estudar o problema, preferencialmente de olho na previsão e na prevenção.

As alterações do meio ambiente, sua degradação e contaminação são fatores que influenciam a dinâmica das doenças. Eventos como o da sinantropia, somados ao desequilíbrio das populações silvestres, determinam o aparecimento de verdadeiras pragas e apontam para soluções como a adoção do manejo integrado para o seu controle, como ocorre em relação às pombas *Columbia lyvia*, comuns na zona urbana, e *Zenaida auriculata*, amargosinha, praga em zonas urbanas e rurais em regiões agropecuárias. Essas populações em desequilíbrio nas regiões de produção agropecuária ocasionam grande impacto, com o risco de contaminação potencial de alimentos e de cargas nos veículos ou vagões de transporte e nos silos, além de perdas significativas na agricultura, como nas culturas de girassol no Paraná. Essas aves podem veicular diversos agentes ou vetores de doenças, acarretando a contaminação e riscos sanitários nas áreas em que proliferam. A descontaminação de áreas públicas das zonas urbanas tem trazido mais transtornos e impacto ambiental, pela veiculação de matéria orgânica para o ar, o solo e as águas.

A concentração de ambientes promíscuos e/ou de atividades de produção, sem saneamento básico adequado e sem sustentabilidade, contribui para o surgimento de problemas sanitários. Portanto, ambientes favoráveis ao aparecimento de agentes deletérios e aumento da população da fauna e seu desequilíbrio são fatores de risco significativos em relação às enfermidades exóticas e emergenciais e à sua transmissão. Esse fato reforça o ponto de vista de que o Mapa e outros órgãos ligados à saúde e ao meio ambiente devem multiplicar as parcerias para tornar possível a solução dos problemas e não apenas a sua detecção. Isso também reforça a proposta do Centro de Investigação em Medicina Aviária do Paraná (Cimapar-UEL) (Guimarães, 2005) para a criação de Redes Interativas de Competência. Essa proposta e a adoção de políticas sanitárias e metas foi inserida no Plano de Ação Nacional para Conservação de Aves de Rapina do Ministério do Meio Ambiente (MMO) e do Instituto Chico Mendes (ICMBio) – Série Espécies Ameaçadas nº 52.008, que teve a coautoria do Cimapar-UEL (Strike Soares et al., 2008). Vale ressaltar que pela primeira vez, em um plano nacional de conservação da fauna, foi incluído um plano de política sanitária.

Produtos de origem animal submetidos a tratamentos físicos, químicos ou biológicos também podem mostrar-se seguros do ponto de vista sanitário. Carcaças bovinas mantidas a temperaturas superiores a 2°C durante um período de 24 a 72 horas após o abate – processamento conhecido como maturação sanitária – apresentam consistente queda de pH, atingindo valores inferiores a 6 no centro do músculo *longissimus dorsi*. Tal procedimento inviabiliza a sobrevivência de patógenos sensíveis a pH ácido, como o vírus da febre aftosa e o da febre do vale do Rift. Da mesma forma, peles bovinas estocadas por mais de quarenta dias sabidamente perdem a capacidade de veicular o agente causador da dermatose nodular contagiosa. Para carnes suínas, análises de risco conduzidas pelo Serviço Veterinário Oficial da Austrália indicam que processos de cura, como os utilizados na produção de presuntos dos tipos Parma e Ibérico, são capazes de inativar expressiva gama de vírus causadores de importantes doenças suínas.

Muitos desses procedimentos estão descritos no Código Sanitário para os Animais Terrestres da OIE. Nele também constam diversos tratamentos térmicos considerados eficazes para a eliminação de patógenos em produtos de origem animal, com a discriminação de tempo, temperatura e, em alguns casos, pressão que devem ser atingidos. A aplicação de calor é um importante método aplicado às carnes para mitigar riscos de transmissão de doenças no comércio internacional. Ainda assim, deve-se ter em conta que produtos termoprocessados não são inteiramente isentos de risco. Falhas no controle das variáveis envolvidas no processamento, uso de tempos ou temperaturas inferiores aos necessários para inativar determinado microrganismo ou contaminações pós-tratamento são fatores que podem manter a viabilidade de agentes patógenos em produtos de origem animal ou, eventualmente, de toxinas termorresistentes por eles produzidas. É, portanto, fundamental a implementação de programas de autocontrole auditáveis nos estabelecimentos que manipulam e industrializam essas mercadorias, a fim de garantir a segurança sanitária necessária ao processo.

O controle do trânsito de produtos, subprodutos e animais vivos, realizado pelo Serviço Veterinário Oficial brasileiro, será abordado nos itens subsequentes. Entretanto, é oportuno ressalvar que outras rotas de ingresso de patógenos podem ocasionar o surgimento de doenças em um país, zona ou compartimento. Regiões que compartilham o mesmo bioma, independente da presença de fronteiras nacionais ou internacionais, também podem compartilhar a existência de vetores que, deslocando-se livremente entre diferentes países, carreiam às mais diversas áreas de seu habitat. Um exemplo é a recente expansão da língua azul no norte da África e na Europa, como possível consequência de alterações climáticas.

Deve-se destacar a veiculação por vetores de "outros vetores", como os ectoparasitos, importantes em doenças inclusive zoonóticas, como a febre hemorrágica da Crimeia-Congo, doença viral transmitida pela picada de carrapatos do gênero *Hyalomma* ou pelo contato com o sangue de animais infectados, como avestruzes (Huchzmeyer, 2000), cuja exploração comercial no país há anos teve um *boom*, inclusive com importações de diferentes países da África e da Europa. A febre do Nilo tem o mosquito *Culex* sp. como vetor principal, e como hospedeiros naturais várias espécies de pássaros, como corvídeos e passeriformes, sendo o homem, juntamente com outros mamíferos e aves domésticas, o hospedeiro acidental, como os equídeos, considerados os mais suscetíveis (Flores; Weiblen, 2009).

A doença de Lyme (DL), causada por espiroquetas do complexo *Borrelia burgdorferi sensu lato,* foi observada pela primeira vez em Old Lyme, nos Estados Unidos, e sua etiologia foi identificada por Willy Burgdorfer em 1982. É uma zoonose frequente descrita no hemisfério Norte, particularmente nos Estados Unidos e na Eurásia. É transmitida por carrapatos como o *Ixodes ricinus*, havendo relatos da doença acometendo cervídeos selvagens e o homem. No Brasil, a investigação aponta algumas variáveis quanto à etiologia e aos vetores, recebendo a denominação DL – símile brasileira ou síndrome de Baggio-Yoshinari (SBY): doença exótica e emergente transmitida por carrapatos, como o *Amblyoma cajennense*. Os carrapatos *Rhipicephalus microplus* podem estar relacionados à transmissão, pois pacientes com anticorpos anti-SBY também apresentaram anticorpos anti-*Babesia bovis* e *B. burgdorferi*, e o *R. microplus* é o vetor responsável pela transmissão da babesiose em bovinos (Yoshinari et al., 2010). Outras doenças, como as encefalites virais equinas A ou B, zoonóticas, têm um ciclo pássaro-mamíferos e vetores artrópodes (Siegmund et al., 1970). A infecção transmite-se aos mamíferos hospedeiros, inclusive o homem, através da picada de mosquitos como *Aedes*, *Anopheles*, *Culex* e *Culiseta*. Estes insetos, como vetores biológicos, permitem a multiplicação dos vírus no corpo e persistem nas glândulas salivares. Aves como faisões, galinhas, patos, pombas, codornas são suscetíveis, além de outros pássaros.

Do mesmo modo, o uso de fômites contaminados, a migração e o contrabando de animais da fauna silvestre, além do trânsito de pessoas, são fatores de risco na dispersão de doenças animais de difícil controle pelos serviços veterinários oficiais. Para otimizar esse controle, é indispensável a educação sanitária, como vem sendo feito com pessoas que viajam para o exterior, e o reforço dos trabalhos em barreiras regionais e internacionais, buscando interagir com centros colaboradores credenciados ou que tenham potencial para integrar a rede oficial. Analisando o estudo epidemiológico da USDA da epizootia de vírus da doença de Newcastle velogênica viscerotrópica (VDNCVV) em 1966-1968 nos Estados Unidos, destacaram-se como fatores de difusão da doença, em primeiro lugar, os funcionários do serviço oficial que visitavam os focos para realizar os relatórios, a vizinhança e a proximidade dos focos, os galos de rinha do México, as aves silvestres do Pantanal e do Chaco que foram levadas para a Flórida e, nesse circuito, as casas agropecuárias. A área de Itaipu está inserida em uma região de alta densidade da fauna e de seus movimentos migratórios, da avicultura industrial, da suinocultura e de algumas consorciações com a piscicultura, a agricultura e a tríplice fronteira e seus problemas, que contribuem para o trânsito clandestino de animais silvestres.

10.4.1. Medidas de prevenção

O Serviço Veterinário do Brasil é constituído, basicamente, pelo Ministério da Agricultura, Pecuária e Abastecimento (Mapa), instância central e gestora do sistema, pelos órgãos de Defesa Sanitária Animal nas unidades federativas, responsáveis pela aplicação das medidas sanitárias, e por médicos veterinários privados. A essa estrutura agregam-se as medidas aplicadas pelo Serviço Veterinário Oficial brasileiro para prevenção e controle das doenças exóticas, que se baseiam fundamentalmente em dois princípios: minimização dos riscos de entrada de patógenos e capacidade de resposta a emergências – este último posto em ação caso a primeira barreira falhe e o agente etiológico de interesse ingresse no país.

Para otimizar as medidas oficiais, o Mapa conta com a rede de serviços especializados – centros colaboradores, baseados em instituições públicas de ensino superior, empresas públicas de desenvolvimento tecnológico, empresas privadas produtoras ou prestadoras de serviços, todas com laboratórios seguindo a ISO 17.025, sendo credenciados e auditados pelo Mapa. Também há os comitês nacionais assessores, os grupos estaduais de atendimento emergencial, os conselhos estaduais, regionais e municipais de Defesa Sanitária Animal e a Defesa Civil, todos compondo o sistema de defesa. O sistema poderia inovar com a criação de redes interativas de competência, especializadas, de forma a manter em permanente contato instituições e atores. O governo do Paraná, em 2006, instituiu, por proposta da Universidade Estadual de Londrina, da Secretaria de Estado da Agricultura (Seab) e da Secretaria de Estado de Ciência e Tecnologia e do Ensino Superior (Seti), a Rede Cimapar – Rede Interativa Virtual de Competência em Medicina Aviária do Paraná, congregando as instituições de ensino superior do Estado (IES), a Universidade Federal do Paraná e o Instituto Marcos Enrietti. Além dessa decisão, incorporou os serviços de medicina aviária das IES à rede de laboratórios da Seab, através de resoluções conjuntas das secretarias de Estado, Seab e Seti.

Controle de fronteiras e certificação sanitária internacional

Uma das principais preocupações de qualquer entidade responsável pela saúde animal de um país é evitar a introdução de doenças exóticas. No Brasil, a Secretaria de Defesa Sanitária Animal (SDA), do Mapa, é o órgão responsável pela anuência das importações de animais, seus produtos e subprodutos, e pela fiscalização do ingresso, em território nacional, de mercadorias que representem risco potencial ao patrimônio pecuário nacional. Dessa forma, a autorização da importação de animais ou seus produtos é uma das responsabilidades do Serviço Veterinário Oficial brasileiro, que é instado a manifestar-se formalmente no Sistema Integrado de Comércio Exterior (Siscomex). O processo de importação de animais e seus produtos é precedido de análise de risco, na qual a avaliação e a gestão do risco são comumente tomadas em conjunto.

Nesse contexto, informações confiáveis sobre o tipo de mercadoria a ser importada – incluindo a espécie animal envolvida –, a situação sanitária do país de origem em relação aos perigos identificados, o destino e a finalidade da mercadoria e as medidas gerais e específicas de gestão do risco, adotadas ainda no país de origem e após a sua chegada aos portos, aeroportos, postos de fronteira ou estações aduaneiras do interior no Brasil, são imprescindíveis. As medidas associadas à gestão do risco podem incluir a quarentena e a realização de testes diagnósticos em animais vivos, ou tratamentos aplicados em produtos e subprodutos. Após a sua conclusão, o Mapa pode autorizar a comercialização das mercadorias importadas em território nacional. Quando concedida, a autorização de importação é normalmente acompanhada dos requisitos a serem cumpridos antes, durante e depois da chegada da mercadoria ao território nacional. Há dezenas de requisitos sanitários vigentes hoje no país. Eles variam de acordo com a espécie, a finalidade e a origem da mercadoria e são dinâmicos, uma vez que o Departamento de Saúde Animal, da SDA, atualiza-os constantemente, a fim de mantê-los alinhados com as recomendações da OIE e com o avanço do conhecimento técnico e científico. A título de exemplo, pode-se afirmar que a importação de suínos vivos para reprodução deve seguir uma ampla gama de exigências para que possa ser concretizada. Atualmente, devem ser cumpridos, entre outros, os seguintes requisitos:

- Os animais devem originar-se de estabelecimento registrado no Serviço Veterinário Oficial do país exportador, que funcione sob responsabilidade de médico veterinário credenciado por esse serviço, sendo declarado livre de brucelose, tuberculose e doença de Aujeszky, de acordo com o estabelecido no Código Sanitário dos Animais Terrestres da OIE e com reconhecimento do Mapa, e no qual não tenha sido registrada a ocorrência clínica de estomatite vesicular, encefalomielite por enterovírus, gastroenterite transmissível, influenza suína, coronavírus respiratório, diarreia epidêmica, rinite atrófica progressiva, pneumonia micoplásmica, pleuropneumonia contagiosa suína, disenteria suína e síndrome reprodutiva e respiratória dos suínos (PRRS), nos últimos doze meses que antecederem o embarque.
- Os animais devem originar-se de país livre da doença vesicular do suíno, peste suína africana e peste bovina, e de país ou zona livre de febre aftosa e de peste suína clássica, de acordo com as recomendações da OIE.
- Os animais devem ter sido submetidos a tratamento contra parasitas internos e externos, com produtos aprovados pelo Serviço Veterinário Oficial do país exportador, dentro dos últimos cinco dias que antecederem o embarque.
- Os animais não devem ter apresentado nenhum sinal clínico de doenças transmissíveis e, por ocasião do embarque, devem estar livres de parasitas externos.
- Os animais devem ter sido transportados diretamente do estabelecimento de procedência ao local de embarque, em veículo limpo e desinfetado com produtos aprovados pelo Serviço Veterinário Oficial do país exportador, sem ter mantido contato com animais em condições sanitárias adversas.
- Os suínos devem ter sido isolados sob supervisão oficial, em local aprovado pelo Serviço Veterinário Oficial do país exportador, por um período mínimo de 28 dias. Nessa ocasião, todos devem ser submetidos a testes de diagnóstico, com resultados negativos para as seguintes doenças:
  a) brucelose – BBAT, teste de Elisa ou fixação do complemento;
  b) tuberculose – prova intradérmica comparada com PPD bovina e aviária, com leitura 48 horas após a inoculação;
  c) peste suína clássica – teste de Elisa;
  d) doença de Aujeszky – teste de vírus-neutralização ou de Elisa;
  e) síndrome reprodutiva e respiratória do suíno (PRRS) – dois testes de Elisa, com intervalo mínimo de 21 dias;
  f) gastroenterite transmissível – teste de vírus-neutralização ou de Elisa;
  g) encefalomielite por enterovírus – teste de vírus-neutralização;

h) leptospirose – microaglutinação a 1:100 para *L. pomona*, *L. hardjo*, *L. wolfi*, *L. icterohaemorrhagiae*, *L. canicola*, *L. grippotyphosa*, *L. tarassovi*, *L. bratislava* e *L. ballum*.

Tais exigências devem ser cumpridas ainda antes de os animais serem embarcados com destino ao Brasil. Uma vez em território nacional, após autorizada a importação e cumpridos os requisitos sanitários na origem, o próximo passo é a conferência documental e a inspeção física da mercadoria, normalmente realizadas no ponto de entrada no Brasil. A Vigilância Agropecuária Internacional – braço do Mapa que atua nos postos de fronteira – tem por incumbência inspecionar as cargas que chegam ao país e deferir ou indeferir a sua internalização. Nos casos de importações de animais vivos, os fiscais federais agropecuários com formação em Medicina Veterinária, de posse dos requisitos sanitários exigidos pelo Serviço Veterinário Oficial do Brasil, analisam o certificado zoossanitário internacional – documento-padrão que ampara o trânsito internacional de animais e produtos, emitido pelo Serviço Veterinário Oficial do país de origem, o qual deve atender às exigências brasileiras vigentes. Ademais, é realizado exame clínico dos animais, que devem se mostrar saudáveis no momento do embarque. Sinais de acometimento de doenças infectocontagiosas ou parasitárias acarretam imediato sacrifício ou devolução à origem. Do mesmo modo, no caso de produtos ou subprodutos de origem animal, é realizada inspeção física e de conformidade, a qual pode incluir conferência de lacre, temperatura, acondicionamento etc. Inconformidades encontradas também levam ao rechaço ou destruição da mercadoria.

Após o deferimento da importação por parte da Vigilância Agropecuária Internacional, os animais ou seus produtos são liberados da zona primária por onde ingressaram e remetidos ao destino final ou a um estabelecimento onde serão submetidos a medidas adicionais de mitigação do risco, que poderão incluir a realização de processamentos específicos em produtos ou de novas quarentenas ou testes laboratoriais. No caso utilizado como exemplo, suínos vivos para reprodução devem ser uma vez mais isolados ao chegarem ao Brasil, quando então são submetidos a um segundo teste diagnóstico para as doenças listadas anteriormente. As estações quarentenárias utilizadas para esse fim devem ser oficiais, ou previamente credenciadas pelo Mapa. Em ambos os casos, devem cumprir as exigências estabelecidas em legislação, que variam conforme a espécie animal e podem incluir questões ligadas a estrutura física, isolamento da área, controle da água e do alimento oferecidos aos animais e tratamento de efluentes, entre outros.

A realização dos procedimentos adicionais finaliza o procedimento de importação. No exemplo, os suínos seriam liberados da última quarentena por um médico veterinário oficial após a realização dos testes diagnósticos, a confirmação dos resultados negativos e a ausência de sinais clínicos de doenças infecciosas ou parasitárias. Seriam remetidos à propriedade de destino, após o que passariam a ser considerados animais internalizados no rebanho nacional. Embora por vezes complexas e trabalhosas, as medidas de mitigação de risco observadas em processos de importação são imprescindíveis na contenção dos perigos externos que ameaçam a pecuária nacional. Diversos animais e produtos já foram rechaçados devido ao perigo que poderiam representar. Por outro lado, animais importados, infectados por agentes de doenças de grande relevância, como síndrome reprodutiva e respiratória suína, gastroenterite transmissível, micoplasmoses e salmoneloses, já foram identificados durante o período de quarentena e destruídos. Note-se que, nesses casos, os animais haviam sido submetidos a testes e quarentena no país de origem e a inspeções clínicas oficiais tanto no território do país exportador quanto no momento do desembarque no Brasil. Entretanto, a ocorrência de resultados falso-negativos nos testes diagnósticos, o lapso de tempo transcorrido entre infecção e soroconversão – a chamada janela epidemiológica – e a condição de portador assintomático podem dificultar a detecção de animais infectados.

Do mesmo modo, é oportuno frisar que as atribuições dos serviços veterinários de todo o mundo restringem-se às ações de vigilância conduzidas dentro dos limites físicos dos postos de fronteiras oficiais, como portos, aeroportos e aduanas especiais. É comum ouvir-se críticas às autoridades sanitárias por não atuarem em toda a extensão das fronteiras. Contudo, a fiscalização dessas áreas, visando o combate do trânsito ilegal de animais e produtos, não é função dos serviços veterinários, mas de outros órgãos governamentais. Na maioria dos países, tal incumbência recai sobre instituições como o exército, a polícia federal ou unidades especiais de vigilância de fronteiras.

Isso leva à reflexão e à elaboração de propostas que busquem integrar as instituições públicas. Para a execução de monitoria junto a pontos de fronteira ou outros locais estratégicos ou situações emergenciais, é indispensável a participação dos que detêm a competência técnica especializada. Portanto, ou os representantes de diversas instituições se integram, ou cada instituição deverá passar a ter corpo técnico especializado próprio. Vejamos, por exemplo, uma ação interinstitucional nas emergências. As instituições mandam seu corpo técnico para dar andamento às ações que se fazem necessárias. Os técnicos especializados em sanidade animal e aptos à ação de defesa estão ligados ao órgão público que detém essa atribuição. Portanto, quem interdita o estabelecimento do foco é a autoridade da Defesa Sanitária Animal; quem determina o atendimento médico e a assistência social aos trabalhadores é a Saúde Pública; quem determina o sacrifício dos animais é a autoridade da Defesa Sanitária Animal; quem determina onde serão enterrados os animais sacrificados são os prepostos do Meio Ambiente; quem determina a indenização é o Poder Judiciário; quem autua o veículo que transporta a carga sem documentação sanitária é a autoridade da Defesa Animal; quem lavra a multa pela falta de nota é o fiscal da Fazenda Pública; quem prende o veículo e o seu condutor é a polícia.

Como se vê, por esse ensaio de ação emergencial, os serviços são interinstitucionais e exigem cooperação sempre, o que os torna complexos e burocráticos. Emergências sanitárias recentes permitiram identificar falhas, entre elas, o desencontro das informações e as dificuldades em sua comunicação. Para que as ações de emergência sanitária sejam desenvolvidas a contento, é necessário otimizar a comunicação, por exemplo, com o emprego de informação virtual, em tempo real, e tratada por especialistas experientes. Esses detalhes foram ensaiados e discutidos em seis cursos de emergência em Medicina Aviária ministrados no Cimapar-UEL (anos 2005-2007), com a cooperação do Mapa e da Seab-PR. Durante esses cursos, foram analisados os planos oficiais emergenciais. Buscou-se discuti-los, inová-los ou reconstruí-los, segundo princípios didático-pedagógicos de Paulo Freire, que considera os efeitos positivos do ensino contextualizado e dos alunos como coautores da construção do conhecimento (Barreto, 2003). Por essa razão, os cursos adotaram o lema: "Somos capazes, construamos ideias". É preciso construir ideias constantemente, afinal, cada caso é um caso.

Capacitação para o enfrentamento de emergências sanitárias

Conforme exposto anteriormente, falhas nas ações de prevenção podem levar ao ingresso de patógenos exóticos no país. As consequências podem ser potencializadas diante de deficiências de integração entre a esfera federal e as demais instâncias que atuam no âmbito da Defesa Sanitária Animal. Nesse momento, quando as barreiras à entrada do agente já foram vencidas, é necessário que os serviços veterinários oficiais saibam responder com celeridade e eficácia às emergências sanitárias decorrentes.

A contenção de uma doença exótica depende basicamente da eficácia da vigilância epidemiológica e da qualidade das ações de emergência sanitária. A qualidade da vigilância epidemiológica é influenciada por muitos fatores, entre os quais se destacam a capilaridade dos serviços veterinários e a capacitação e conscientização de veterinários, produtores e demais envolvidos. É inegável que o diagnóstico de uma doença exótica representa um desafio, especialmente quando seus sinais clínicos puderem ser confundidos com os de doenças já existentes no país, zona ou compartimento considerados. Também é comum que os laboratórios não dominem as técnicas diagnósticas de um agente exótico e que não haja especialistas locais aptos a reconhecer suas manifestações clínicas e identificar suas características epidemiológicas. No entanto, a detecção precoce da infecção ou presença do agente etiológico exótico é fundamental para o seu controle e erradicação.

Diante da indisponibilidade de diagnóstico da doença considerada na rede de laboratórios nacional, laboratórios internacionais de referência deverão ser acionados. Quanto mais tardio o diagnóstico, piores serão as consequências, maiores os custos e as dificuldades para eliminar o problema. Por isso, é essencial que os serviços veterinários de um país – tanto em seu componente oficial quanto privado – sejam constantemente capacitados, de modo a se tornar e manter aptos a reconhecer não apenas os sinais da ocorrência de uma doença exótica, mas diagnosticá-la e estudar o seu comportamento em nosso meio. Somente com essa conduta o país estará gerando o conhecimento necessário para manter a competitividade de sua pecuária. Da mesma maneira, torna-se vital capacitar produtores rurais e demais profissionais ligados à pecuária para identificar ocorrências sanitárias e conscientizá-los sobre a necessidade de sua oportuna notificação aos serviços veterinários locais.

Outro aspecto de especial relevância para a notificação precoce de suspeitas de doenças exóticas por parte de produtores rurais é a garantia de indenização de animais sacrificados e de compensações pelos prejuízos decorrentes de ações de erradicação da doença, como a interdição da propriedade, com consequente interrupção da movimentação de animais e restrição ao comércio de seus produtos. A implantação de fundos públicos, privados ou mistos para utilização em emergência sanitária, em especial em áreas de risco para o ingresso de doenças exóticas, tem-se mostrado de extrema valia.

A eficácia das ações de emergência sanitária é também dependente, em grande medida, da capacitação específica dos serviços veterinários e do poder público local, da infraestrutura disponibilizada e do apoio às medidas por parte do setor produtivo e da comunidade e do governo locais. Capacitações técnicas continuadas e realizações de exercícios simulados são elementos extremamente válidos para obter sucesso na rápida contenção e eliminação de um foco. Serviços veterinários de todo o mundo investem significativamente nesse tipo de treinamento. Algumas ações de emergência sanitária são comuns, com o agente em questão, e, por isso, é desejável manter equipes de especialistas em determinadas doenças – ou grupos de doenças – dentro de um Serviço Veterinário Oficial, acionadas sempre que se tratar de doença incluída em seu âmbito de atuação.

Como sugestão para otimizar a capacitação, seria desejável a oferta de disciplinas sobre defesa sanitária e ações emergenciais, com conteúdo elaborado por instituições de ensino superior, órgãos de defesa e comitês nacionais assessores. O conteúdo seria ofertado em seminários, nos programas de graduação dos cursos de Medicina Veterinária, exemplo que vem se efetivando no Curso de Medicina Veterinária da Universidade Estadual de Londrina, na disciplina Medicina Aviária. Os cursos destinados aos estudantes poderão ser oferecidos à comunidade em geral, em sua forma profissionalizante e em projetos de extensão.

No processo de prevenção, controle e erradicação de doenças exóticas, diversos aspectos transcendem a preparação técnica. O sucesso na manutenção do *status* sanitário dos rebanhos de um país, zona ou compartimento é o resultado, antes de mais nada, de uma sólida decisão política na esfera governamental, que permita o franco apoio às ações do Serviço Veterinário Oficial em todas as suas instâncias. Uma das propostas que vêm sendo viabilizadas é a de proibir o contingenciamento de recursos destinados aos programas de Sanidade Animal, como forma de reforçar a credibilidade e promover o fortalecimento das políticas nacionais de sanidade.

10.4.2. Bioterrorismo

O bioterrorismo é o terrorismo praticado mediante o uso deliberado de agentes biológicos para atacar uma população-alvo, com o intuito de desencadear problemas de saúde pública, sanidade animal ou vegetal, não raras vezes com graves consequências sociais, políticas ou econômicas. O uso de patógenos como instrumento de terror não é novo. Na Idade Média, embora não houvesse conhecimento da existência de microrganismos, exércitos usavam cadáveres humanos e corpos de animais em avançado estado de putrefação para contaminar a água, os alimentos e o ambiente do inimigo. Em geral, os cadáveres eram arremessados em catapultas para dentro de uma fortificação sitiada, com o objetivo de expor os habitantes às consequências sempre degradantes da contaminação ambiental. Outras vezes, corpos em decomposição eram abandonados nas fontes de água que abasteciam as cidadelas assediadas. Durante o século XIV, com o surgimento da devastadora epidemia da peste bubônica, a guerra biológica intensificou-se. Estima-se que um terço da população europeia tenha sido dizimado entre as décadas de 1340 e 1350. Evidentemente, a maior parte dessas mortes não esteve ligada ao bioterrorismo, mas o uso militar de cadáveres de pessoas mortas pela peste teve sua contribuição na disseminação da doença durante períodos de conflito. Mais tarde, durante a guerra franco-indígena travada entre 1754 e 1763 na América do Norte, britânicos empregaram meios bastante escusos e engenhosos – como a distribuição de cobertores usados por doentes convalescentes – para difundir a varíola entre nativos que combatiam ao lado dos franceses (Río-Chiriboga; Franco-Paredes, 2001).

Durante a colonização do continente americano pelos espanhóis, os arcabuzes e canhões não foram as únicas armas a fazer ruir os impérios maia, asteca e inca. Mais do que a pólvora, os agentes da varíola, do sarampo e da gripe, entre outros, devastaram milhões de indígenas, cujos sistemas imunológicos eram ineficazes frente a patógenos com os quais nunca haviam entrado em contato, ao longo do século XVI. A queda de cidades importantes, como a legendária Tenochtitlán, nas mãos dos europeus esteve intimamente ligada às epidemias trazidas do velho continente, que, junto com as condições de fome, privação e desgaste geradas pela guerra, levaram as civilizações nativas à ruína.

Na atualidade, o bioterrorismo tem-se mostrado mais elaborado, ainda que igualmente invasivo. Antes e durante a Segunda Guerra Mundial, o Japão utilizou em larga escala agentes biológicos contra a China, no conflito pelo controle da Manchúria. Os ataques envolveram o uso dos agentes da cólera, peste bubônica, carbúnculo hemático, meningite meningocócica, shiguelose e salmoneloses. Culturas puras desses patógenos eram lançadas de aviões ou pulverizadas em residências e locais públicos. Algumas vezes, pulgas infectadas com *Yersinia pestis* eram soltas nas cidades ou regiões rurais. De maneira complementar aos ataques, pesquisas com cobaias humanas eram realizadas secretamente pelo governo japonês. Na infame Unidade 731, o então microbiologista e oficial do exército nipônico Shiro Ishii conduziu inúmeras experimentações com prisioneiros de guerra e civis durante mais de uma década. Relata-se que eram inoculados nas cobaias humanas os mesmos agentes utilizados nos ataques aos inimigos. Sem dúvida, as ações levadas a cabo nos laboratórios de experimentação biológica do Império Japonês entre as décadas de 1930 e 1940 estão entre as maiores ignomínias da história da humanidade.

O avanço das técnicas científicas envolvidas com a guerra biológica prosseguiu. No século XXI, a ocorrência de um novo e emblemático ataque bioterrorista dominou as manchetes da imprensa mundial. Em fins de 2001, pouco tempo após os atentados de 11 de setembro, cartas contendo o agente do carbúnculo hemático foram enviadas aos estúdios de vários órgãos de comunicação e a dois senadores norte-americanos. Vinte e duas pessoas foram infectadas e cinco morreram. A inalação parece ter sido a via de infecção das vítimas. A ironia trágica desse funesto episódio reside no fato de que, apesar de todos os esforços envidados na elucidação do caso, as conclusões das autoridades policiais nunca se mostraram totalmente convincentes para muitos especialistas. Um cientista norte-americano, Bruce Ivins, chegou a ser formalmente acusado pelo ataque, mas suicidou-se antes do julgamento. Apesar de o FBI sustentar a tese da culpabilidade de Ivins e arquivar o caso, uma série de lacunas deixadas no processo de investigação jamais foram esclarecidas de modo satisfatório.

As dúvidas que ainda pairam sobre os ataques realizados com *Bacillus anthracis* em 2001 revelam um aspecto sombrio do bioterrorismo moderno. Como a tecnologia envolvida no uso de agentes biológicos evoluiu de modo exponencial nos séculos XX e XXI – basta lembrar que hoje a ideia de usar cobertores contaminados ou arremessar cadáver soa ridícula –, a investigação dos crimes de bioterrorismo tornou-se, na mesma medida, muito mais intrincada. Atualmente, técnicas de biologia molecular permitem a produção e a manipulação de microrganismos geneticamente modificados, que podem se tornar, a critério de quem os manipula, mais viáveis, patogênicos ou virulentos. Ademais, sua disseminação é relativamente fácil, e não há forma de detectá-los por meio dos equipamentos convencionais de segurança utilizados em aeroportos e outros pontos de vigilância. A existência de períodos de incubação variáveis também contribui para dificultar o combate ao bioterrorismo. Um ataque biológico pode ser detectado apenas semanas ou mesmo meses após ter sido desencadeado. Dependendo da variação de tempo compreendida pelo período de incubação, o inquérito retroativo pode revelar-se muito laborioso. Some-se a isso a paranoia tipicamente resultante de ataques terroristas – que costuma embotar a razão e fazer aflorar sentimentalismos muitas vezes contrários à frieza e impessoalidade que se exige de procedimentos investigativos –, e teremos uma arma letal, de difícil controle, psicologicamente devastadora e com grande potencial de uso e expansão.

A prevenção do bioterrorismo talvez ainda não seja uma atribuição primordial dos serviços veterinários oficiais ao redor do mundo. Mas está claro, pela interdisciplinaridade que caracteriza o combate à guerra biológica, que, cedo ou tarde, as autoridades veterinárias terão de se engajar nessa questão. Mesmo porque, em um mundo no qual a competição econômica dita os rumos dos países, a ocorrência de uma doença animal exótica pode se mostrar devastadora mesmo quando não se configure em um ataque à saúde humana, em especial no caso de países majoritariamente exportadores de produtos de origem animal, como Brasil, Argentina, Austrália e Nova Zelândia. Basta rever os números apresentados na primeira parte deste capítulo e avaliar os impactos que a ocorrência de febre aftosa e EEB tiveram, respectivamente, nas economias do Brasil e dos Estados Unidos. Lembremos que esses foram apenas dois exemplos pontuais aqui pinçados, aos quais outros podem se agregar, tais como o da influenza aviária, pelo seu potencial pandêmico e pelos prejuízos, estimados em 50 bilhões de reais. É improvável que a ação terrorista ignore as consequências de um ataque biológico ao patrimônio pecuário de uma nação. É de acreditar, por tudo que já foi exposto nestas linhas, que, em se tratando da preservação do *status* sanitário nacional, o melhor caminho é o da previsão e da prevenção.

REFERÊNCIAS BIBLIOGRÁFICAS

ANDRADE, C. M.; RODRIGUES, L. C. Peste suína africana: estudo da resistência do vírus à ação do cristal violeta. In: TOKARNIA, C. H.; PEIXOTO, P. V.; DÖBEREINER, J.; BARROS, S.; RIET-CORREA, F. O surto de peste suína africana ocorrido em 1978 no município de Paracambi, Rio de Janeiro. *Pesq. Vet. Bras.*, 24(4): 223-38, 2004a.

ANDRADE, C. M.; RODRIGUES, L. C.; KOBYLINSKI, E. M. Participação dos camundongos no ciclo epidemiológico da peste suína africana. In: TOKARNIA, C. H.; PEIXOTO, P. V.; DÖBEREINER, J.; BARROS, S.; RIET-CORREA, F. O surto de peste suína africana ocorrido em 1978 no município de Paracambi, Rio de Janeiro. *Pesq. Vet. Bras.*, 24(4): 223-38, 2004b.

ANDRADE DOS SANTOS, J.; DA SILVA, R.; BRADA, W.; MARINHO, E. A ocorrência da doença de Newcastle no Brasil. *Revista da Produção Animal*, 1(1): 5-12.

BARRETO, V. *Paulo Freire para educadores*. São Paulo: Arte e Ciência, 2003. 137p.

BERCHIERI Jr., A. *Salmoneloses aviárias. Doenças das aves*. Campinas, SP: Facta, 2000, p. 185-96.

BOGADO, S. A. *Peste suína africana*. Semana Agronômica e Veterinária. Centro Acadêmico de Agronomia e Veterinária Lycio Velloso da Universidade Federal do Paraná, 1967.

BRASIL. Instrução Normativa nº 31, de 10 de maio de 2002. *Diário Oficial* (da República Federativa do Brasil). Brasília, DF, Poder Executivo, 13 maio 2002. Seção 1, p. 8.

BRENTANO, L. *Anemia infecciosa das galinhas. Doenças das aves.* Campinas, SP: Facta, 2000, p. 339-50.

BUCHEL, P.; GARCIA, F. O vírus da síndrome da mancha branca. *Revista Panorama da Aquicultura* 87, 2005. In: http://www.panoramadaaquicultura.com.br.

CANAL, C. W.; SILVA, E. Enfermidade de Marek, complexo leucótico aviário e reticuloendoteliose. In: BERCHIERI Jr., A.; MACARI, M. *Doenças das aves*. Campinas, SP: Facta, 2000, p. 255-65.

CARVALHO, L. F. R.; MELO, C. B.; DRUMMOND, V. O. Procedimentos para exportação e importação de material genético pelo Brasil. *Rev. Bras. Reprod. Anim.*, Belo Horizonte, 31 (3): 415-422, 2007.

DOYLE, T. M. A hitherto unrecorded disease of fowls due to a filtered-passing virus. *J. Comp. Pathology*, 40: 144-69, 1927.

FIORENTIM, L. *As aves silvestres na transmissão de Mycoplasma nos EUA e a identificação das espécies responsáveis por ornitólogos amadores colaboradores da USDA*. Comunicação pessoal, 2004.

FLORES, E. F.; WEIBLEN, R. O vírus do Nilo Ocidental. *Ciência Rural*, 39: 604-12, 2009.

FRITZSCHE, K.; GERRIETS, E. *Enfermedad de las aves.* 1. ed. Espanha: Editorial Acribia, 1964, p. 446.

GUIMARÃES, I. G. Projeto Governo do Paraná, 2005. Centro de Investigação em Medicina Aviária do Paraná. Subprojetos: 1 – Rede Interativa Estadual de Competência em Medicina Aviária – Ações Emergenciais; 2 – Formação e Capacitação de Recursos Humanos – Graduação, Iniciação Científica, Residência e Mestrado Profissionalizante e Educação Continuada; 3 – Monitoria Ativa de vírus Hemoaglutinantes, Aves Sentinela, Produção de Insumos Biológicos. In: Cimapar_uel@yahoo.com.br.

GOVERNO DO PARANÁ. Resoluções conjuntas de Secretarias de Estado da Agricultura e Abastecimento (Seab) e da Ciência e Tecnologia e Ensino Superior (Seti). Resolução 102-2005 – Participação na coordenação do Grupo de Emergência da Seab e do Cimapar-UEL. Resolução 106-2005 – Incorpora o Cimapar-UEL a rede oficial estadual de diagnóstico laboratorial avícola da Seab.

HERNANDEZ, N.; RUCKER, P. Anthrax case raises doubt on security. In: http://dtirp.dtra.mil/CBW/CBW/Calendar/ng/ng_08jul08_1.pdf. Acesso em 8 de agosto de 2008.

HESS, W. R. African swine fever – a reassessment. In: TOKARNIA, C. H.; PEIXOTO, P. V.; DÖBEREINER, J.; BARROS, S.; RIET-CORREA, F. O surto de peste suína africana ocorrido em 1978 no município de Paracambi, Rio de Janeiro. *Pesq. Vet. Bras.*, 24(4): 223-38, 2004.

HUCHZMEYER, F. W. *Doenças de avestruzes e outras ratitas*. Trad. A. Alonso Novais. Superv. Luz Giannoni., M. Jaboticabal, SP: Funep, 2000, p. 392.

KLEVEN, S. H. *Mycoplasma galisepticum* – Uma doença emergente. Anais do V SIMPÓSIO BRASIL SUL DE AVICULTURA, Chapecó, SC, 2004. *Anais...*, p 47-54.

MARTINS, P. C.; DA SILVA, P. L. *Doenças emergentes em outras regiões com riscos para a avicultura do país. Doenças das aves*. Campinas, SP: Facta, 2009.

NASCIMENTO, E. R. *Micoplasmoses. Doenças das aves*. Campinas, SP: Facta, 2000, p. 217-24.

OMS. Cumulative Number of Confirmed Human Cases of Avian Influenza A/(H5N1) Reported to WHO. In: http://www.who.int/csr/disease/avian_influenza/country/cases_table_2009_12_30/en/index.html.

REIS, J.; SWENNSSON, A. *Profilaxia da pulorose em São Paulo*. Arquivo do Instituto Biológico de São Paulo, v. 5, 1934.

RÍO-CHIRIBOGA, C.; FRANCO-PAREDES, C. Bioterrorismo: un nuevo problema de salud pública. *Salud Pública de México*, 43: 6, 2001.

RIET-CORREA, F.; MOOJEN, V.; ROEHE, P. M.; WEIBLEN, R. Viroses confundíveis com febre aftosa. *Ciência Rural*, v. 26, n. 2, Santa Maria, 1996.

SALES, I. P. *Síndrome da queda de postura. Doenças das aves*. Campinas, SP: Facta, 2000, p. 332-7.

SECRETARIA NACIONAL DE DEFESA SANITÁRIA ANIMAL (ed.). As doenças dos animais no Brasil: histórico das primeiras observações. *Boletim de Defesa Sanitária Animal*. 1. ed. Brasília, DF: Ministério da Agricultura, 1988.

SIEGMUND, O. H. et al. Encefalitis equina. *El Manual Merck de Veterinaria*. 1. ed. 1970, p. 160-2.

SOARES, E. S.; AMARAL, F. S. R. do; CARVALHO Fo., M. de; GRANZINOLLI, M. A.; ALBUQUERQUE, J. L. B.; LISBOA, J. S.; AZEVEDO, M. A. G.; MORAES,W.; SANAIOTTI, T.; GUIMARÃES, I. G. *Plano de Ação Nacional para a Conservação de Aves de Rapina*. Brasília: Ministério do Meio Ambiente (MMA)/Instituto Chico Mendes (ICMBio), 2008. (Série Espécies Ameaçadas – número 5).

STRINGFELLOW, D. A.; SEIDEL, S. M. *Manual da Sociedade Internacional de Transferência de Embriões – IETS*. 3. ed. Savoy, IL: IETS, 1998. 180p.

SUTMOLLER, P; OLASCOAGA, R. C. Unapparent foot and mouth disease infection (subclinical infections and carriers): implications for control. *Rev. Sci. Tech. Off. Int.*, 2002.

TOKARNIA, C. H.; PEIXOTO, P. V.; DÖBEREINER, J.; BARROS, S.; RIET-CORREA, F. O surto de peste suína africana ocorrido em 1978 no município de Paracambi, Rio de Janeiro. *Pesq. Vet. Bras.*, 24(4): 223-38, 2004.

UNITED STATES DEPARTMENT OF AGRICULTURE – USDA. *Eradication of Exotic Newcastle Velogenic Viscerotropic Disease*. 1978. In: <http//www.aphis.usda.gov/vs/npip>.

UNITED STATES DEPARTMENT OF AGRICULTURE – USDA. National Poultry Improvement Plan (NPIP), n. 6. In: <http//www.aphis.usda.gov/vs/npip>.

U.S. INTERNATIONAL TRADE COMMISSION. *Global Beef Trade: Effects of Animal Health, Sanitary, Food Safety, and Other Measures on U.S. Beef Exports*. USITC Publication 4033, 2008.

WALKER, J. W.; HERON, B. R.; MIXSON, M. A. Exotic Newcastle Disease Eradication Program in United States. *Avian Diseases*, v. 17, n. 3, Jul.-Sep. 1973, p. 486-503. Stable URL: http://www.jstor.org/stable/1589147.

WORLD HEALTH ORGANIZATION – WHO. Cumulative number of confirmed human cases of avian influenza A/(H5N1) reported to WHO. Disponível em: <http://www.who.int/csr/disease/avian_influenza/country/cases_ table_2009_12_30/en/index.html>. Acesso em: 15 fev. 2010.

YOSHINARI, N. H. et al. Doença de Lyme, símile brasileira ou síndrome Baggio, Yoshinari: zoonose exótica e emergente transmitida por carrapatos. *Ver. Ass. Bras.* 2010, 56(3): 363-9.

Zoonews, 2007. site: http://www.zoonews.com.br. Acesso em 20 de setembro de 2010.

11

Considerações Finais

11.1. ACERVO TECNOLÓGICO DO PROJETO INOVADEFESA

Os temas tratados neste livro foram selecionados pelo Projeto InovaDefesa como de interesse imediato pelos profissionais que atuam em defesa agropecuária, em nível nacional, estadual e municipal. Entretanto, deve-se ressaltar que o escopo da defesa agropecuária é bem mais amplo e crescente, com as exigências oriundas de inovações tecnológicas de produção, processamento, transporte e armazenamento de insumos e produtos agropecuários e industriais.

Neste contexto, vale ressaltar algumas tecnologias selecionadas dentre o grande acervo daquelas identificadas pelo Projeto InovaDefesa e incluídas no livro *Defesa agropecuária: tecnologias e competências* (Vilela et al., 2010), preparado pela equipe técnica do projeto e de interesse das instituições que trabalham com defesa agropecuária, tendo em conta a possibilidade de sua aplicação em nível institucional e dos beneficiários do projeto:

- Controlador biológico de verminoses de animais domésticos: tecnologia que controla verminoses dos animais no ambiente, promovendo o aumento da produção.
- Diagnóstico de doenças virais em bovinos, suínos e equinos: exames realizados de modo rápido e preciso.

- Diagnósticos simultâneo de brucelose e leptospirose: técnica para realizar o diagnóstico simultâneo de duas doenças que causam aborto em bovinos, a brucelose e a leptospirose.
- Imunização e diagnóstico de brucelose: métodos de diagnóstico e vacina baseados poderão auxiliar no monitoramento e combate à doença que atinge o gado bovino.
- Método de diagnóstico para febre aftosa em bovinos: desenvolvimento de uma tecnologia nacional, mais segura e de utilização mais simples para o diagnóstico de febre aftosa.
- Métodos de diagnóstico de doenças virais que afetam bovinos e suínos: diagnóstico sorológico e molecular de febre aftosa, doenças confundíveis e doenças reprodutivas virais de suínos e bovinos.
- Vacina para tuberculose e brucelose bovinas: projeto de pesquisa tentará isolar agentes responsáveis pela tuberculose e brucelose bovinas, visando o desenvolvimento de vacinas.
- Doenças causadoras de encefalopatia em bovinos: identificar outros agentes causadores além da raiva.
- Boas práticas agropecuárias – bovinos de corte: consolidação do Programa de Boas Práticas Agropecuárias – Bovinos de Corte (BPA) nas principais regiões produtoras do país.
- Controle biológico com parasitoides e nematoides: este controle atua em estágios diferentes do ciclo de vida da mosca-da-fruta, assim como a técnica do inseto estéril.
- Controle da mosca-da-fruta através de nematoides e parasitoides: um controle biológico mais eficiente reduz a necessidade de inseticidas.
- Controle de moscas-das-frutas pela técnica do inseto estéril: a técnica visa controlar a população de mosca-do-mediterrâneo através da liberação de machos estéreis em áreas afetadas pela praga.
- Identificação e seleção de agentes para o controle biológico da mariposa-oriental e da mosca-das-frutas: pragas que afetam tanto a cultura do pêssego quanto da maçã.
- Controle biológico para minador de citros: introdução, liberação e monitoramento de parasitoides contra a praga.
- Detecção do cancro cítrico: dispositivo portátil faz a identificação rápida do cancro cítrico, permitindo que a decisão de descarte das plantas infectadas seja tomada ainda no campo.
- Diagnóstico da mancha preta em citros: visão computacional permite detectar a forma embrionária do fungo antes de infectar o vegetal.
- Sistema de previsão de doenças vegetais: auxílio na decisão de controle de doenças, aumentando a eficiência e diminuindo gastos.

- Sistema para análise de risco em citricultura: sistema de informação permite a análise de risco da instalação e disseminação de pragas em citrus.
- Análise integrada de pesticidas e outros contaminantes em frutas, vegetais, grãos e bebidas: maior controle da qualidade e inocuidade de produtos de origem vegetal.

11.2. ESFORÇOS ADICIONAIS

Ressalte-se também que outros organismos do governo federal, como a Embrapa, a Secretaria de Defesa Agropecuária do Mapa, institutos e universidades, têm desenvolvido ações que envolvem aspectos relacionados, por exemplo, ao manejo de agrotóxicos e organismos geneticamente modificados (OGMs). Por seu turno, o projeto acompanha e difunde, por meio da Rede de Inovação Tecnológica para a Defesa Agropecuária (RITDA)[1], informação e tecnologias sobre esses e outros temas. Atualmente, a rede conta com mais de 6 mil membros de todas as partes do Brasil e também do exterior.

Ademais, o projeto organiza, implementa e promove cursos de curta e média duração, além de seminários, *workshops*, reuniões nacionais e internacionais, com vista ao fortalecimento de capacidades em defesa agropecuária nas regiões e estados da federação e no âmbito do Mercosul e dos países africanos de língua oficial portuguesa (Palop). Está inclusive comprometido com a internacionalização da experiência do projeto, em consonância com os princípios da Organização Mundial do Comércio (OMC) e da Organização das Nações Unidas para a Agricultura e Alimentação (FAO).

Tendo em vista o término do projeto em 2013, encontra-se em preparação uma avaliação dos seus resultados e impactos, em termos quantitativos e qualitativos, em nível local, estadual e nacional. Esta avaliação considera todas as atividades desenvolvidas pelo projeto, incluindo capacitação de pessoas no curto e médio prazo.

REFERÊNCIA BIBLIOGRÁFICA

VILELA, E. F.; SUGAYAMA, R. L.; STANCIOLI, A. R.; AMADO, J. E. S. *Defesa agropecuária: tecnologias e competências*. Viçosa, MG: Imprensa Universitária, 2010. 230p.

1. Disponível em: http://inovadefesa.ning.com/page/expertise-brasileira-em-defesa.